未讀 | 探索家 |

UNREAD

非凡之数

9个神奇数字中的宇宙真相

Fantastic Numbers and Where to Find Them

A Cosmic Quest from Zero to Infinity

Antonio Padilla
［英］安东尼奥·帕迪拉 著
阳曦 译

天津出版传媒集团
天津科学技术出版社

图书在版编目（CIP）数据

非凡之数 / (英) 安东尼奥·帕迪拉著；阳曦译.
天津：天津科学技术出版社，2025. 3. -- ISBN 978-7-5742-2615-9

Ⅰ. O1-49

中国国家版本馆CIP数据核字第2024YH1300号

非凡之数
FEIFAN ZHI SHU
选题策划：联合天际·边建强
责任编辑：马妍吉
出　　版：天津出版传媒集团
　　　　　天津科学技术出版社
地　　址：天津市西康路35号
邮　　编：300051
电　　话：（022）23332695
网　　址：www.tjkjcbs.com.cn
发　　行：未读（天津）文化传媒有限公司
印　　刷：三河市冀华印务有限公司

关注未读好书

未读 CLUB
会员服务平台

开本 710 × 1000　1/16　印张 20.75　字数 270 000
2025年3月第1版第1次印刷
定价：68.00元

本书若有质量问题，请与本公司图书销售中心联系调换
电话：(010) 52435752

献给我的女儿们

（她们叫我“吉德罗”）

目　录

小数字

无限

不是数字的一章

古老的橡木桌上平摊着一张破破烂烂的作业纸，数字“0”就躺在上面肆无忌惮地嘲笑着我。我以前从没在数学考试中得过零分，但这次的分数绝不会错。那个红彤彤的数字张牙舞爪地盘踞在我大约一周前交上去的作业纸上。这是我在剑桥大学念数学本科第一个学期的经历。我想象着，这所大学里的那些伟大数学家的魂魄正在暗处窃窃私语，表达他们的蔑视。我是个冒牌货。当时我还不知道这份作业将成为一个转折点，改变我与数学和物理之间的关系。

这份作业涉及一个数学证明。这种证明通常从某个假设开始，然后你由此推出一个符合逻辑的结论，比如说如果你假设唐纳德·特朗普既是橙色的又是美国总统，你可以推断出，美国有一位橙色的总统。当然，我的作业跟橙色总统没有任何关系，但它的确涉及一系列数学命题，我用一套清晰而连贯的论证将它们联系在了一起。尽管老师对我的证明表示认可——所有论证过程都在纸上，但他还是给了我零分。结果我发现，他在意的是，我怎么把这些东西都写在了那张皱巴巴的纸上。

我很沮丧。我已经啃下作业里的硬骨头，找到了问题的解决方案，而他却在抱怨这种琐事。这就好像我完成了一个漂亮的进球，可那位老师却只顾着跟视频助理裁判核对，最后以边际越位为由判定我的进球无效。现在我知道他为什么会那样做了。他是想教会我严谨，试图向我灌输“学究气”是数学家工具箱中不可或缺的一部分理念。我心不甘情不愿地变成了一个学究，但这时我也认识到，我对数学还有一点额外要求。我需要它拥有个性。我一直喜欢数字，并且想让它们鲜活起来，即赋予它们一个目标，而要达到这个目的，我发现我需要物理。这就是本书的主旨：数字的个性在物理世界中闪耀。

以葛立恒数为例。这是一个巨大的数字，它是如此大，甚至曾被吉尼斯世界纪录列为有史以来数学证明中出现过的最大的自然数。它以美国数学家（兼杂耍演员）罗・葛立恒（Ron Graham）的名字命名，葛立恒十分学究气地给这个数找到了数学上的用途。但让葛立恒数变得鲜活起来的并不是他的学究气。赋予它生命的——或者更准确地说，是死亡——是物理。你看，如果你试图在脑子里把葛立恒数写出来（完整地写出它的小数形式），你的脑袋会坍缩成一个黑洞。这种情况被称为“黑洞脑死亡”，目前无药可救。

在这本书中，我会告诉你为什么。

事实上，我要告诉你的不仅仅是为什么。我会把你带到一个地方，在那里，你会质疑那些你原本一直信以为真的事情。这趟《非凡之数》之旅将从宇宙中最大的数开始，寻求理解所谓的“全息真相”（the holographic truth）。三维是否只是一种幻觉？我们是否被困在一幅全息图里？

要理解这个问题，请朝周围的空气挥拳：你最好确保周围没有人，然后向前、向后、向左、向右、向上、向下挥拳。你可以在空间中的3个维度或者3个互相垂直的方向上挥拳。你真的可以吗？根据全息真相的说法，这3个维度中有一个是假的。这就像整个世界是一部3D电影。真实的图像被限制在一块二维荧幕上，但当观众戴上眼镜时，一个3D世界就会突然出现在眼前。在物理学中，这些3D眼镜由重力提供，是重力创造了第三个维度的幻觉（我将在本书前半部分中对此进行解释）。

只有将重力发挥到极致，我们才会注意到它的魔力。极致正是本书的主题。我们对全息真相的探索不可避免地要从阿尔伯特・爱因斯坦（Albert Einstein）

开始，如他的聪明才智、他对相对性有悖常理以及时空背后潜藏结构的睿智认识等。我用一个数字来形容他的聪明才智：1.000 000 000 000 000 858。是的，在我眼中，这个数字很大。我想你肯定满腹狐疑，但希望我能说服你，它的确是一个巨大的数字，至少它代表的物理现象非常了不起：它代表了一个人干扰时间的能力。要真正理解其中的原因，我们需要和牙买加传奇短跑运动员尤塞恩·博尔特（Usain Bolt）并肩奔跑，我们需要潜入太平洋马里亚纳海沟最深处。我们还需要去往物理学边缘，踩着刀尖与可怕的黑洞近距离共舞，它正在贪婪地大口吞噬遥远星系中心的恒星与行星。

但相对性和黑洞还只是开始。要找到全息真相，我们还需要4个庞然大物——这些真正的“数字巨人”一旦与物理世界发生碰撞就会获得生命。从古戈尔到古戈尔普勒克斯，从葛立恒数到TREE（3），这些巨大的数字看起来似乎能推翻物理学。但事实上，它们将引导我们完成自己的理解。它们将教会我们经常被误解的熵的含义，它描述的是关于秘密和无序的动荡物理学。它们将向我们引荐量子力学、微观世界之主，在那里没有什么是确定的，一切都是概率游戏。这个即将展开的故事有遥远国度里替身的传说，也有宇宙重启的警告，到那时候，我们宇宙中的一切都将不可避免地回到它曾经的模样。

最后，在这片巨人的土地上，我们将找到它：全息现实。我们的现实。

我是全息真相的孩子。这个想法大约诞生在我得零分的时候，尽管当时我对它一无所知。等到大约5年后，我开始攻读博士学位的时候，它很快成为近半个世纪以来基础物理学中最重要的理念。物理学领域的人似乎都在谈论它。直到现在，大家仍在谈它。他们提出关于黑洞和量子引力的深刻而重要的问题，并在全息真相中寻找答案。

当我们准备进入新千年的时候，人人都在谈的还有另一件事，即我们的宇宙为何如此严丝合缝，又如此出人意料。你看，我们的宇宙原本根本不应该存在。这个宇宙让我们得以存在，它排除了一切可能，给了我们生存的机会。我将在本书的第二部分讲述这一点，现在引导我们的不再是那些庞然大物，而是一群捣蛋鬼——小数字。

小数字背叛了意外。要理解这一点，请想象一下，我赢得了《英国偶像》（*The X Factor*）的冠军。我无法形容这有多么出人意料，因为我唱歌实在太糟糕了，糟糕到高中表演音乐剧时，老师们叫我离麦克风远点儿。考虑到这一点，我想说，我赢得一档全国性歌唱比赛的概率大概落在下面这个数的范围内：

$$\frac{1}{\text{英国常住人口总数}} \approx 0.000\,000\,015$$

这是个相当小的数字。再强调一次，如果我获胜，那实在令人意外。

我们的宇宙甚至比这更令人意外。在小数字的带领下，我们将探索这个出人意表的世界。它们倒不比零（这个丑陋的数字常常在我大学作业本上耀武扬威）小。我在那一天感受到的来自零的蔑视在历史上一再上演。在所有数字中，零最出人意表，也最可怕。因为它的定义来自虚无，来自上帝的缺席和恶魔本身。

但零既不邪恶也不丑陋，事实上，它是最美的数字。要理解它的美，我们必须理解物理世界的优雅。对物理学家来说，零最重要的方面在于它在符号变化时的对称性：负零与正零完全相同。它是唯一拥有这种特性的数字。在自然界中，要理解东西为什么会消失，它们为什么等于神话般的零，对称是关键。

当我们碰到那些不是零但很小的数字时，事情开始变得扑朔迷离，因为它们反映了宇宙似乎是以一种很荒谬的方式构建的，而我们却挣扎着试图理解它。要讲述这个故事，我们将从两个恼人的小数字开始，其中一个揭示了微观世界的秘密，另一个揭示了宇宙的奥秘。透过小得惊人的0.000 000 000 000 000 1棱镜，我们进入了粒子物理的亚原子世界：胶子、介子、电子和陶子，毫无规律地四处乱舞。我们还将发现，希格斯玻色子——所谓的“上帝粒子”，将所有粒子都绑在一起。2012年夏天，人们在粒子狂热中发现了希格斯玻色子，并宣告这是理论和实验的双重胜利。近50年来，人们一直试图确认这种粒子的存在，现在这份等待终于有了结果。但在这些大张旗鼓的宣传中隐藏着一个秘密：有些地方不太对劲。结果我们发现，希格斯玻色子太轻了，它的质量只有理论预测值的0.000 000 000 000 000 1倍。这是一个非常小的数字。它告诉我们，潜伏在你体内和你周围的微观世界其实相当出人意表。

当我们将目光投向这个数字时，我们看到宇宙甚至更出人意表。遥远恒星爆炸消亡时释放的光让我们看到了它。这些光比预期的暗淡，这意味着那些恒星比我们原以为的更远。这揭露了一个出人意表的宇宙，它在不断加速膨胀，星系之间的空间也在加速扩张。

大部分物理学家怀疑，宇宙是由空间的真空本身推动的。这听起来可能有点奇怪——空旷的空间如何能推动星系彼此远离呢？事实上，空旷的空间其实没有那么空旷，当你引入量子力学，它就不那么空了。空间中充满了咕嘟冒泡的“量子粒子汤”，无数粒子在存在与不存在之间疯狂跳跃。正是这锅汤推动了宇宙。我们甚至可以算出它的推力有多大，以及万物将于何时开始崩塌。正如我们将要看到的那样，宇宙所受的推力很小，比我们基于目前对基本物理学的理解而推测的期望值小得多。确切地说，它只有期望值的，还不到古戈尔10^{100}分之一。这个极小的数字是我们这个出人意表的宇宙中最了不起的量度之一。

事实证明，我们非常幸运。如果宇宙所受的推力真和我们计算的一样，它早就把自己推入了湮没之中，星系、恒星和行星根本没有机会形成。你和我也将不复存在。这个出人意表的宇宙得天独厚，但也令人难堪，因为我们无法正确地理解它。这个谜团主宰了我的整个职业生涯，直到现在仍在继续主宰它。

但在这一切之外，还有一些东西比我们理解全息真相和出人意表的宇宙更深刻、更重要。要揭开这件事，我们需要一个最终数，这个数并不总是一个数，它同时是许多不同的数。这个数困扰着历史上的数学家们，有人对它嗤之以鼻，有人为之疯狂，它就是无限。

正如德国数学家、量子力学和相对性之父大卫·希尔伯特（David Hilbert）所说："无限！没有其他任何问题能如此深刻地触动人类的精神。"无限将为我们打开通往万物理论的大门——这套理论支撑着所有的物理学，有朝一日，它将可以描述宇宙是如何创造出来的。

格奥尔格·康托尔（Georg Cantor），19世纪末被德国学术界放逐之人，勇敢地攀上了无限的高塔，一层又一层，到达无限之上的无限。正如我们在后文中即将看到的那样，他发明了一套关于集合的严谨语言，把这个和那个集合在一起，从严格意义上讲，这使他得以触及天堂，将无限分为一层又一层。当然，他几乎被逼疯了，挣扎于那些更接近神界而不是现实世界的数字之间。但现实世界呢？它包含无限吗？宇宙是无限的吗？

要从最基本的角度，从最微观纯粹的层面去理解物理学，就要征服它最狂暴的无限。我们在黑洞的中心，在所谓"奇点"处遭遇了无限，在那里，空间和时间被无限撕扯、扭曲，引力潮汐无限强大。我们在创世的一刻和宇宙大爆炸的瞬间也遭遇了无限。真相是，这些无限还没被我们征服和完全理解，但宇宙交响乐给了我们承诺——一套万物理论，完美和谐振动的最细微的弦取代了粒子。正如我们将发现的那样，这些弦吟唱的歌谣不光在时空中回荡，它就是时空本身。

大数字、小数字和可怕的无限，它们共同组成了非凡的数字，这些骄傲的数字有自己的个性，它们引领我们走向物理学的边缘，揭示了一个非凡的现实：一个全息真相，一个出人意表的宇宙，一套万物理论。

我想是时候去寻找这些数字了。

大 数 字

1.000 000 000 000 000 858

一道相对的闪电

除了所有与足球相关的日常用品，那年的圣诞树下还有一样不寻常的东西。那是一本词典，一本经典的柯林斯词典，必要时能当路障的那种。我不明白爸妈为什么会觉得给他们10岁的儿子买一本字典是合适的，而且那时候的我对字词根本不感兴趣。那年头的我只有两个爱好：利物浦足球俱乐部和数学。如果我父母觉得这份礼物能拓宽我的视野，那他们就大错特错了。我研究了一会儿我的新玩具，觉得我至少可以用它来查找特别大的数。开始我查“十亿”（billion），然后是“万亿”（trillion），没过多久，我又发现了“千的五次幂”（quadrillion）。游戏继续，直到我偶然翻到真正了不起的大数字，“百万的一百次幂”（centillion）。600个零！当然，这些都是我们接受短标度数字系统之前的古英语词汇。如今的“centillion”只有303个零，正如“billion”也只有9个零，而不是12个。

但游戏到此为止。我的字典里没有“古戈尔普勒克斯”，没有葛立恒数，更没有TREE（3）。要是在当时，我肯定会爱上这些庞大的数。这些神奇的数字能带你去往理解力的边缘和物理学的极限，并揭露关于我们身处的现实本质的基本原理。但我们的旅程从另一个大数字开始，它也不在我的柯林斯词典里：1.000 000 000 000 000 858。

我想你应该很失望。我答应过你，要带你去看超级大数，但这个数看起来一点儿也不大。就连亚马孙雨林里的皮拉罕人都能说出比它更大的数，哪怕他们的数字系统里只有“*hoí*”（1）、“*hói*”（2）和“*báagiso*”（很多）。更糟糕的是，它甚至不是一个可爱或者优雅的数字，就像π或者$\sqrt{2}$那样。从每一个可感知的角度来说，这个数看起来都寻常得异乎寻常。

这一切都是对的，直到我们开始思考空间和时间的特性，以及人类与时空互动的极限。我之所以选择这个数，是因为它从自己的尺度上来说是一个**世界纪录**，揭露了我们从物理上干涉时间特性的能力。2009年8月16日，牙买加短跑选手尤塞恩·博尔特将他的钟拨慢了1.000 000 000 000 000 858倍。在此之前，没有任何人曾把时间放慢到这种程度，至少是在不用机械辅助的情况下。你也许记得这个事件的另一个版本，博尔特在柏林田径世锦赛上打破了百米世界纪录。那天，韦尔斯利和詹妮弗·博尔特在运动场边观赛，他们的儿子在60～80米赛道标牌之间的最高速度达到了27.8英里[①]/小时（约12.42米/秒）。在那短暂的时间里，韦尔斯利和詹妮弗经历的每一秒都比他们儿子经历的更长一点。确切地说，尤塞恩经历的1秒相当于他父母经历的1.000 000 000 000 000 858秒。

要理解博尔特如何能让时间变慢，我们需要让他加速到光速。我们需要问，如果他能追上光，会发生什么。如果你愿意，你可以称之为“思想实验”，但别忘了，博尔特在北京奥运会上成功打破了3项世界纪录，虽然当时赛前他吃的是鸡块。想想吧，要是吃得更像样一点，他能达到什么样的高度。

要让人类有可能追上光，我们必须假设光行进的速度是有限的。这件事绝非显而易见。当我告诉我的女儿，光不是瞬间就能从书本抵达她的眼睛的，她立刻表示怀疑，并坚持要做实验来验证这是不是真的。如果不小心太接近实验

① 1英里约等于1 609.344米。——译者注

物理，我通常会撞得鼻子流血，但我的女儿似乎学到了更多实践技巧。她设计的实验如下所述：关掉卧室灯，然后再次打开，计算出光需要多长时间才能照到你身上。这和400年前伽利略及其助手用有盖的灯笼做的实验完全相同。和我女儿一样，当时他得出结论，光速“即便不是瞬时抵达……也非常非常快”。快，但有限。

到了19世纪中期，物理学家开始深入研究一个相当精准但有限的光速值，如名字十分奇特的法国人伊波利特·斐索（Hippolyte Fizeau）。不过，要正确理解追上光意味着什么，我们首先得关注一下出生于苏格兰的英国物理学家詹姆斯·克拉克·麦克斯韦（James Clerk Maxwell）那项了不起的研究。我们可以从中看到数学和物理之间美妙的协同作用。

当麦克斯韦思考电和磁的行为时，已经有迹象表明，它们可能是同一枚硬币不同的两面。例如，迈克尔·法拉第（Michael Faraday，尽管法拉第没有接受过正规的教育，但他仍是英国最有影响力的科学家之一）此前已经发现了感应定律，这表明一个不断变化的磁场会产生电流。法国物理学家安德烈－玛丽·安培（André-Marie Ampère）也在这两种现象之间建立了联系。麦克斯韦采纳了他们的想法和相应的公式，并试图从数学角度将它们严谨地整合起来。但他发现了一个矛盾之处，即在特定情况下，一旦电流出现波动，安培的定律就会违反微积分规则。麦克斯韦以水流遵循的方程为类比，改进了安培和法拉第的研究结果。通过数学推理，他发现了电磁拼图缺失的板块，并由此呈现了一幅前所未有的优雅而美妙的画面。正是麦克斯韦开创的这套策略拓宽了21世纪物理的疆界。

麦克斯韦建立了一套数学上一致的理论，将电和磁整合为一体，然后他发现了一些神奇的事情。他的新方程允许存在波形式的解，一道**电磁波**，其中电场在一个方向上起伏，磁场在另一个方向上波动。要理解麦克斯韦的发现，我们不妨想象一下，有两条海蛇正扭动着向你游来。它们在水中沿同一条直线前进，“电”蛇上下扭动，“磁”蛇左右扭动，更糟糕的是，它们游向你的速度高达310 740 000米/秒。这个类比的最后一点可能最可怕，但这也是麦克斯韦的发现中最了不起的部分。你看，310 740 000米/秒，这的确是麦克斯韦算出的电磁波的速度，它就这样从他的方程中冒了出来，仿佛数学领域的弹簧玩偶盒子。奇怪的是，这个数字还很接近斐索等人测得的光速约略值。记住，根据当时人们的认知，电、磁和光毫不相关，可是现在它们看起来由行进速度相同的波组成。现代测得的真空光速值是299 792 458米/秒，但麦克斯韦方程中使用的参数也具有很高的准确性，所以这奇迹般的巧合依然维持了下来。正是因为这样的巧合，麦克斯韦意识到，光和电磁波必然是同一种东西：通过数学，我们在物理世界中看到的那些看似毫不相关的两种特性之间竟然建立了惊人的联系。

还有更棒的。麦克斯韦的波不仅包含光。根据它们的振荡频率，或者换句话说，根据“海蛇”从一边扭动到另一边的速率，这些波形式的解还描述了无线电波、X射线和伽马射线，尽管它们的频率各不相同，但速度全都一样。1887年，德国物理学家海因里希·赫兹（Heinrich Hertz）实际测量了无线电波。当被问到他的发现意味着什么的时候，赫兹谦逊地回答：“其实它没什么用处。只是通过实验证明了麦克斯韦大师是对的。”当然，每当我们把收音机调到想要的频率，这总会提醒我们赫兹的发现带来的真正影响。即便赫兹对自己的重要性轻描淡写，但他称麦克斯韦为大师的确实至名归。归根结底，物理学历史上最优雅的数学交响乐是在麦克斯韦的指挥下奏响的。

在阿尔伯特·爱因斯坦彻底改变我们对空间和时间的理解之前，人们普遍认为，光波需要一个介质来传播，就像海浪需要借助水体来传播一样。这种想象中的光的传播媒介被称为“光以太”。我们暂且假设，这种介质真的存在。要让尤塞恩·博尔特追上光，他必须得以299 792 458米/秒的速度在光以太中奔跑。如果他真的达到了这个速度，那么在他和光线并肩奔跑的那一刻，他会看到什么？光将不再远离他，它会变成一道看起来上下左右振荡的电磁波，但实际上完全没有动（想象一下，那两条“海蛇”在来回滑行，但最终停留在海里的同一个地方）。但在麦克斯韦定律之下，没有明显的允许这种波存在的方式，这意味着物理定律必须彻底革新，才能容纳这位动力超强的牙买加短跑选手。

这令人不安。当爱因斯坦得出相同的结论时，他意识到，追上光的想法肯定有哪里不对。麦克斯韦的理论太优雅了，我们不可能仅仅因为某个人碰巧跑得很快就抛弃它。爱因斯坦还需要找到一种方法来解释1887年春天，人们在俄亥俄州克利夫兰做的一项实验的奇怪结果。当时，美国物理学家阿尔伯特·迈克尔逊（Albert Michelson）和爱德华·莫雷（Edward Morley）试图通过几面巧妙放置的镜子测量地球在光以太中运动的速度，但他们得到的答案总是零。如果这个答案是对的，就意味着地球和太阳系内外的几乎所有行星都不一样，它运动的速度和方向恰好和充斥整个空间的光以太一模一样。正如我们在本书后面即将讲到的那样，这种巧合没有合理的原因往往不太可能发生。最简单的真相就是，不存在光以太——麦克斯韦大师总是对的。

爱因斯坦指出，麦克斯韦定律，或者更确切地说，其他任何物理定律，恒定不变，无论你跑得多快。如果你被锁在一个没有窗户的船舱里，无论你做什么实验，都不可能测出自己的绝对速度，因为“绝对速度”这个概念根本就不存在。加速度则是另一回事，这个我们稍后再聊，只要船长指挥船只相对于海面以恒定速度航行，无论是10节、20节，还是接近光速，你和船舱里的其他受试者完全察觉不到任何区别。而对尤塞恩·博尔特来说，现在我们知道，他的追逐是徒劳的。他永远不可能追上光，因为麦克斯韦定律恒定不变。无论跑多快，他都会看到光似乎正以299 792 458米/秒的速度远离自己。

这一切都很反直觉。如果一只猎豹以每小时70英里的速度在非洲平原上奔跑，博尔特以每小时30英里的速度紧随其后，那么按照日常的逻辑，这只猎豹和博尔特之间的距离每小时会增加40英里。原因很简单，我们可以算出二者之间的相对速度：70英里/小时 – 30英里/小时 = 40英里/小时。但如果我们说的是一道光线以299 792 458米/秒的速度穿过平原，那么无论博尔特跑得多快，这道光线相对于博尔特的速度永远都是299 792 458米/秒。光会一直以299 792 458米/秒的速度[1]前进，相对于这片非洲平原，相对于博尔特，相对于一群受惊的黑斑羚。这都不重要。我们可以用一句话来总结：

光速就是光速。

爱因斯坦肯定喜欢这个。他总是说，他的理念应该被命名为“不变性理论”（the Theory of Invariance），重点关注它们最重要的特征，即光速的不变性和物理定律的不变性。“相对论”一词由德国物理学家阿尔弗雷德·布赫雷尔（Alfred Bucherer）提出，讽刺的是，当时他是为了批判爱因斯坦的研究而提出这一理论的。我们称之为“狭义相对论”就是为了强调这个事实：前面的所有描述都只适用于匀速运动，换句话说，没有任何加速度。要描述加速运动，比如猛踩油门的一级方程式赛车手或者点火升空的火箭，我们需要更普遍、更深刻的东西——爱因斯坦的广义相对论。我们将在下一节里详细讨论它——等我们潜入马里亚纳海沟底部的时候。

现在，我们先专注于爱因斯坦的狭义相对论。在我们的案例里，我们假设博尔特、猎豹、黑斑羚和光都以恒定速度相对于彼此运动。它们的速度可能不同，但都不会随着时间的变化而变化，最重要的是，尽管它们的速度各不相同，但每个人（或动物）都能看到光以299 792 458米/秒的速度远离自己。正如我们已经看到的那样，这种对光速的普遍感知肯定与我们对相对速度的日常理解相矛盾，即相对速度等于一个速度减去另一个。这只是因为你还不习惯以接近光速的速度行进。如果你习惯了，你看待相对速度的眼光会大不相同。

问题在于时间。

你看，在你的想象中，你一直觉得天空中有一面巨大的时钟，告诉我们所有人时间。你也许不会意识到自己有这个想法，但你就是这么想的，尤其是当你借助内心坚信的常识，用减法来计算相对速度的时候。抱歉我要让你失望了，这面绝对的时钟是个幻觉。它并不存在。真正有用的是你的手表，或者我的手表，或者一架飞过大西洋上空的波音747飞机上嘀嗒作响的钟表。我们每个人都有自己的时钟、自己的时间，这些钟不一定一致，尤其是有人在以接近光的速度狂奔的时候。

假设我跳上了一架波音747飞机。飞机从曼彻斯特起飞，在它到达利物浦的英国海岸之前，这架飞机一直以每小时数百英里的速度巡航。我决定朝几米外的机舱对面扔一个球，这让其他乘客非常恼火。我妹妹苏西（她正好住在利物浦）正好在飞机下方的海滩上，从她的角度来看，这个球移动了很远，差不多有200多米。乍一看，这和我们日常的时间概念似乎没什么明显冲突。毕竟，这个球正好被一架快速运动的飞行器驮着——她当然会看到它跑得更远。不过现在，我们用光来做一个类似的游戏。我打开机舱地板上的一盏灯，发出一道向上的光线，垂直于飞机的行进方向。在很短的时间内，我看到这道光抵达了机舱的天花板上。如果苏西能看到机舱里面，她会看见这道光沿着一条斜线从地板照到了天花板上，它不光向上运动，还随着飞机水平运动。

她看到的斜线距离比我测得的垂直距离要长。这意味着她看到的光线比我

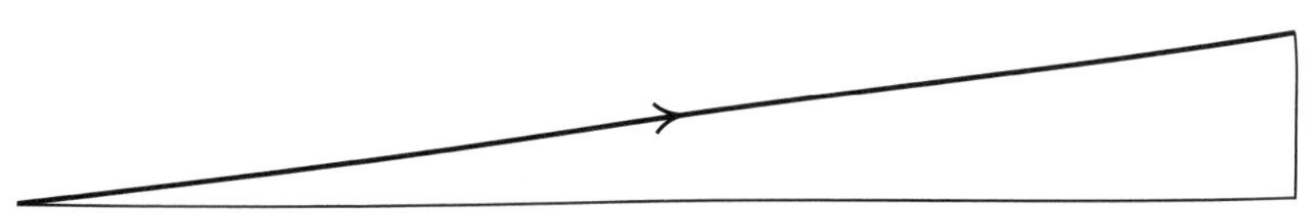

海滩上的苏西看到的光线运动轨迹

看到的行进得更远，但她看到的光行进的速度和我看到的一样。这只能说明一件事，即对苏西来说，这道光花了更长的时间来完成这段旅程。从她的角度来看，飞机内部的时间必然流逝得更慢。这种物理现象被称为“时间膨胀”。

时间变慢的程度取决于相对速度，我相对于我妹妹的速度，尤塞恩·博尔特相对于他在柏林的父母的速度。你越接近光速，时间就变得越慢。博尔特在柏林奔跑的时候，他的最高速度是12.42米/秒，因此时间变慢的因数是1.000 000 000 000 000 858。[2] 这是人类相对性的纪录。

让时间变慢还有另一个后果，即你老去的速度也会变慢。对尤塞恩·博尔特来说，他变老的时间比当时在柏林体育场里观赛的其他人慢了大约10飞秒。1飞秒看起来似乎不多——只相当于百万分之一的十亿分之一秒，但他的确老得慢了一点，所以当他停下来的时候，他已经跳进了未来，哪怕程度非常轻微。如果你不爱跑步，你可以借助一些机械辅助来让时间变慢，甚至有可能做得更好。俄罗斯宇航员根纳季·帕达尔卡（Gennady Padalka）在“和平号”空间站和国际空间站度过了878天11小时31分钟，其间，他一直以大约每小时17 500英里的速度绕地球运行。执行任务期间，相对于地球上的家人，他向前跳跃了创纪录的22毫秒。①

你不必成为宇航员也能以这种方式完成时间旅行。如果一个出租车司机每周在城里开40个小时车，等到40年后，这名司机会比不开车的自己年轻零点几微秒。如果毫秒和微秒不足以让你动容，就想想搭着“突破摄星”计划的便车前往南门二的细菌吧。“突破摄星”计划是身家亿万的风险投资家尤里·米尔纳（Yuri Milner）的智慧结晶，他计划研发一艘能以1/5光速飞往距离我们最近的恒星系的光帆飞船。南门二大约在4.37光年外，所以我们得在地球上等待超

① 这个数据已经考虑了他因为身处高空和低引力环境带来的负面影响，这些效应我们将在本章后面讨论。——作者注（后文若无特殊说明均为作者注）

过20年，它才能完成这段旅程。但对这艘光帆飞船和飞船上的“偷渡”细菌来说，旅程只持续了不到9年的时间。

说到这里，你或许已经发现一些可疑之处。以1/5光速航行9年，这些无畏细菌行进的路程只有不到2光年——还不到南门二和地球距离的一半。尤塞恩·博尔特的情况也一样。我告诉过你，他奔跑的时间比你可能以为的要少10飞秒，这意味着他实际上没跑那么远。这是对的，他的确没跑那么远。从博尔特的角度来说，跑道以12.42米/秒的速度相对于他运动，所以它必然缩短了大约86飞米，差不多相当于50个质子的宽度。你甚至可以争辩说，他实际上没有完成比赛。对飞船上的细菌来说，地球和南门二之间的空间正在高速运动，因此它的长度会缩短为不到原来的一半。这种空间的压缩，或者柏林体育场跑道的压缩，被称为“长度收缩效应”。所以你看，奔跑不仅会让你老得更慢，还能让你看起来更瘦。如果你奔跑的速度接近光速，那么观众眼中的你会变得像煎饼一样扁平，这是因为你占据的空间发生了收缩。

你应该担心的还有别的一些事情。我刚才说了，跑道以12.42米/秒的速度相对于尤塞恩·博尔特运动，这意味着他的父母也以完全相同的速度相对于自己的儿子运动。但基于我们目前已经阐明的事情，这意味着博尔特会看到父母的时钟变慢，这太奇怪了，因为我已经告诉过你，他们也会看到儿子的时钟变慢。事实上，这正是实际发生的事情：韦尔斯利和詹妮弗眼里的儿子是慢动作的（！），而博尔特眼里的他们也是慢动作的。但真正令人困扰的地方在这里：我说过，跑完这场比赛的博尔特比静止站着的他年轻了10飞秒。难道我们就不能把所有事翻转过来，从博尔特的角度来看吗？他看到父母的时间走得更慢，所以老得更慢的人是他的父母？看来我们遭遇了一个悖论。这被称为“双生子佯谬”，因为人们常用一对双胞胎来解释这种现象，但不幸的是，尤塞恩·博尔特没有双胞胎兄弟。事实上，老得更慢的人是博尔特，他会年轻一点点。但为什么是他，而不是他的父母呢？

要回答这个问题，我们必须考虑加速度扮演的角色。记住，前面我们讨论的一切都适用于没有加速度的恒定运动。在那段时间里，博尔特以12.42米/秒的速度匀速奔跑，他和他的父母处于我们说的“惯性”状态。这只是表达他们没有加速度的一种高级说法——他们不会感觉到任何促使自己加速或减速的外力。只要符合这种情况，就满足狭义相对论定律的应用条件，所以博尔特会看到自己的父母是慢动作的，反之亦然。但是，博尔特不会在整场比赛中都保持恒定速度：他的速度会从零加速到最高，最后减缓。在加速或减速的时间段里，他相对于父母是非惯性的。加速运动是另一种怪兽，比如把你锁在一间船舱里，如果船只加速，你肯定知道，因为你会感觉到作用在自己身体上的力。过高的加速度甚至可能会要了你的命。博尔特倒是没有送命的风险，但他的加速和减速足以打破他和父母之间的对等。这样的不对称解决了悖论——只要将博尔特的加速运动仔细地纳入考量之中，进行更详细的分析，你就会发现，在场的所有人，老得慢一点的那个的确是博尔特。

认识到这一点很重要，这不仅仅是一串有趣的方程，还是已经被测量出来的真实效应。人们已经看到，快速运动的原子钟比静止的对照钟走得更慢，“老得更慢”，就像柏林的博尔特一样。进一步的证据来自一种名叫渺子的微观粒子，它消失的速度也明显变慢了。渺子很像原子内绕核运行的电子，但它的重量大约是电子的200倍，而且寿命比电子短得多。只要大约百万分之二秒，它就会衰变成一个电子和一些名叫中微子的中性小粒子。在纽约布鲁克黑文国家实验室进行的一项实验中，渺子在一个44米长的环里被加速到光速的99.94%。考虑到它们短暂的寿命，人们预计渺子只能转15圈，但不知为何，它们转了438圈。这并不是说它们活得更久了——如果你以相同的速度和它们一起行进，你仍然会看到渺子在百万分之二秒后衰变——与此同时，你还会看到，这个环的周长缩短为原来的1/29。渺子之所以能转438圈，是因为长度收缩让它们要走的路程变短了。

长度收缩和时间膨胀帮助我们理解了为什么没有东西（甚至包括尤塞恩·博尔特）能比光速更快。随着博尔特越来越接近光速，他的时间会越来越慢，以至于近乎停滞，而他前面的距离会缩短到近乎零。时间还能如何再继续变慢呢？距离又如何能继续缩短呢？这是一条死胡同。现在，光速成了一道藩篱，唯一合理的结论是，谁都没法跑得比它更快。

在博尔特加速接近光速的过程中，他需要用越来越多的能量来尝试进一步加速。光速就像一道高耸得不可逾越的藩篱，所以最终他的速度会趋于恒定，加速会减缓。越接近光速，加速就越难。他对加速的抵抗，或者换句话说，他的惯性，会越来越大。这就是试图加速到光速时我们会面临的问题：惯性会膨胀到无限大。

这种惯性来自哪里呢？博尔特带到这个系统里的东西只有能量，所以博尔特多出来的惯性必然来自这些能量。能量永远不会消失，它只会变换自己的模样，从一种形式转换为另一种形式。因此，惯性必然是能量的一种形式，就算是在博尔特静止不动的时候也一样。真正酷的是，如果博尔特静止不动，我们可以确切地知道他的惯性有多大：惯性相当于他的质量，质量越大就越难移动。质量和能量实际上是一回事，正如爱因斯坦的公式所示[3]：$E = mc^2$。这个方程的可怕之处在于，你可以从质量（m）中获得多少能量（E），取决于光速（c）这个巨大的值。静止的尤塞恩·博尔特体重约95千克，如果把这些质量全都转换成能量，它相当于20亿吨TNT（三硝基甲苯，一种炸药）。这比广岛原子弹爆炸时释放的能量还要大10万倍。

现在我们来聊聊时空。

等等。你说什么？这话是从哪儿来的？事实上，我们刚才一直在聊时空。

长度收缩，时间膨胀。在前面这些小插曲中，时间和空间被拉长、压缩，形成了完美的串联。所以，毫不意外的是，这二者之间有关系，它们应该是某个更宏大的东西的一部分。受爱因斯坦理念的启发，立陶宛–波兰科学家赫尔曼·闵可夫斯基（Hermann Minkowski）朝时空迈出了第一步。他宣称：“空间本身和时间本身消融成了微薄的影子，只有这二者的融合体幸存了下来。”相当精彩的是，闵可夫斯基曾在苏黎世联邦理工学院教过年少的爱因斯坦，但在他的记忆中，爱因斯坦是个“从不操心数学”的“懒骨头”。

闵可夫斯基说的时空到底指的是什么？要理解这一点，我们必须从空间的3个维度着手。之所以有3个维度，是因为你需要列出3个独立的坐标才能确定自己的空间方位。想想你的两个GPS坐标，再加上你的海拔高度。现在，看看你的表，记下时间。暂停30秒，再看一眼表。在你看表的这两个时刻，你在空间中的位置没变，但在时间中的位置变了。我们可以通过分配一个时间坐标来表示每个特定事件发生的时刻来区分它们。这样一来，我们就有了第四个独立的坐标——第四个维度。把它们放在一起，我们就得到了时空。

要正确领会时空的优雅，我们应该想想如何测量距离，首先是空间距离，然后是时空距离。空间中的距离可以通过勾股定理来测量。你可能还记得中学的关于三角形的勾股定理——斜边的平方等于另外两条边的平方和，但这条古老的定理所蕴藏的含义比你原本可能以为的多得多。要理解这是为什么，我们首先建立一对互相垂直的轴，如下图（左）所示。

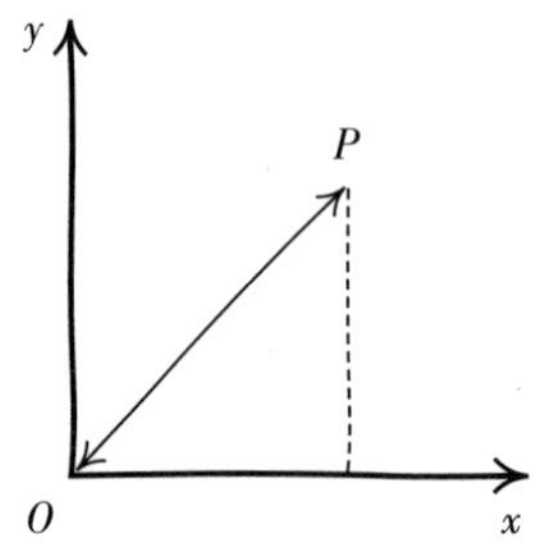

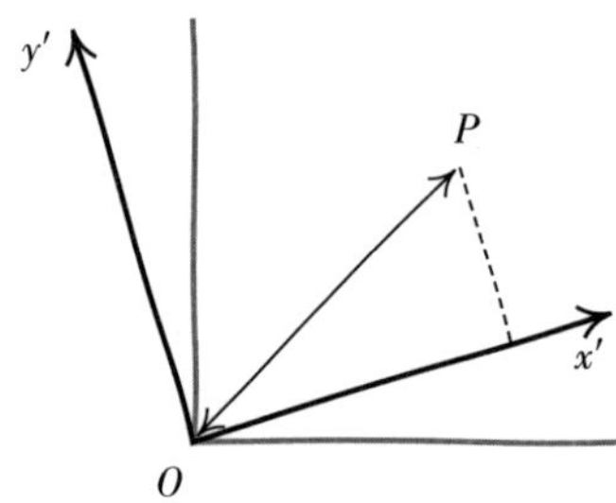

相对于这两条轴，P点的坐标是（x，y），根据勾股定理，已知P和原点之间的距离$d=\sqrt{x^2+y^2}$。如果我们将这两条轴绕原点O旋转，如上图（右）所示，然后定义一套新的坐标（x'，y'），P点和原点之间的距离显然不变，那么勾股定理依然有效：

$$d^2=x^2+y^2=x'^2+y'^2$$

这正是勾股定理的美妙之处：哪怕你旋转坐标系，它仍能保持不变。

现在轮到时空了。闵可夫斯基的理论让我们把空间和时间融为一体。当然，我们真正想要的是把空间的3个维度和时间的1个维度融为一体。但为了稍微简化一点，我们只取一个空间维度，将它的坐标记为x，并将它和标记为t的时间坐标放到一起。要测量时空中的距离d，闵可夫斯基认为，我们应该使用勾股定理的一种奇怪形式，它的方程如下：

$$d^2=c^2t^2-x^2$$

我知道你想问什么：那个减号。这是怎么回事？我们会讲到的，不过首先我们需要理解c^2t^2这个项。我们想测量距离，但显而易见，时间不是一段距离。要把它转换为距离，我们需要用它乘以一个速度，还有什么比光速更合适的呢？这意味着c^2t^2可以被解读为距离平方的单位，这正是我们使用勾股定理时需要的东西。现在来说说减号。当我们旋转时空坐标轴的时候——观察者的参考系从相对运动的一个对象转换为另一个对象，如从尤塞恩·博尔特的父母转换为他本人——测得的时空距离也应该保持不变。这种“旋转”的正式名称是**“洛伦兹变换”**，它包含了让相对论物理如此精彩而疯狂的所有时间膨胀和空间压缩。要在相对运动的惯性观察者之间完成这种转换时保持时空距离不变，这个神秘的减号正是关键所在。也许光最容易看明白这件事，它正以$\frac{x}{t}=c$的速度在空间中行进。将这个式子代入闵可夫斯基的方程[4]，我们会看到光和时空原点的距离是零。无论我们怎么“旋转”时空坐标，它的原点都不会变，所以光在所有观察者眼中必然都一样。空间中任何事物都不可能跑得比光更快，而在时空中，光根本就不会移动。这正是它的特别之处。

那你呢？你在时空中是什么样的？呃，假设你正舒舒服服地坐在一把椅子上读这本书。无论你正在做什么，我们都知道你在相对于自己的空间中是静止的，但在时间中运动，所以你必然在时空中运动。你运动的速度有多快？用时空距离公式来计算，当$x = 0$时，我们算出$d = \sqrt{c^2t^2}$，所以显而易见，你在时空中以$\frac{d}{t} = c$的速度运动。换句话说，你在时空中以光速运动。其他人也一样。

闵可夫斯基将时空坐标和对时空距离的测量结合在一起，由此构建了一幅非常优雅的四维几何物理学图景。如果用这种新语言来书写麦克斯韦的那些方程，它们就会变成一种非常简单的形式。将空间和时间拆开，这就像透过浓雾观察世界。而将它们融为一体，一个极度美妙且简洁的世界就此呈现。这就是为什么学习理论物理学是一件如此精彩的事情，你了解得越多，它就变得越简单。这方面最明显的例子可能是，爱因斯坦用几何征服了引力，才看到引力是一种假象。后面我们将一如既往地借助时间膨胀来讲述这个故事。不过，我们既不会和尤塞恩·博尔特一起并肩奔跑，也不会和根纳季·帕达尔卡一起在空间中飞驰。我们将潜入地心，那里的时间走得比地面上稍微慢一点。

挑战者深渊

“正是那种与世隔绝的感觉，比任何事都让你更深刻地意识到，在这个庞大、广阔、漆黑、未知、无人探索过的地方深处，你是多么渺小。”这句话是加拿大电影导演詹姆斯·卡梅隆（James Cameron）说的。字里行间流露出一种显而易见的恐惧，一种失去控制，完全仰仗某种更宏大之物赐予怜悯的感受。这句话即便放在他那部著名的电影《泰坦尼克号》的剧本中也毫不突兀。事实上，这是他从马里亚纳海沟底部“挑战者深渊”（地球海床上已知最深的地方，距离海平面差不多有11千米）归来后的感受。2012年3月26日，卡梅隆乘坐深潜器“深海挑战者号”抵达了那里，并在那个陌生的世界里（地球上环境最恶劣的地方之一）孤身一人探索了3个小时。

卡梅隆是继50年前美国一支海军小队完成这一壮举之后下潜到这个深度的第一人，也是第一个独自抵达那里的人。不过，最惊人的事实或许是，从那里回来以后，他在时间纬度中向前跳跃了13纳秒。

卡梅隆之所以会跃入未来，不是因为他的速度很快，就像尤塞恩·博尔特或者根纳季·帕达尔卡那样，而是因为他下潜的深度。你看，当你潜入一个引力阱深处时，时间也会变慢。对卡梅隆来说，是下潜得离地心更近。这是一种广义相对论效应——这套考虑了引力的相对论是爱因斯坦天才智慧的佐证。由于卡梅隆花了很长时间探索那道深渊，所以他积累了引力造成的可观的时间膨胀。话说回来，有史以来最靠近地心的是那支参与了俄罗斯2007年“Arktika行动”的探险队。2007年8月2日，潜艇驾驶员阿纳托利·萨加列维奇（Anatoly Sagalevich）、极地探险家阿图尔·奇林加罗夫（Artur Chilingarov）和商人弗拉基米尔·格鲁兹杰夫（Vladimir Gruzdev）搭乘“和平1号”潜艇首次下潜到北极点海面下方约4 261米深的北冰洋海床上。这看起来似乎无法和马里亚纳海沟的深度相提并论，但地球并非是完美的球形。它是一个扁球体，在赤道处略微向外凸出。因此，这支探险队到达的地方距离地心比“深海挑战者号”近得多。在海床上度过了一个半小时后，“和平1号”上的3人在时间中向前跳跃了几纳秒。除了采集土壤和动物样本，他们还竖起一面由防锈钛金属制成的俄罗斯国旗。这个举动遭到了北极圈其他国家的强烈抗议，他们认为，这无异于宣称这片土地属于俄罗斯。俄罗斯人否认了这一点，他们宣称，他们的目的仅仅是证明俄罗斯大陆架一直延伸到北极，并以“阿波罗11号”上的宇航员将美国国旗插在月球上的那一刻来类比。

虽然国际政治不是本书的主题，但在这部分故事里，此类事情绝不遥远。要理解这些深海探索者为何能让时间变慢，以及他们是怎么做到的，我们需要回到20世纪初，那时整个世界战火蔓延，壕沟里流淌着在极端环境下奋战的普通人的鲜血。在那个年代，科学界的战火也在肆虐。英国物理学界一直拒绝接受爱因斯坦关于时间和空间的新观点。英国人比其他任何社群更坚决地固守着以太的概念，毫无疑问，他们以不屈不挠的开尔文勋爵（Lord Kelvin）——威廉·汤姆森为首。他们还拥护着英国科学界的传奇人物艾萨克·牛顿，他的万有引力定律在首次提出近300年后仍屹立不倒。牛顿的万有引力定律能解释许多事情，从行星的运动到索姆河战役中如雨点般坠落的子弹的轨迹。但牛顿的理论也有一些问题，爱因斯坦的工作让它们暴露在了聚光灯下，如远距离的瞬时作用。

要理解这是为什么，请想象一下，如果太阳在一瞬间自发地消失了，会发生什么。当然，我们都会死，但我们要花多长时间才会意识到自己的命运？在一个由牛顿理论主宰的世界里，引力在远距离上的作用是瞬时发生的，所以我们在太阳消失的那一刻就会发现这件事。问题在于，阳光需要8分钟才能抵达地球。从爱因斯坦的角度来说，这意味着我们至少需要8分钟才能收到任何来自太阳的信号，包括表明它消失的信号。显然，牛顿和爱因斯坦的理论产生了直接的冲突。虽然爱因斯坦远非传统意义上的爱国者，但一个德国人对牛顿的宝座发起了挑战。鉴于当时正处于第一次世界大战期间，他的这一举动在英国绝不可能受欢迎。

牛顿本人对这种远距离作用也深感不安。他在1692年2月写给学者理查德·本特利的信中写道："这件事……一个物体可能通过木有任何媒解的真空对远处的另一个物体产生作用……对我来说，这太荒谬了，我想信任何在哲学问题上有思考能力的人都绝不会接受它。"①

① 加点词并非翻译错误，为牛顿本人在信中故意为之。

爱因斯坦最终将解决这些担忧，但要完成这个任务，他要先否定牛顿，并驳斥后者最伟大的发现。他将彻底否定引力的存在。

“引力是假象。”

我喜欢用这个短句作为我高级引力课程的开场白，哪怕它会激怒一部分学生。但这句话是真的，引力的确是一种假象。哪怕在地球上，你也可以进入失重状态，你可以完全抹除引力。如果想亲眼见证，你可以去一趟豪奢的沙漠城市迪拜，爬上哈利法塔的塔顶，这幢全世界最高的建筑直冲云霄，差不多有1 000米高。在那里，你可以钻进一个大盒子，就像老式的英国电话亭那样，但是要遮住所有窗户，然后让人把你从楼顶扔下去。当你随着盒子坠向地面的时候，会发生什么？你将以1g的加速度坠向地面，但盒子的底部也将得到同样的加速度。好吧，盒子会受到一点点空气阻力的拖累，但如果空气足够稀薄，你多多少少会进入失重状态，引力就此消失。现在，我承认以这种方式来验证引力十分极端。实际上，你不需要真的从哈利法塔顶部跳下去就能感受到失重效应——开着你自己的车从陡坡上向下冲就足够了。当你的胃里开始翻腾，你很可能已经体会到了这种感觉。在你朝坡底加速的过程中，引力开始消失。每当出现这种情况，我总会提醒自己（以及和我坐在同一辆车里的任何人），你的肚子感受到的正是爱因斯坦凭借他的天才描述的那种效应。

当爱因斯坦发现他随时可以抹除引力的效应时，他说这是他一生中最快乐的想法。引力之死可以一直追溯到伽利略·伽利雷（Galileo Galilei），这位文艺复兴时期的天才是现代科学的奠基人。根据他的学生温琴佐·维维亚尼（Vincenzo Viviani）的描述，伽利略把不同质量的球体从比萨斜塔顶上扔下去，向各位教授和学生展示，它们如何以相同的速率坠落。这与亚里士多德的古老宣言相矛盾：更重的物体坠落得更快。虽然伽利略到底有没有真正做过这样的演示仍有争议，①但这种效应是真的。“阿波罗15号”上的宇航员大卫·斯科特（David Scott）甚至在月球上做过类似的实验。他一只手握着锤子，另一只手拿着羽毛，然后同时松手，让它们坠向月面。没有了空气阻力，这两样东西坠落的速率完全相同，正如伽利略曾经预测的那样。正是这种普适的效应保证了你和“电话亭”一起从哈利法塔顶坠落时完全同步。

如果我们能彻底抹除引力，那凭什么说它真实存在呢？我们能在外太空模拟它吗？在太空中模拟引力很简单——你只需要加速就行。如果国际空间站打开推进器，开始以1g的加速度向上加速，空间站里的宇航员会立即脱离失重状态。飞船将向上冲，但宇航员会感觉自己像在下坠，仿佛他们受到了引力的作用。如果把窗户遮住，他们很可能会误以为国际空间站正向地球坠落。

这里的重点在于，我们无法区分引力和加速度。在一艘遮住了窗户的飞船里，你无从得知自己的感觉是受引力的影响，还是飞船正在空间中加速。这被称为爱因斯坦的“等效原理”——引力和加速度在物理上等效。你无法区分这二者。如果你还不相信，请想一想，你开车转弯稍微快了一点的时候，会发生什么。如果是左转，你会觉得有一股力正朝着右车门的方向拉扯你。这正是作用于水平方向的模拟引力。事实上，车转弯时有加速度，而你的身体想保持和之前同样的运动方向，结果你就被甩向了对侧车门。

我们暂且回过头来看看那些深海探险家。要完全理解他们的时间如何变慢，我们需要再思考一下光。引力如何影响光？由于引力和加速度不分彼此，我们或许只需要问：加速度如何影响光？想象一下，你正乘坐一艘飞船以恒定速度在空旷的恒星际空间中巡航，你的手臂上托着一盘果冻，[5]而你的朋友拿着一把激光枪。如果这是一场决斗，你输定了，但这不是决斗，而是一个实验。你让朋友朝

---

① 大部分学者认为，这只是伽利略的一种思想实验，但加拿大历史学家斯蒂尔曼·德雷克（Stillman Drake）提出，维维亚尼的说法大体准确。

果冻开枪。他按照你说的做了，激光沿直线将果冻切开了。你决定再试一次，只是这次你打开引擎，开始让火箭加速。你和朋友立即感觉到了假引力的效应，现在你们可以正常地站在飞船地面上，让它推动你们在太空中加速前进。你让朋友再次开枪，他听从了，果冻再次被切开。你仔细观察了一下激光切开的裂缝。第一次激光直线切开了果冻，但第二次它有了一点弧度，如下图所示。

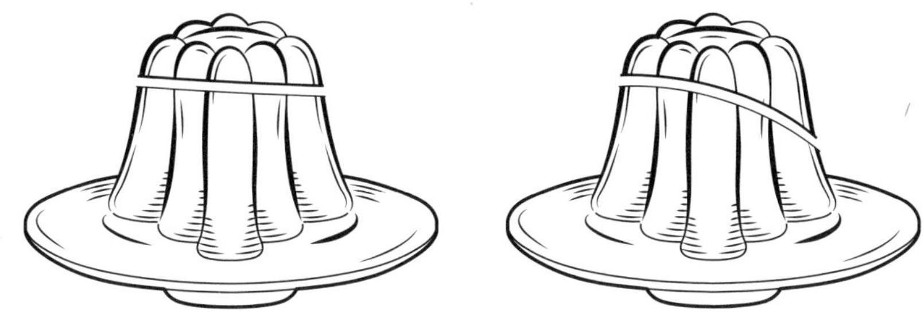

当你在太空中朝一盘果冻发射激光，
这是飞船匀速行进（左图）和加速行进（右图）时的情况

第二道激光是怎么回事？没什么稀奇的。它在空间中依然沿直线前进，就像它应该做的那样，但此时果冻正随着火箭“向上”加速。从你和果冻的角度来看，这就像光线被弯曲了。这显然是果冻的加速带来的后果，根据等效原理，引力也会让光线弯曲。

事实的确如此。

“一战”结束后不久，证据就来了。虽然在那个艰难的年月里，英国没几个人能接受爱因斯坦的新理念，但他的确有一位支持者。善于思考、野心勃勃的天文学家亚瑟·爱丁顿（Arthur Eddington），作为一个和平主义者，他鼓励英国科学家保持战前对德国同行工作的兴趣。虽然当时英国很难接触到德国的科学期刊，但他通过荷兰物理学家威廉·德西特（Willem de Sitter）了解到了爱因斯坦的工作，并决定验证太阳的引力会扭曲星光的预测。要观察近距离经过太阳的星光，问题在于，阳光会遮盖星光，让它变得几乎不可见。爱丁顿意识到，他需要借助日食才能完成这项实验，根据他的计算，1919年5月29日，在美丽的葡萄牙属岛屿圣多美和普林西比上能观看到日食，这座小岛远离非洲西海岸，从那里穿过大西洋就能抵达巴西北部。爱丁顿和皇家天文学家弗兰克·沃生·戴森一起去了非洲的这座岛上，还有一支队伍被派往巴西塞阿拉州的索布拉尔观测这次日食。尽管云和雨威胁着实验的成功，但他们仍拍下了日食期间毕宿星团几颗恒星的照片。将这些照片和夜晚拍下的同一个星团的照片进行对比，他们发现二者并不吻合。这意味着日食照片中近距离经过太阳的星光的确弯曲得更厉害，与夜间拍摄的照片不一致。爱因斯坦的预测得到了确认，这上了全世界的新闻头条。就在这一刻，他成了大明星。

光的这种弯曲对时间来说意义重大。远离引力场的时候，光沿直线行进，国际空间站一面墙上的台灯发出的光只需要几纳秒就能照射到另一面墙上。但如果我们把国际空间站放到绕黑洞运行的轨道上，这束光就会被强引力场弯曲。弧线路径比直线的长，所以这道光需要多花一点儿时间才能从一面墙传递到另一面墙上。这意味着在引力更大的情况下，做同一件事需要花费更长的时间才能完成，所以引力必然会延缓时间。

引力场越强，光线就会被弯曲得越厉害，时间被延缓得也越明显。正因为此，潜入马里亚纳海沟沟底的詹姆斯·卡梅隆才能跃入未来。那里的地球引力场更强，所以时钟走得更慢，哪怕只慢了一点点。反之亦然。如果你爬到高处，引力场就会变弱一点点，导致钟表走得更快。在珠穆朗玛峰顶部度过的1秒比在海平面上度过的1秒大约要长万亿分之一秒。完成了12天半的任务之后（包括在月球上度过的3天），“阿波罗17号”上的宇航员体验到了创纪录的时间负膨胀，他们在时间中倒退了大约1毫秒。[①]

---

① “阿波罗17号”上的船员旅途中的大部分时间都在高速飞行，这本应延缓他们的时间，但在执行任务的大部分时间里，高海拔下的低引力造成的时间负膨胀效应压倒了狭义相对论下的这种时间膨胀效应。

1959年，人们在哈佛大学杰弗逊塔上做的一个著名实验直接测量了引力对时间的这种影响。罗伯特·庞德（Robert Pound）和他的学生小格伦·雷布卡（Glen Rebka Jr）从这座22.6米高的塔顶部向塔底的接收器发射了一束伽马射线——一种高能电磁波。他们巧妙的想法是，借助伽马射线的频率来测量时间，电磁波每一次新的振荡都相当于钟表的一声“嘀嗒”。结果发现，同样的电磁波在塔底测得的频率比塔顶更高。这意味着塔底1秒内电磁波振荡的次数比塔顶多。结论只有一个，即“1秒”在这座塔两端的含义必然不同。塔底的1秒包含的电磁波振荡次数更多，这1秒必然更长。正如爱因斯坦曾预测的那样，塔底的时间走得比塔顶慢。

引力弯曲光线、减缓时间的能力意味着地核比地表年轻大约2.5岁。[6]但如果引力真是一种假象，它是如何做到的呢？它以何种方式弯曲光线？其实它根本没有弯曲光线。光在空间中永远沿直线行进——发生弯曲的是空间本身。为了形象地说明这是怎么回事，请从水果碗里拿一个橘子。在橘子表面标出两个相隔足够远的点，然后画出这两点间的最短路径。如果你不太确定哪条路径最短，就把这两个点都标在橘子表面水平高度相同的“赤道”上，然后沿着赤道画出路径。现在请小心地剥开橘子，确保橘皮完整，然后把橘皮展开，放在桌子上。现在你画的这条线看起来什么样？它是弯曲的，对吧？这太奇怪了，因为两点间的最短距离本应是一条直线，但事实上，这条定理只在平面上成立。曲面上的最短距离是一条曲线，正如你在橘皮上画的这段路径。光的行进轨迹也一样。它总是沿着最短路径在空间中行进，但因为空间是弯曲的，所以它的行进路径也是弯的。如果你坐过伦敦到纽约的长途航班，并看过它的飞行图，你会注意到，飞机是沿着一条奇怪的曲线轨迹从加拿大北极地区上空穿过的。这是因为航空公司算过最短路径，它是弯曲的，就像地球表面一样。

当然，实际上弯曲的是时空的几何结构。闵可夫斯基告诉了我们在平面的时空几何结构中如何测量距离，但如果时空的几何结构是弯的，我们要测量的距离也会被拉伸、压缩、抻长、挤短。是什么造成了这样的拉伸和压缩？物质、你、太阳、地球……任何有质量、能量或动量的东西都会弯曲时空。请想象一张被拉平的橡胶膜。把一块沉重的石头扔到这张橡胶膜上，它就会发生弯曲。这很好地类比了物质对时空的影响。

光会在这个弯曲的时空中沿最短路径行进。它遵循的是一条非常特殊的最短路径，事实上，这条路径是如此短，以至于它的时空长度彻底消失了。可是别忘了，这正是光的特别之处，当时空变弯曲的时候，它的行为模式依然不变。光偏爱的这种路径被称为“零测地线”（null geodesics）。那更重的东西呢，比如行星或者恒星？它们在时空中会怎样？呃，它们也会遵循可用的最短路径，也就是弯曲时空中等效于直线的路径。它们不会和光走一样的路径，因为它们跑得没有那么快，但它们的确会在时空中选择“最经济”的路径。这些路径被称为“类时测地线”（timelike geodesics）。在弯曲的时空中，它们是弯曲的。事实上，它们看起来可能弯得非常厉害。地球的行进路径弯曲得如此厉害，以至于闭合成了一个圈，地球每年绕太阳运行一圈，画出一个椭圆。在现实中，它沿着一条类时测地线运行，这在因太阳引力而高度弯曲的时空中实际上是一条直线。

你可能觉得我用了太多诗意的语言来将这些弯曲的路径描摹成直线，但它们显然不是直的。事实上，我说的可能比你以为的真实得多。结果我们发现，当你近距离观察的时候，我们感兴趣的这种时空几何结构看起来似乎永远是平的。这有点儿像在太空中看到的地球表面是弯曲的，但在地面上近距离观察，你可能误以为它是平的。当然，只要你保持足够近的距离，地表的确近似于平坦，时空也一样。只要靠得足够近，哪怕弯曲得最厉害的几何结构看起来也会像闵可夫斯基描述的时空那样平坦。正是这种凑近观察并发现闵可夫斯基时空的能力，让我们至少在一个足够小的环境内能够摆脱引力的影响。这正是你从哈利法塔上跳下去时发生的事情。当然，地球构建了一个弯曲的时空，但只要钻进一个电话亭，从全世界最高的楼顶跳下去，你就会发现自己凑到了足够近的距离上，由此彻底摆脱了引力，至少做出了非常近似的模拟。

无论沿着这些最短路径（类时测地线）行进的是什么人，或者是什么物品，都不会影响路径本身。锤头还是羽毛，都没有区别，二者都会沿同一条类时测地线以光速在时空中行进。两样东西都会以完全相同的方式坠落，正如伽利略所预测的那样。但要解释它们为什么会这样，我们需要爱因斯坦。

爱因斯坦的理论经受住了时间的考验，而且他做出的奇怪预测再次得到了甚至更奇怪的实验验证：从光的弯曲与战后爱丁顿野心勃勃地前往圣多美和普林西比的探险，到引力减缓时间与庞德和雷布卡跳动的伽马射线。行星的轨迹又一次为爱因斯坦的理论提供了关键的验证，最值得一提的是，行星水星的轨道。尽管这条轨道是椭圆形的，但轨道本身会动，它每年都会略微调整自己的位置，出现“进动”。即便使用牛顿引力理论也能根据其他行星引力的影响推算出水星的这种摇摆，但具体的数据相去甚远。法国数学家于尔班·勒威耶（Urbain Le Verrier）也注意到了这一点，他预测到太阳和水星之间存在一颗看不见的暗行星，并将之命名为“火神星”（Vulcan）。根据勒威耶的理论，火神星的引力足以扰动水星轨道，使之产生我们观察到的摇摆。勒威耶凭借这类预测构建了自己的职业生涯。1846年8月，他通过研究天王星轨道的摇摆预测了行星海王星的存在。[①]1个月后，德国天文学家加勒和阿雷克特发现了海王星，它的实际位置和勒威耶预测的位置偏差不到1度。反过来说，尽管经历了好几次

---

① 来自康沃尔郡的数学家约翰·柯西·亚当斯（John Couch Adams）也曾独立做出相同的预测。但在勒威耶向法国科学院汇报这颗新行星预测位置的两天之后，他才把自己的结论寄给格林尼治的皇家天文台。亚当斯继承了康沃尔的传统，做事情总是慢慢来，他开始计算的时间比勒威耶要早，却完成得晚了一点儿。

空欢喜，人们始终没有找到火神星。其实火神星并不存在，水星的摇摆可以通过爱因斯坦理论的校正来解释。比起其他行星，水星对这种校正的感受更明显，因为它离太阳最近。

这个警世故事——海王星和火神星截然相反的命运，直到21世纪仍留有余韵。今天，我们仍在争论是否需要引入暗物质和暗能量来修正我们的理论，使之吻合宇宙学观测结果。有人提出，这两种东西和火神星一样虚无缥缈，我们需要的是一套更新的引力理论所带来的校正，需要在天体物理学和宇宙学领域对爱因斯坦提出的理论做出改进。虽然这种说法在千年之交时颇有声势，但近年来，随着爱因斯坦的最初理论再次扳下一城，它已被束之高阁：2015年，人们发现了引力波。爱因斯坦曾预测，时空是一头桀骜不驯的野兽，它应该会有涟漪，引力的波浪在时空中荡漾，以一种非常具体的方式扭曲时间和空间的形状。至于引力波到底如何扭曲时空，不同的理论做出的预测往往各不相同，但我们最终测量到的引力波完美符合爱因斯坦最初的预测。如果太阳真的奇迹般地消失了，那么向我们发出警报的应该是一道引力波，或者更准确地说，是一场时空海啸。这道波会以光速穿过太阳系，撕裂太阳的引力场，以末日天灾的形式最后一次证明爱因斯坦战胜了牛顿。

如果说尤塞恩·博尔特是人类相对性的极限，是我们从物理层面影响时间的巅峰，那么引力影响时间的边界在哪里呢？引力在什么地方将时间扭曲得面目全非？答案藏在“一个流光溢彩、黑暗深邃的无尽创造之源”里。

它藏在“泼威赫”（Pōwehi）[①]里。

① “Pōwehi”是夏威夷语，意思是“流光溢彩、黑暗深邃的无尽创造之源”，人类拍摄到的第一个黑洞就以此为名。——译者注

深渊一瞥

“泼威赫”这个词是夏威夷语，出自古老的歌谣《库姆利波》(*Kumilipo*)，描述了宇宙的诞生，那个“流光溢彩、黑暗深邃的无尽创造之源”。在毛利语里，它的意思是“恐怖”。泼威赫是一头怪兽，一个可怕的庞然大物，藏身在梅西耶87星系中央，这个超巨型星系位于室女座。2019年4月，地球上的人首次一睹它的尊容。

用“事件视界”望远镜捕捉到的泼威赫的壮丽瞬间

泼威赫的壮丽照片是由“事件视界”望远镜拍摄到的，这组基于地面的阵列由8台有计划地布置在全球各地的射电望远镜组成。考虑到发射源的尺寸和距离，这是个了不起的成就。这就像你坐在巴黎的一家咖啡馆里，透过望远镜读纽约的一张报纸。要以如此了不起的精细程度拍下这张惊人的照片，难度就是这么大。

但这个“恐惧”，这个“黑暗之源”到底是什么呢？泼威赫是一个庞大的黑洞，比太阳大几十亿倍。它的引力达到了可怕的极限。我们已经看到引力会如何弯曲光线。如果你逐渐增大引力场，让时空弯曲得越来越厉害，会发生什么？你会创造一座监牢。光线被弯曲到这等程度，它会被困在里面，无法逃脱。要是光都逃不出去，其他任何东西都不行。泼威赫是宇宙中的地牢，绝不宽恕的地狱，被遗忘者的牢笼。

首先想到这等恐怖存在的是英国牧师约翰·米歇尔（Revd John Michell）。1783年11月，米歇尔提出了**暗星**的存在，这种巨型天体比太阳大500倍，它们的引力阱如此强，连光本身都无法逃脱。[①]在那个年代，这是个激动人心的观点，看不见的庞然大物就藏在我们的眼皮子底下，但没过多久它就会被抛诸脑后。因为它的基础是光的微粒说，也就是光由微粒组成的。18、19世纪之交，英国物理学家托马斯·杨（Thomas Young）的实验使微粒说最终被光以波动的形式存在的模型取代。虽然米歇尔对黑洞的研究被忽略了近两个世纪，但他在科学领域被尊为“地震学之父”。他研究了1755年发生在里斯本的那场毁灭性的地震和海啸，并得出结论：这场灾难实际上源自地壳，而不是大气扰动。

今天，大部分科学家认为，黑洞的确真实存在。一般来说，它们形成于足够大的恒星——至少比太阳重20倍——燃料耗尽时。恒星的能量来自核聚变，原子核在恒星核里被不断挤压，热核炸弹在这座“熔炉”里一刻不停地爆炸。由此产生的能量避免了恒星被自身的重量压垮，它向外释放热压来对抗引力的影响。但这样的局面无法永远维系下去。一旦恒星核里生成过多铁，聚变过程的效率就会降低，让它无法继续支撑自身的重量。恒星就此死去。引力开始迅速击垮这颗恒星，将它向内挤压，绞索勒得越来越紧。接下来，砰！恒星开始

① 关于类黑洞天体存在的可能性，睿智的法国数学家皮埃尔·西蒙·拉普拉斯（Pierre Simon Laplace）也得出了相似的结论，比米歇尔晚了10年左右。但我们并不清楚他对米歇尔的工作有多少了解。当时法国正处于大革命时期，这两个国家之间的科学交流必然不容易。

奋力反击，对抗引力无休止地攻击。中子是战斗的主力，恒星核里的这些亚原子粒子一旦被挤压得太紧就会通过一种强大的核力狂暴地互相排斥。外层的材料向内塌陷，砸向不可动摇的中子核，又被反弹回来。刹那间，一道强大的压力波冲向恒星表面，发生爆炸。这种灾难性的事件被称为“超新星爆发”，它会短暂地照亮整个星系。

剩下的是什么？很可能是颗中子星，一种密度非常大的天体，它的密度如此大，仅仅一茶匙中子星物质的重量就相当于地球上的一座山。如果它的总质量能停留在太阳质量的3倍以下，这颗中子星就有机会幸存下来。要是更重一些，引力的绞索会开始再次勒紧。现在中子只能束手无策，坍缩变得势不可当。最后，这颗恒星的密度变大，连光都无法逃脱。曾属于这颗恒星的一切都将被掩藏在事件视界背后，它是这间“宇宙地牢”的活动盖板，一层球状的表面，任何穿过事件视界的东西都无法再回来。

每1 000颗恒星中大约就有1颗的重量足以让它在死亡时被引力吞噬。这些恒星质量黑洞无处不在，遍布星系，它们是那些有史以来存在过的最大、最强有力的恒星残留在阴影中的骸骨。但泼威赫还远不止于此。脱胎于死亡恒星的黑洞重量一般介于太阳的5～10倍，但泼威赫的质量相当于65亿个太阳。这个质量超大的庞然巨物是5 000多万光年外一个巨型星系核心处的锚。银河系核心处的黑洞人马座A*的质量是太阳的400万倍，和泼威赫相比，它是如此渺小。人们认为，大部分星系核心都有一个充当锚的超大质量黑洞。0402+379星系里有两个这样的庞然巨物，这很可能是两个子星系碰撞的结果。0402+379星系的核心必然充斥着引力海啸的狂暴波涛，这两个庞然巨物争夺霸权的战斗将时空撕扯得七零八落。事实上，我们尚未完全理解泼威赫或者其他任何一个与它类似的怪兽是如何形成的。它们可能是巨型恒星饕餮的产物，恒星质量黑洞会吞噬一切敢于和它走得太近的材料，经过数百万年的饱餐，它们可能会膨胀成为这样的巨无霸。

事件视界的存在定义了黑洞。要停留在它的表面，你需要达到光速。对恒星质量黑洞来说，离这道视界太近可能会致命。从某个角度来说，这很奇怪。你还记得吧，引力是假象，我们随时可以爬进一个黑暗的电话亭里并一起向下坠落，以这种方式来抵消它，无论是从哈利法塔顶坠落，还是朝着黑洞的事件视界坠落，都没什么两样。问题在于，随着引力场越来越强，时空被弯曲得越来越厉害，我们能抵消引力的范围——电话亭的大小——会不断缩小。电话亭外是危险、巨大的引力梯度，引力的潮汐大得无法被忽略。恒星质量黑洞的视界离引力阱底太近，一旦你靠得太近，引力的潮汐会立即将你撕裂。从另一方面来说，对泼威赫这样的超巨型黑洞来说，引力阱底隔得太远，所以穿过事件视界显得平平无奇。但是，一旦你跨过这道屏障，你所剩的日子就屈指可数了。毫不夸张地说，时间会终结。黑洞的核心是奇点，在那里，时空会遭遇无限，引力场会无限制地增强。奇点不是空间的尽头，而是时间的尽头。一旦跨越事件视界，你在时空中的轨迹就会引领你走向奇点，走向那个真正没有明天的地方，那里不存在未来——甚至在理论上都不存在。只要你走到末日那里，狂暴的引力潮汐就会把你撕碎，就像扯断一根意大利面一样简单，你身体里的原子会被撕碎，原子核被撕裂成质子和中子，质子和中子又被撕裂成组成它们的夸克和胶子。任何有意识的残骸都会寻求了结，了结会在奇点到来，这样的在劫难逃是一种慈悲。

不过，要是有人在远处目睹你坠入黑洞，他们会看到一幅很不一样的画面。刚开始时，他们会看到你加速坠向遗忘之境，如果他们能以某种方式看到你的主观时钟——你手腕上的表，那么他们会看到，随着你在黑洞的引力阱里越陷越深，那块表会走得越来越慢。等你抵达那道屏障，它（和你）看起来会减慢到彻底静止的程度。就像你被冻结在了时间和空间中，成为事件视界上的一件装饰品，永远提醒着人们离黑洞太近会有什么后果。这并不是说你没有穿过视界进入黑洞。你的确穿过去了，只是外面的人永远看不到你穿过去，因为你在视界上经历的每一秒对他们来说都是永恒的。

对远离视界的物体来说，时间不会停止，但要是靠得太近，时间就会极大地减缓。如果这个黑洞有足够的自转，就可能存在离事件视界非常近的稳定行星轨道，从理论上说，你可以在那里待一段时间，让时间慢下来，然后回家，一下子跳到多年后的未来。电影《星际穿越》中“永恒号”的船员就在造访米勒的行星时完整地体会到了引力造成的时间膨胀，这颗行星绕着一个名叫卡冈图雅（Gargantua）的超巨型黑洞运行。卡冈图雅的自转速度应该非常快——和理论最大值相差不到万亿分之一，所以米勒的行星公转轨道只比事件视界的半径大几十万分之一。[7] 考察队造访这颗行星的时间只有3个小时多一点，但他们回去时却发现，留在“永恒号”上的同事比他们衰老了惊人的23年。话虽如此，自转速度如此快的黑洞即便存在，也极度罕见，因为自然的机制会预防黑洞的自转速度增长到最大值的99.8%以上。这意味着行星轨道无法如此靠近事件视界，时间膨胀效应也不会有这么强。现实中，在离这种庞然巨物最近的行星上停留3小时左右，只相当于母舰上的32小时24分钟。虽然这不够好莱坞，但我们应该记住，波威赫真实存在，我们已经看到了它，也许它的某颗行星上真有生命，他们的生命时钟大约比我们慢11倍，相比之下，我们在地球上的生活节奏简直快得发疯。

波威赫的照片有力地证明了自然界中黑洞的存在——确凿无疑，但还不算一锤定音。毕竟，我们没有看到事件视界本身，而是一道比它大2.5倍的影子。尽管“事件视界”望远镜拍下的照片如此震撼而富有启迪性，但关于黑洞的最有力的证据来自引力波。2015年9月14日，激光干涉引力波天文台（Laser Interferometer Gravitational-Wave Observatory，简称LIGO）首次探测到这种存在于时空经纬中的微小涟漪。该机构有两处观测点，其中一处位于华盛顿州汉福德——一座退役的核生产基地，另一处藏在路易斯安那州利文斯顿盛产鳄鱼的沼泽之中。这些宽度还不及一个质子的细小涟漪一伸一缩，撞上了探测器4 000米长的“手臂”，暴露了它们始于两个黑洞融合的狂暴源头，这两个黑洞的质量分别是太阳的36倍和29倍，位于可观测宇宙最遥远的彼端。这道引力波在源头处携带的巨大能量相当于3个太阳的质量，或者说10^{34}颗广岛原子弹的威力，爆炸式的时空海啸拉伸和挤压着空间。但这道波会不会有其他的来源，比如来自除黑洞外的、别的什么外太空天体的融合？当它们融合的时候，这两个天体之间的距离只有350千米，相当于65个太阳挤在一个窘迫的区域里，其大小还不到后来形成的事件视界的2倍。除了一对黑洞打着旋儿完成最终的拥抱，很难想象还有别的什么事情可能造成这样的结果。

乍看之下，1.000 000 000 000 000 858似乎不像一个大数字，但它大得足以打开一扇通往陌生世界的门。当尤塞恩·博尔特冲向这道创造世界纪录的时间膨胀之门时，他触摸到了相对性的边缘。在他的激励下，我们得以一瞥一个违背日常直觉的物理世界，在那里，跑道会缩短，时间会变慢。这个世界最遥远的彼端是黑洞物理学，在那里，对那些坠入事件视界的可怜受害者来说，时间被拖慢到了停滞的程度。我们幸运地生活在一个前所未有的黑洞发现的年代：我们能看到庞大的泼威赫在一个巨型星系的核心处投下的黑暗影子；我们可以听到那些庞然巨物的碰撞发出的呼啸通过引力波在时空中咆哮，就像一声相对性的雷鸣，宣告着天神之间的联姻。关于这些神祇的物理学揭示了我们所处的物理现实的模糊真相——一种全息真相，一个被困在全息投影中的宇宙。我们将在下面的章节中继续讲述这个故事，我们将探索关于熵的理念，它像卫兵一样守护着秘密，还有量子力学，亚原子世界的统治者。我们将通过那些庞大的数字来讲述这个故事，它们甚至比1.000 000 000 000 000 858更大，更令人瞩目。

古戈尔

杰拉德·格兰特的故事

我有个表哥，名叫杰拉德·格兰特，小时候他爱给我们讲鬼故事。他说，他曾在月光下看见他祖父的鬼魂在一尊圣马利塑像前祷告。还有一次，他在爱尔兰一个荒凉的地方露营，醒来时发现帐篷外炉子上的锅里，培根和鸡蛋正发出嗞嗞的声响。"肯定是那些小家伙，"他说，"爱尔兰的小妖精。"甚至还有一个故事，一个人预见到了自己的死亡。"他看到自己走在自己身后，"杰拉德告诉我们，带着一种不祥的预感，"那是他的分身。一个跟他一模一样的幽灵。于是他知道，自己快要死了。"后来他真的死了，至少杰拉德是这么说的。

你或许觉得，分身的故事在一本关于物理和数学的严肃书里应该没有容身之地。但既然我们讲的是庞大数字的故事，你应该已经料到，总有些事出乎意料。这个故事从古戈尔（googol）开始：

10，000，000，000，000，000，000，000，000，000，000，000，000，000，000，000，000，000，000，000，000，000，000，000，000，000，000，000，000，000，000，000，000，000，000

它相当于在1后面加100个零，或者说10^{100}。古戈尔这个数有一种十进制的优雅，甚至有一丝堕落之美。就任何现实的标准而言，我们都可以放心地说它是一个大数字。如果你买彩票赢了1古戈尔英镑，你就可以给自己买一艘豪华游艇，甚至一支豪华游艇船队，外加一艘航空母舰，要是你愿意，或许你还能买下这颗星球上的所有船。你甚至可以买下美国。买下整个美国可能只需要不到50万亿美元，对像你这样的古戈尔富翁来说，这简直等于不要钱。你真的可以买下一切：可观测宇宙中的每一个分子、每一个原子、每一个基本粒子。宇宙中大约有10^{80}个基本粒子，你完全买得起，甚至能给每个粒子出到百万英镑的三次方以上的价钱。

古戈尔的传奇实际上始于米尔顿·西罗蒂（Milton Sirotta），一个9岁的小男孩，他的爱德华叔叔恰好是哥伦比亚大学杰出的数学家爱德华·卡斯纳（Edward Kasner）。卡斯纳属于一个特殊的群体，他们有自己的独特时空，赫尔曼·闵可夫斯基、卡尔·史瓦西（Karl Schwarzschild）和罗伊·克尔（Roy Kerr）都是这个群体中的一员。卡斯纳的时空和你体验过的任何宇宙都不一样。如果你坐在他的宇宙里，你会发现空间的某些方向正在膨胀，而另一些方向正在压缩，就像一块一头被拉伸，另一头被挤压的面团。但这个可怕的世界跟古戈尔无关。想出这个概念的时候，卡斯纳正试图探索无限的广袤。他想强调的是，比起无限，任何有实际意义的、看起来非常大的数都显得那么渺小。为了揭露这个真相，他决定使用一个1后面有100个零的数字，但他需要给这头小巨兽起个名字。10^{100}，或者100的多少次方，感觉都不合适。他的侄子米尔顿提了个好建议：古戈尔。

有趣的是，我们惊叹于这个数字如此大，但卡斯纳最初引入它是为了表明它有多小。他和侄子很快又想到了另一个神奇数字：**古戈尔普勒克斯**（googloplex）。按照米尔顿最初的定义，古戈尔普勒克斯相当于1后面跟着“直到你写累了”那么多个零。为了弄清这个数到底有多大，我做了个实验：我1分钟能轻松地在1后面写135个零，而且一点儿也不累，所以古戈尔普勒克斯肯定比古戈尔要大。要加大一点难度，我们完全可以请一位像兰迪·加德纳（Randy Gardner）那样耐力超强的人来写。20世纪60年代中期，10多岁的兰迪·加德纳在一项旨在研究睡眠剥夺有何影响的实验中创造了11天零25分钟不睡觉的纪录。如果他在这段时间里一直在写古戈尔普勒克斯——以我那样的轻松速度持续不断地书写，那他应该能在1后面写出2 141 775个零。这个数很大，但卡斯纳决定给古戈尔普勒克斯下一个更清晰的定义，他最终确定下来的数远超米尔顿的标准。卡斯纳将这个新数字定义为1后面有古戈尔个零。想想看吧：古戈尔个零！10的古戈尔次方！虽然这个数看起来大得不可思议，但卡斯纳想强调的是，有无数个数比它大。

比如古戈尔普勒西恩（googolplexian）。它相当于1后面有古戈尔普勒克斯个零。古戈尔普勒西恩又被称为“古戈尔普勒克斯普勒克斯”（googolplexplex）或者“古戈尔双重普勒克斯”（googolduplex）。事实上，后面这两个定义更强大，因为它们允许我们利用递归的理念搭建一座庞大的数字高塔。你可以从古戈尔双重普勒克斯跳到古戈尔三重普勒克斯（googoltriplex），也就是1后面有古戈尔双重普勒克斯个零。然后是古戈尔四重普勒克斯（googolquadruplex），即1后面有古戈尔三重普勒克斯个零，以此类推。[1]

我们扯远了。我们在古戈尔和古戈尔普勒克斯这里暂停一下，因为它们足以阐释物理学下一块了不起的拼图，带领我们重温分身的警世故事。你看，当我们开始想象古戈尔级宇宙，甚至古戈尔普勒克斯级宇宙，你就可以问一问，分身是否真的存在。所谓“古戈尔级宇宙”，我指的是，无论你采用现实中的什么距离单位（米、英寸或者弗隆①，区别都不大），这个宇宙的直径至少达到了古戈尔的量级。古戈尔普勒克斯级宇宙甚至更大，同样在现实中的距离单位下，它的直径达到了古戈尔普勒克斯的量级。

① 弗隆，一个古老的英制长度单位，通常用于衡量马匹比赛的距离。——译者注

宇宙分身的概念始于麻省理工学院物理学家马克斯·泰格马克（Max Tegmark）。[2] 他想象了一个广袤的宇宙，在任何望远镜都观察不到的地方，有许多远方的世界，在这个宇宙中某个遥远的地方，有一个和你一模一样的分身，他和你的发型完全相同，鼻子完全相同，就连想法都完全相同，他估算了你和这个分身之间的距离。当我第一次听到他的这个说法时，我满腹狐疑。无意冒犯，但这个宇宙为什么需要另一个版本的你，或者我，抑或是詹姆斯·柯登（James Corden）①？然后我坐下来，琢磨了一会儿。泰格马克的宣言源于全息世界，所有物理学中最宏大的假象。

我决定借助一些重要的理念，自己估算一下这段距离，正是这些理念引领全世界最伟大的几位物理学家得出了全息真相的设想。这个故事我需要用两章来讲，从古戈尔到古戈尔普勒克斯。故事从熵开始，从它对人类和人类大小的黑洞来说可能意味着什么开始。它带领我们深入量子理论那个神奇的微观世界，理解你之所以为你、你的分身之所以为你，这到底意味着什么。最后，我估算的结果比泰格马克的保守一点，但还算相去不远。根据我的估算，以米、英里（或者你愿意用的任何现实的单位）来衡量，你和你的分身之间的距离介于我们下面要介绍的两个庞然巨数之间：古戈尔和古戈尔普勒克斯。换句话说，你在古戈尔级宇宙里找不到自己的分身，但在一个古戈尔普勒克斯级宇宙里，他几乎必然存在。他甚至可能正在读一本和你手中一模一样的书，就像此时的你一样。

作为捕手的熵

照照镜子，你看到了什么？每当我看镜子里的自己时，我往往会注意到斑

---

① 英国家喻户晓的明星电视主持人。——译者注

斑点点的灰发，或者从我西班牙裔祖母那里继承到的纵横交错的皱纹。这些东西不会困扰我。说到底，我是个理论物理学家。作为专业人士，我们并不以外貌焦虑著称。但我真正看到的是时间的流逝——熵的增加。

要估算你和分身之间的距离，我们首先必须理解熵，以及熵的增加有多恐怖。熵常常被误传，人们毫不严谨地把它当成无序或者破坏的代名词。事实上，我们应该把它当成一个捕手，或者一位狱卒，这样更好理解。这位狱卒会不可逆转地锁住能量，其中包括有朝一日整个宇宙的所有能量。暂且想象一下，你身处维多利亚时代的英国。你看到滚滚黑烟从北方一座城镇的烟囱里升起。工人们像蚂蚁一样涌入工厂，他们鳞次栉比的家园被笼罩在弥漫的邪恶烟雾之中。在那个年代，人类第一次暴露出贪得无厌的胃口：更多机器、更多能量、更多动力。但这不可能永远持续下去，不是因为气候变化会扼杀这颗星球，而是因为熵和令人战栗的熵增。

熵的故事从维多利亚时代的这些工厂开始，它诞生在一位名叫萨迪·卡诺（Sadi Carnot）的年轻法国军事工程师充满好奇的脑袋里。受到工业革命浓烟和轰鸣的启发，卡诺创建了自己的物理学分支——热力学（thermodynamics）、专门研究热的动力学，以及热和机械动力的关系。你每一次点燃燃料，都是为了把它产生的热转化为某种有用的东西，比如汽油在汽车发动机里快速燃烧，释放出灼热的气体，推动活塞。然后活塞的运动通过曲轴传递给车轮，推动汽车向前行进。19世纪初，汽车还没有诞生，不过卡诺理念的适用范围远远超出了他那个年代的火车和工厂。按照他的理解，发动机的关键在于温度差。只要存在温差，你就能汲取有用的机械功，比如火车向前运动，或者为一台机器提供动力。但热总是会从温度高的地方传向低的地方，直到抹平温差，然后到此为止。你无法再汲取任何功，也无法推动任何机器。

你也许觉得你可以设法转移热，甚至利用你的机器让温度再次升上去，或者降下来。你希望重新创造温差，好再汲取一些有用功。这从某种程度上说可以实现，但卡诺证明了以这种方式转移热，需要你投入的有用能量总是比产出的更多。以汽车为例，如果能让汽车的动能重新转化为燃料，你就不用费劲跑去加油站了。如果你足够聪明，你也许能回收一部分能量，但不会有你最初投入的那样多，最终你的发动机会失去动力。问题在于，在现实世界里，你总是会失去一点儿东西。你永远不可能彻底重置你的发动机，至少不会是免费的。对维多利亚时代那些想知道自己的工厂能产生多少利润的创业者来说，这方面的知识十分重要。正如我们即将看到的那样，理解“熵”这个疯子如何扼杀全宇宙的所有生命，这对我们来说也很重要。

很难说卡诺的工作中最了不起的地方是什么：是他在所有人对能量守恒（这个我们后面会聊）都还一无所知的时候就弄清了这一切，还是虽然他构思的热模型错得离谱，却歪打正着地得出了正确的结论。和他同时代的很多人一样，卡诺认为，热的行为方式就像液体，它是一种名叫“热质”（caloric）的自我排斥物质。热质并不存在。但这不重要，多亏了卡诺去芜存菁、厘清重点的独特能力。这些想法发表后还不到4年，卡诺从军队里退役，又过了不到5年，他去世了。当时他才30岁左右，致使他丧生的那场霍乱疫情在1832年夺去了近2万巴黎人的生命。为了防止病毒传播，卡诺的遗体和他的大部分遗物都被火化了，包括大量未发表的研究论文。直到几十年后，他的才智才得到外界的认可，而那些被烧掉的手稿上的内容，我们永远无从知晓。这是个悲剧故事，而且正如我们即将看到的那样，在热力学历史上，类似的悲剧还将重演无数次。

尤利乌斯·冯·梅耶（Julius von Mayer）的故事就是其中之一。冯·梅耶是一位医生，1840年，他在一支驶往荷属东印度群岛的船队中做随行医生。当时有一名水手生病了，冯·梅耶需要给他放血。他切开病人的血管，试图借此减轻其症状。这在当时是一种常见的治疗手法，但冯·梅耶由此发现了一件惊人的事情。他注意到，这些水手的静脉中流淌的血液和动脉里的一样是鲜红色的。在气候更寒冷的地区，比如他的祖国德国，朝肺部回流的静脉血的颜色要比这暗得多。这是因为静脉血缺氧，原有的氧已经被消耗，通过食物的缓慢燃烧来为身体取暖。冯·梅耶意识到，在热带的阳光下，水手只需要燃烧更少的热量就能保持温暖，所以他们的静脉中流淌的血液氧含量比人们预期的要高。这意味着身体通过食物产生的热和来自太阳的热是等价的。冯·梅耶由此推测，所有的热都等价于能量。

只是放了一点点血，这位随船医生就建立了热力学第一定律：能量永远不会被创造出来，也不会被摧毁。它是一头永恒的变形兽，一直都在，从一种形式转化为另一种形式。他还确认了热只是能量的另一种形式，这和当初启发卡诺的古老的热质模型完全不一样。冯·梅耶将自己的发现整理成文，但他的工作没有得到任何认可。由于缺乏物理学方面的训练，他的论文写得很差，而且有很多错误。英国物理学家詹姆斯·焦耳（James Joule）独立得出了相同的结论，他在科学上更为严谨，这意味着这个发现几乎完全被归功于他。冯·梅耶很快还将遭到另一个打击，他的两个孩子在极短的时间内相继丧命。他陷入了抑郁，试图自杀，最后在精神病院度过余生，私人生活的悲剧和专业领域的挫折摧毁了一个才华横溢的人。

没人能逃脱热力学的诅咒。它终将捕获我们每一个人，无一例外，包括我们生活的这个宇宙的每一个角落。要理解这必将降临的厄运，我建议你给自己先沏一杯热茶。茶刚沏好的时候，你会注意到，这杯茶和周围的空气之间存在温差。根据卡诺的理论，你应该能在茶和空气之间安装一个小小的热引擎，将这些热转化为有用的机械功。说不定你甚至可以驱动一台很小的马达。当然，如果你分了心，没来得及安排这些事，茶放得太久，热量就会从茶里散发到空气中，直到二者最终达到相同的温度。这时候你就完全没辙了——无论最初有多少热能，突然它就变得没用了，你没法利用它。要让马达再次启动，你需要重新建立温度梯度，但你没法轻轻按下一个开关，就指望温差自动出现。创造新的温差总是需要消耗能量的，这些能量必然来自另一个地方。最简单的做法是烧一壶水，再沏一杯茶，但这不是免费的。

有什么东西在夺走我们的能量。当然，这些能量没有被摧毁，只是无法再被利用。夺走它的是谁，或者是什么东西？如果一杯热茶被放得太久，是什么让茶水里的热量自发地离开了？是什么如此坚定地抹除了温差，让我们无法再汲取有用的能量？

答案是“熵”这个捕手。

借助焦耳和冯·梅耶的发现，德国物理学家兼数学家鲁道夫·克劳修斯（Rudolf Clausius）重新审视了卡诺的研究，弄清了这件事。熵是热转移的媒介，是能量被锁住的手段。克劳修斯称之为“转变容度”（transformation content）。这就是熵的含义。“entropy”这个词源自古希腊语中的“tropos”，它描述的是一个转变，或者说转折点，尤其是在战斗中。通过一些巧妙的数学方法，克劳修斯想出了一个将熵与它所捕获的能量联系起来的公式。他发现，熵会随着能量的变化而变化。此外，当整个系统处于低温状态时，熵对这种变化最敏感。[3]

要弄清克劳修斯的公式在现实中如何起效，请想象一个靠热核爆炸供能的水壶和一种能承受极高温度的茶水。热核水壶会将茶水加热到超过太阳核心的温度，也就是1亿摄氏度左右。如果有10^{-15}焦耳①的热量从茶壶散逸到周围的空气中，会发生什么？根据克劳修斯的公式，由于它损失了一部分热能，所以这壶茶的熵会降低一点点，差不多正好一个单位。而空气吸收了浪费的能量，

① 焦耳是日常使用的能量标准单位。你可能更熟悉“大卡”这个单位，1大卡约等于4 186焦耳。

所以它的熵会增加。问题在于，空气增加的熵是大于还是小于茶损失的一个单位？答案相当明确。空气应该比茶冷差不多100万倍（不然你的麻烦就大了）。因此，它的熵对能量变化的敏感程度应该高100万倍——空气的熵会增加近100万个单位。空气的熵增远大于茶的熵减。整个系统——茶和空气加起来——的熵必然增加。

这种熵增被称为热力学第二定律。它告诉我们，一个系统的总熵永远不会减少。有时候它会维持不变，但在这个动荡不安的现实物理世界里，熵倾向于增加，就像那杯超级烫的茶一样。正是因为存在这样的熵增，风车和汽车的发动机总会损失一点东西到周围的环境中。热力学第二定律甚至可以应用于整个宇宙，为我们提供一支时间之箭，熵永不休止的增长从过去指向未来。当我在镜子里发现一根灰色的头发时，我看到的正是这样的增长——这支射向未来的箭镞。它令我恐惧，不是因为我越来越老了，而是因为这对宇宙来说意味着什么。你看，随着宇宙的熵越来越大，它将越来越多的能量转化成了无用的热。它一点点吞噬我们的资源，削弱我们做功的能力，把越来越多有用的能量锁起来，就像一件越勒越紧的束身衣。未来是一场后熵时代的噩梦，谁都动弹不得。这是我们的热寂，宇宙被禁锢起来，不能动，什么都做不了。

克劳修斯解释了熵会做什么，但没解释它是什么。所以，熵是什么？它和分身又有什么关系？要真正理解熵，我们需要更深入地研究工业革命的引擎——我们需要近距离观察里面的气体。

这些气体中几乎空无一物，原子和分子散落在广阔的空间里，如无头苍蝇般到处乱撞。你可以把它们想象成一群被关在空谷仓里的愤怒昆虫，这些虫子从一堵墙飞向另一堵墙，彼此碰撞，坠落又飞起，从左到右，从右到左，毫无章法地四处游荡。要描绘温度越来越高的气体，你可以想象这些苍蝇飞得越来越快。温度可以被理解为它们因为运动而拥有的平均动能——每个分子（在这里是指每只昆虫）携带的能量。有时这些昆虫会发生碰撞，在乱飞的过程中弹跳。它们撞上墙，或者别的什么东西，随心所欲，毫无规律，但碰撞产生的合力会被感知为压力。如果你站在谷仓里，它们会与你发生碰撞，你则会感受到它们的合力。如果我们把更多昆虫放进谷仓，它们会更频繁地碰撞你，而你感受到的撞击力会变大，压力也随之增长。随着谷仓里的虫子越来越多，这种压力会压垮你，摧毁你。这样的恐怖故事就发生在金星上，那里的气压是地球上的90倍。如果你发现自己身在金星，那里的空气分子会在瞬间把你挤压至死。

这套气体昆虫模型由丹尼尔·伯努利（Daniel Bernoulli）于1738年提出，这位天之骄子出生于瑞士一个科学和数学的贵族世家，他的父亲约翰和伯父雅各布是微积分和概率论的先驱。伯努利的模型让他能够根据分子的碰撞机制推导出描述压力和气体体积关系的玻意耳定律。尽管取得了这样的成功，以及在科学领域拥有崇高的地位，但伯努利的模型并不是特别受欢迎。18世纪，大多数科学家仍推崇热质模型，温度被定义为热质液体的密度。在他们眼里，伯努利把热当作一种锁在细小粒子微观运动中的能量形式来处理，实在没什么道理可言。毕竟，此时距离冯·梅耶的放血顿悟还有整整一个世纪。伯努利太超前于自己的时代了。

对伯努利来说更困难的是，他父亲试图窃取他的研究成果，约翰修改了自己手稿的日期，假装这些手稿比儿子的更早。约翰强烈的好胜心摧毁了这对父子的关系。1733年，他们共同获得巴黎科学院大奖的个人研究奖。对于这一折中处理，约翰火冒三丈，当即与儿子断绝了关系。

热质论终结于克劳修斯之手以后，丹尼尔·伯努利的才华终于有了施展的机会。这场复兴的见证者中有3个人尤其值得一提，他们分别是“电磁学宗师”麦克斯韦，低调的美国数学物理学家乔塞亚·威拉德·吉布斯（Josiah Willard Gibbs），以及最重要的路德维希·爱德华·玻尔兹曼（Ludwig Eduard

Boltzmann），这位饱受精神折磨的天才最后以自杀的方式了结了自己的生命。

克劳修斯、麦克斯韦、玻尔兹曼、吉布斯等人开始将统计学方法应用于伯努利的模型。归根结底，气体中有大量随机运动的粒子，它们在空旷的空间中左冲右突。这些人证明了集体的现象将如何从微观的混沌中浮现出来。对气体来说，温度和压力宛如椋鸟群灵动变幻中优雅的投影，它埋藏在微观世界背后，但只要数量够多就会在宏观层面浮现出来。就温度而言，它可以被理解为分子的平均动能，以及这些能量如何随熵而变化——但熵本身呢？它又是什么？

熵是真正重要的东西。

我说真的。按照玻尔兹曼的解释，熵实际上是对微状态（microstate）的计数。微状态就像对宏观物体最终极的普查，它会告诉你这个宏观物体所有原子和分子的排布数据、它们在哪里，以及正在干什么。当我们考虑一定体积的气体、一颗鸡蛋，或者一头恐龙时，我们知道它由大量小微粒组成。每个原子都在这里或者那里，朝这个或那个方向旋转，以一定的速度掠过拥挤的狭小空间，这样的原子有成百上千亿个。当然，这些原子本身又有组成它的基本粒子，这些粒子有各自的内在属性。要完整地描述这些气体、这颗鸡蛋，或者这头恐龙，你可以写一张巨大的数据表（如果你疯了），列出这个系统中成万上兆亿个基本单元中每一个的位置、速度、自旋、喜欢的颜色、偏爱的组合和其他所有信息。这张表将描摹出一个特定的微状态，让你完整、精确地掌握该物品的所有信息。

但问题来了：如果你随便改变几个原子的位置，谁也不会注意到。蛋看起来还是那颗蛋，气体还是那个温度，恐龙也还是那头本应在6 500万年前就已灭绝了的三角龙。重点在于，看待宏观物体时，操心每一个最微小的细节是一件很蠢的事情。熵度量的就是这些隐藏的细节。它是所有微状态的总和，正是这些微状态共同赋予了一件稳定的物体的宏观特性。随着时间的流逝，蛋或者恐龙会崩解，化为尘埃，它越来越多的微观细节会被隐没。看着这堆残灰，你会越来越难以区分，这种可能的微状态和另一种有何不同。令人不安的是，对蛋或恐龙微状态的计数会随着时间的推移而增长。这就是熵增，一种只增不减的计数。

熵不一定总是关乎分子和原子。只要存在某种类型的微状态，我们就可以讨论它的熵，并对之进行计数。以面部识别软件为例。谢天谢地，哪怕有时候我的表情和第一次登录时不一样，我的手机还是能识别出来我。它剔除了所有冗余的数据，把我各种有微妙差别的照片识别为同一个人。要是你把所有这些全都加起来，就是对我的脸的熵的度量。

还有一个更量化的例子：英格兰足球超级联赛（简称英超联赛）由20支球队组成，一个赛季里每支球队会分别交手两次：主场和客场。所以每个赛季共有20×19=380场比赛，每场比赛有3种可能的结果——主场获胜，客场获胜，或者平局。这意味着一个赛季共有3^{380}种可能的结果。不过，计算冠亚军和其他各支球队所获得的积分时，3^{380}种结果中有很多种可以合并。我们可以把各种各样的结果视为微状态，如果赛季末的积分榜已经确定，我们就可以算出符合这个积分结果的所有胜负状态。这就是对英超联赛熵的度量。

英超联赛共有20支球队，要详细审视所有细节实在过于痛苦，所以我们不妨削减数字，只留下联赛里两支最针锋相对的球队：利物浦和曼联。为了满足数学上的简化，其他所有球队都被抹除了，包括埃弗顿、阿森纳、马刺，甚至包括有石油资本撑腰的曼城。在这个缩水版的英超联赛里，一个赛季只有两场球要踢，因此共有9种可能的结果。如果我们决定忽略谁先谁后，有几种不同的结果可以被列入同一个联赛积分榜。记住，赢球得3分，平局得1分，输球不得分，那么4个积分表就足以囊括9种可能的结果，如下图所示。

我们仔细看看表1，冠军得6分，亚军得0分。要达成这个结果，有2种可

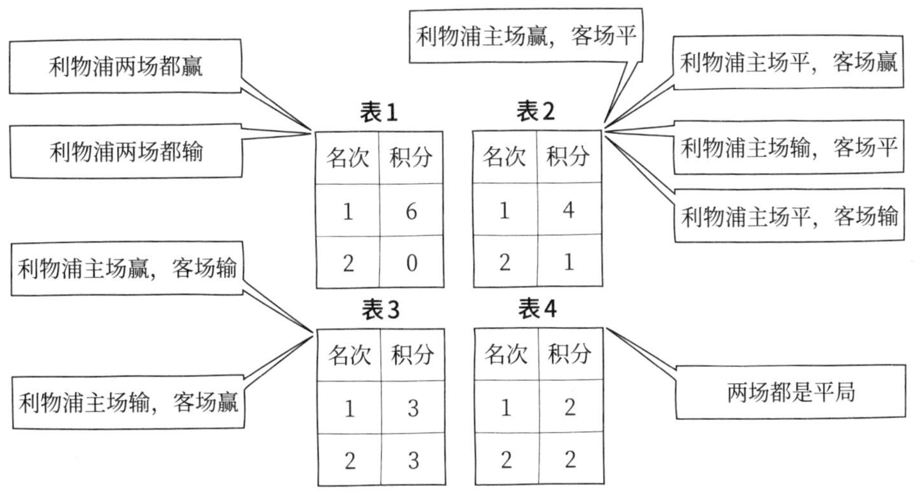

表1

名次	积分
1	6
2	0

表2

名次	积分
1	4
2	1

表3

名次	积分
1	3
2	3

表4

名次	积分
1	2
2	2

能的方式：利物浦两场球都赢，或者两场都输。换句话说，同一个联赛积分表包含了两种截然不同的微状态。这样的计数赋予了表1的熵一个度量，或者更准确地说，这个度量来自它的自然对数。

我在这里迅速解释一下什么是对数。一个数的对数是它相对于某个底数的幂。例如，如果我们选择10作为底数，那么100的对数就是2，因为100是10的2次幂。自然对数通常写作“ln”，它的底数是欧拉数，$e \approx 2.718$，所以自然对数指的是e的几次幂。例如，$\ln e^2 = 2$，$\ln e^3 = 3$，$\ln e^{0.12} = 0.12$……以此类推。在科学领域，自然对数比以10为底数的对数常见得多。

玻尔兹曼提出了一个自然对数形式的熵的方程$S=\ln W$，其中W是对应的微状态数量，或者说有多少种方式。回到缩水版的英超联赛，表1和表3的熵都可以表达为$\ln 2 \approx 0.693$，表2的熵是$\ln 4 \approx 1.386$，表4的熵是0（因为$\ln 1 \approx 0$）。讨论鸡蛋或者恐龙的时候，我们计算微状态和熵的方式也完全相同。唯一区别是所涉及的数字。能够描述你早饭吃的那颗蛋（或者恐龙！）的微状态数量非常多，多到要以古戈尔为量级，不像我们这个只有两支球队参赛的英超联赛，每张积分表对应的结果只有1种、2种或者4种。

现在，我们理解了英超联赛熵的概念，那它会怎么增长呢？其实很简单。假设这个赛季的结果是表1，它的熵是ln 2。下一个赛季会发生什么？如果每个结果出现的概率完全相同，这个熵有4/9的概率依然是ln 2（表1加表3），4/9的概率增加到ln 4（表2），还有1/9的概率降低到0（表4）。因此，哪怕在这个尺度很小的例子里，熵增的概率仍远大于熵减。

如果我们把数字增大到古戈尔级，就像组成一颗蛋或者一头恐龙的原子数量那样，熵增将获得压倒性的胜利。熵增不再是一种可能性，而是一种必然。想象一下，将一块冰放在室温下。这个系统可以用冰的微状态来描述，随着时间的流逝，它会转移到其他可能的微状态。系统会在几种微状态间跳跃，最后你发现，它化成了一摊水，谁也不会感到意外。它仍是原封不动的一块冰的可能性非常小，但也不是完全不可能。在室温下，冰保持原状的微状态远少于化成水的微状态，这意味着冰融化的可能性占据压倒性的优势。熵的不断增长实际上只是混乱程度不可避免的上升。

我们也可以通过这些统计学游戏来理解热力学定律，能量成了“熵”这个狱卒的囚徒，宇宙走向瘫痪。重点在于，你积累的微状态越多，你对一颗蛋、一头恐龙或者一摊水的了解就被稀释得越厉害。从某种意义上说，窃取有用的能量变得更加困难，因为你无法确定它藏在哪里。这有点儿像一群贼试图偷走一件珍贵的珠宝，如果它被藏在一幢有成百上千个房间的豪宅里，他们很可能需要花很长时间才能找到它。如果这幢豪宅足够大，而这群盗贼在搜寻时又毫无章法，那么他们可能永远都找不到它。熵也如此，它把能量藏在一片混乱之中，让我们越来越难窃取它。玻尔兹曼明白，如果你任由事物自生自灭，它总会变得越来越混乱无序。花点儿时间看看新闻，听听我们的政客发言，你很快就会意识到玻尔兹曼是对的。

玻尔兹曼的工作真的很了不起。他不仅仅是无畏地从微观跳向宏观，从

“小人国”跳进“大人国”。他还以强有力的数学为根基，搭建了一座桥梁，并清楚地展示了如何从上面安全通过。当然，和往常一样，他的想法遇到了一些阻力，因为不是每个人都准备好了接受原子的存在和真空的统治地位。面对这样的阻力，玻尔兹曼并没有做好万全的准备。他虽然才华横溢，但精神方面的问题很大，情绪时常大起大落，会做出一些疯狂的举动，或者陷入极度的抑郁。这个故事又以一个热力学悲剧结束。在的里雅斯特附近的杜伊诺，玻尔兹曼趁着妻子和女儿在海湾里游泳的时候，自缢身亡，没有留下任何遗书。让他走上这条绝路的是不是学术上的困境，我们无法知晓。我们只知道，在此前一年，爱因斯坦发表了一项最终让整个科学界相信原子存在的研究，并引领他们沿着玻尔兹曼搭建的桥梁走进了宏观世界，但是玻尔兹曼对此一无所知。[4]

说回你和你的分身。和蛋、恐龙以及那些气体一样，你也由成百上千亿个原子和分子组成。我们不可能确切地知道这些原子的位置和行为。因此，要描述宏观世界里正在读这本书的你，适合的排列，或者说数据阵列，不止一种，而是很多。当然，还有其他很多微状态跟正在读这本书的你一点儿关系都没有。有的微状态描述了正在读《你好！》杂志的你，有的描述了一头正在读《你好！》的牛，有的描述了给定温度和压力下的一团气体分子，甚至有的微状态描述的只是真空本身。事实上，对你所占据的这片约1立方米的空间来说，我们可以想象出无数种不同的场景——各种有细微差别的不同版本的你、牛、气体或者真空。所以，从原则上说，要描述给定的任何1立方米的空间，可能的微状态必然有无数种，对吗？

不对。

这些微状态的数量是有限的。如果它们的数量是无限的，那么什么都无法阻挡这1立方米空间内的熵不断增长，从古戈尔到古戈尔普勒克斯，再到TREE(3)，甚至更大。但有一样东西阻止了这种局面的出现：引力。克劳修斯告诉我们，熵和能量的增长是同步的；而爱因斯坦则告诉我们，能量有重量。如果你试图把太多的熵挤进1立方米的空间，引力会感受到随之增长的能量带来的重量，并召唤出那位“狱卒”。一个黑洞将不可避免地形成。

黑洞是熵的极限。它们比任何人、任何事物都更擅长掩藏自己的微观秘密。它们是面目模糊的果壳，你永远不会知道它们可怕的过去——永远无法知道。当你望向它们并试图测量它们时，黑洞只会透露自己的3个参数：质量、电荷和自旋。除此以外的所有信息都秘而不宣。如果你在自家花园深处偶遇一个小黑洞，你知道它是怎么来的吗？如果第二天它还在那里，只是变重了，增加了大约一头大象的重量，你能确定它真的吞噬了一头大象吗？难道它就不会是吞噬了质量、电荷和角动量相当于一头大象的全套莎士比亚戏剧？这两种情况产生的黑洞完全相同，它们的质量、电荷和自旋没有任何区别，所以你怎么知道实际发生的是哪种情况？你怎么能知道这个黑洞的真实历史？

黑洞对秘密的守口如瓶暗示了它储存熵的无可匹敌的能力。黑洞的形成有许多种可能的途径，无论是来自大象还是来自莎士比亚的文本，这些信息都不会体现在它的宏观特征中。不管这些信息到底是什么，它们都散逸在许多种可能的宏观状态中。对一个给定体积的空间来说，任何事物蕴含的熵都比不上恰好能被这个空间容纳的黑洞，它的事件视界就等于这个空间的边界。但既然黑洞是熵的极限，那么它们到底蕴含了多少熵呢？

对大部分宏观物体来说，无论是鸡蛋还是人类或者恐龙，它们的熵都会随体积而增长，比如说如果一头三角龙妈妈在每个维度上都比它的宝宝大10倍，那么它拥有的熵差不多就是宝宝的1 000倍。这听起来很符合直觉，三角龙妈妈占据的体积是宝宝的1 000倍，因此这个空间内包含的原子数量也是后者的1 000倍。每一个原子都会引入一些新的可能性，比如该原子是朝这个方向还是那个方向自旋。每个新原子有2种可能性，100个新原子就有2^{100}种可能性，100

万个新原子就有$2^{1\,000\,000}$种可能性，以此类推。显然，随着原子数量的增长，可能性的数量和微状态的数量都呈指数式增长。熵是微状态的对数——它取的是指数的幂，所以熵和原子的数量必然成正比。三角龙妈妈的熵就是比宝宝大1 000倍。

但三角龙不是衡量熵的典型事物。我们可以把10亿头三角龙挤进同样的空间里，创造出一个体积相同但熵比原来大得多的“三角龙罐头”。鸡蛋、人类和三角龙，他们都不接近熵食物链的顶端。但黑洞接近，正因如此，“黑洞妈妈”和“宝宝”蕴含的熵的比例和三角龙母子很不一样。黑洞的熵随事件视界的面积而增长，而不是体积。听起来完全反直觉，这只是因为我们还不习惯面对被引力挤压得这么厉害的物体。

20世纪70年代初，以色列裔美国物理学家雅各布·贝肯斯坦（Jacob Bekenstein）和与他旗鼓相当的英国科学家史蒂芬·霍金（Stephen Hawking）证明了面积为A_H的黑洞拥有的熵等于：

$$S=\frac{A_H}{4l_p^2}$$

其中l_p这个符号代表普朗克长度[①]。这是物理学中最短的、有意义的长度，相当于10^{-33}厘米。它对应的是我们对引力理解的极限——就是在这里，引力开始与量子力学主宰的微观世界眉来眼去，时空的经纬开始变得模糊，甚至可能断裂。

霍金利用一些巧妙的热力学论证确定了这个方程的细节，但仍缺乏适当的微观推导。我们真正想做的是取一个典型的黑洞，利用它的3个宏观特性（质量、电荷和自旋）确定与之对应的所有微状态。然后我们对这些微状态进行计

① 普朗克长度的精确值是1.6×10^{-35}米。

数，看看由此算出的熵是否完全吻合贝肯斯坦和霍金的方程。目前还没人知道该如何做到这一点，至少对我们发现的在星系中央巡游的那些黑洞来说是这样的。[5]这个问题仍是黑洞研究领域的圣杯。

让我们回到恰好被你占据的这1立方米的空间，或者确切地说，任何1立方米的空间。要完全确定它所有可能的物理特性，你需要多少种微状态？要回答这个问题，我们需要考虑所有可能的微状态，逼近熵的极限。换句话说，我们需要考虑能被这个空间容纳的最大黑洞。这个黑洞的事件视界表面积应该约等于1平方米，因此，根据贝肯斯坦和霍金的方程，[6]它的熵大约是10^{69}，差不多等于$10^{10^{68}}$种微状态。这就是答案。这就是极限。这就是你描述1立方米空间最多需要的微状态的数量。

作为一个有抱负的大数字爱好者①，我要给这个大得超乎想象但有限的数字起一个名字：分身数（doppelgängion）。我们在这一章和下一章的交会处，古戈尔和古戈尔普勒克斯之间，找到了它。感觉很合适。毕竟，分身数正好介于这两个庞然巨数之间。它远大于古戈尔，又远小于古戈尔普勒克斯。要完全理解它的重要意义，我们需要继续深入下一章，寻找你的分身，从亚原子层面探索“你是你”这件事到底意味着什么。

多亏了熵的这种极限，现在我知道了，在我写下这些文字时，我所占据的这1立方米的空间至少能被$10^{10^{68}}$种微状态中的一种描述。这同样适用于哈里王子和梅根·马克尔占据的1立方米空间，或者仙女座星云边缘正密谋发动一场跨星系战争的气态外星人所占据的1立方米空间，还有你。你存在的概率小于古戈尔分之一，但大于古戈尔普勒克斯分之一。我们每个人最多不过是分身数分之一。

① 大数字爱好者指的是研究极大的数字并给它们命名的人。

也许我还是太善良了。从$10^{10^{68}}$种微状态中选择，可能有好几种能够恰如其分地描述你和你的宏观特征——同样的鼻子、同样的耳朵、同样快活的表情等。你的分身大概也拥有同样的特征。如果想要更精确一点，我们可以试着进一步缩小相关的微状态范围。我们可以开始询问你体内每个原子的准确状态，或者你脑子里迸发思维火花的神经细胞的状态。这完全取决于我们想用什么样的精度定义你以及你的分身。你们必须相似到何种程度才能互为分身？是看起来像就够了，还是你们必须拥有同样的想法、同样的原子排列？无论如何，当你开始测量每个原子状态的那一刻，你就进入了微观世界，那个由量子力学主宰的世界，也是下一章的主角。寻找你的分身，这个任务从此变成了一趟量子征程。老实说，其实一直如此——宇宙是量子。你是量子。

你的分身也是。

古戈尔普勒克斯

量子巫师

你有点儿喝多了，但没关系。星期三的晚上是你们本地酒吧的猜谜之夜，今晚的问题和熵有关。只有你知道答案，所以你感觉非常良好。当你跌跌撞撞往家走的时候，你感觉到路对面有个人。等等！也许他在路这边，或者他在路中间？你说不准。这到底是怎么回事？难道你真的喝多了？

欢迎来到微观世界，在这里，每个过客都是一位巫师，量子力学是这里的领主，你在这里，在那里，无处不在，又无处可在，迷失在一团可能性的迷雾中。你也许会觉得惊讶，既然我们的终极目标是想象古戈尔普勒克斯——1后面跟着古戈尔个零——有多大，以及古戈尔普勒克斯级宇宙有多辽阔，我为什么会带你到这里，到这个最小国度里来。我别无选择。因为要正确领会古戈尔普勒克斯级宇宙——找出藏在这个宇宙中的分身，你需要理解量子力学的定律。它们完全不同于你习惯的那些东西。这些定律非常奇怪，而且反直觉。但要继续这段旅程，我们需要学习一种新的生活方式。这种方式被埋藏在我们日常的存在之下，隐匿于构成我们每一个人的亚原子粒子的舞步之中——正是它们的舞步造就了你，以及你的分身。

量子力学是从灾难的废墟中生长出来的。19世纪末，物理学家正是春风得意之时。他们进入了一个充满发现和发明的年代：电、磁、光、无线电波、原子、分子和热力学。他们的聪明才智点亮了伦敦、巴黎和纽约的街道，驱动了工业革命的引擎，并且正在通过广播和电视改变整个世界。但并非一切顺利。有一个美中不足的地方，一个令人难堪的秘密，即他们最依赖、最信任的理念中有一个不合理的地方。

人们叫它“紫外灾难”。

物理学家口中的“紫外”是说某样东西的振荡频率极高。例如，你可能听说过紫外线，其实它和可见光一样，只是频率太高，所以我们看不见。19世纪，当物理学家开始思考特定物体吸收或释放的高频辐射中储存着多少能量时，紫外灾难出现了。你舒舒服服地待在自己家里就能体验这场“灾难”。[1]假设你的厨房里有一个绝对隔热的炉灶，你把它的刻度盘调到180摄氏度。等它加热到对应温度时，你可以问：炉灶里储存了多少能量？为了找到答案，你看了看炉灶里面。它看上去是空的，但你知道并不是，里面充满了电磁辐射波，它们就像“1.000 000 000 000 000 858”那一章中麦克斯韦的海蛇一样扭动游走。你注意到，有的蛇扭得比其他同类更厉害，从头到尾振荡的次数也比别的蛇多。能量就藏在这样的振荡之中，然后你开始把它们加到一起。在维多利亚时代晚期一位物理学家幽灵的帮助下，你得以算出所有这些振荡的总能量。

你得到的答案是**无穷大**。

难怪维多利亚时代的幽灵看起来那么羞愧。他应该羞愧。这个答案堪称灾难。他怎么能错得如此离谱？要弄清到底发生了什么，我们只看一道独立的电磁辐射波。我们可以把它当成一对孪生海蛇（电蛇和磁蛇）中的一条，这对扭动的、互相垂直的海蛇被困在炉灶里，如下图所示。

这道波有两个重要特征：振荡的**频率**和**幅度**。频率告诉我们这条蛇扭动得有多快，幅度则代表它振荡的高度。维多利亚时代的幽灵给你画了幅图，里面有许多成对的海蛇，所有海蛇扭动的幅度都一样，但频率各不相同。他还向你

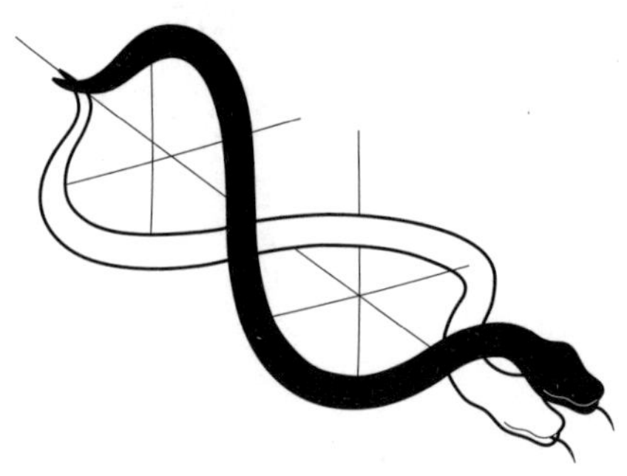

转告了麦克斯韦和玻尔兹曼的话：平均而言，每对海蛇储存的能量一样多——这和它振荡的频率无关。事实上，他说服了你，每对海蛇大约携带6仄焦耳①能量，[2] 还不到1支有200大卡能量的玛氏牌棒棒糖的10^{-26}。虽然一对海蛇储存的能量如此少，但他提醒到，它们振荡的频率范围实际上是无限的。这必然意味着扭动的海蛇有无穷多条，因此，炉灶里充斥着无穷多能量。按照他的逻辑，你一头栽进了紫外灾难，现在有一张无穷大的燃气费账单正摆在你面前。

但你也不必恐慌。事实上，现在我们知道该如何避免这场灾难，这多亏了德国天才物理学家马克斯·普朗克（Max Planck）。和本书中的许多重要角色一样，普朗克的个人生活充满坎坷——他的儿子欧文因参与了克劳斯·冯·施陶芬贝格（Claus von Stauffenberg）暗杀阿道夫·希特勒的失败行动而被纳粹处死。

普朗克意识到，所有海蛇并非生而平等——它们贡献的能量必然取决于扭动的速度。既然海蛇的数量是无限的，那么要避免紫外灾难，平均而言，它们贡献的能量必然越来越少。普朗克弄清了这实际上是如何实现的。电磁波储存的能量不再是连续的（就像我们那位维多利亚时代的幽灵以为的那样）。能量谱系中需要存在空隙，而且随着频率的增长，这些空隙越变越大，抑制了平均值。普朗克还注意到，要符合当时的实验测量结果，[3] 这些空隙必须十分精

① 1仄焦耳约等于1焦耳的十亿分之一的万亿分之一，或者说10^{-21}焦耳。

确。能量只能被“打包”成大小非常精确的厚块状物，或者积木块，而且波的频率越高，积木块就越大。

但普朗克没有采用“积木块”这个名字，而是将它们命名为“量子”（quanta）。[①]

要更好地理解普朗克量子顿悟背后的数学，请想象一种“鱿鱼游戏”，债台高筑的选手冒着生命危险玩这种孩子的游戏，希望获得一大笔奖金。假设一共有511位玩家，他们的负债水平各不相同：

- 1位选手欠了80亿韩元[②]
- 2位选手欠了70亿韩元
- 4位选手欠了60亿韩元
- 8位选手欠了50亿韩元
- 16位选手欠了40亿韩元
- 32位选手欠了30亿韩元
- 64位选手欠了20亿韩元
- 128位选手欠了10亿韩元
- 256位选手没有负债

比赛开始时，所有玩家的平均负债略低于10亿韩元（准确地说，是982 387 476韩元）。到第一轮游戏结束的时候，负债10亿、30亿、50亿和70亿韩元的玩家都被残酷“消灭”了。现在玩家变少了，但他们的总债务也大幅降低了——剩余玩家的平均负债降至6.57亿韩元左右。到第二轮游戏结束，那些

① “quanta”是“quantum”的复数形式，这个词在拉丁语中是“多少”的意思，包括可数和不可数两种形式。

② 1亿韩元约等于50.6万元人民币（以2025年1月汇率计算；1韩元等于人民币0.0051元）。

负债20亿和60亿韩元的玩家也被“消灭”了。现在剩余玩家的平均负债只有约2.64亿韩元。每一轮新游戏结束后，都有玩家被“消灭”，债务“频谱”中出现更大的空隙，从而拉低平均值。

普朗克意识到，你炉灶里的波肯定也会发生类似的事情。如果对特定频率的波进行能量普查，你会发现它们的振荡只能携带特定大小的“能量块”。波的频率越高，能量块就越大，平均能量则直线下降。

为了与实验数据相匹配，普朗克计算出，频率为ω的波携带的能量必然是$\hbar\omega$的整数倍。其中$\hbar$是一个非常小的数（所谓的“普朗克常数”），以日常单位来衡量，它小于10^{-33}。[①]正如我们即将看到的那样，正因为$\hbar$如此小，所以这么久以来，量子世界一直隐藏在我们眼皮子底下。

从某个角度来说，波以这种方式被“打包”起来是一件很奇怪的事情，自然法则迫使它选择了这么特殊的携带能量的方式，具体取决于它的频率，比如根据上述结果，频率为10^{33}赫兹的波只能携带整数焦耳的能量块：1焦，2焦，3焦，以此类推。它完全无法携带除此以外的任何能量，那么问题来了：如果我试图给一道这样的波注入半焦耳能量，会发生什么？这难道不会超出规则允许的范围，引发一场革命？事实上，的确会，所以这道波会拒绝我提供的大餐！它绝对尊重这条定律，藏在波背后的能量块，或者说量子，永远神圣不可侵犯。

对这些由$\hbar\omega$组成的能量块而言，普朗克常数的意义就像“鱿鱼游戏”中的韩元，是一种基本“货币”单位。由于普朗克常数非常小（以日常单位来衡量），所以我们花了很长时间才注意到，原来这些能量一直就是“成块”的。花钱的时候也一样——如果你花钱时总是以10亿韩元为单位，你就根本不会注意到多1韩元或少1韩元有什么区别。普朗克首次看到了这些能量块的存在，他

① 普朗克常数的精确值为$\hbar=1.05\times10^{-34}$焦·秒。

的“货币单位”不仅仅是一个有趣的数学概念。事实上，他的数学咒语打开了一扇大门，揭露出物理世界底层的真相，就像半个世纪前麦克斯韦研究关于电和磁的数学时所做的那样。话虽如此，爱因斯坦仍然用了很大的勇气才翻过那座高山，并告诉全世界普朗克揭露的真相到底是什么。

要完全领会这一切，我们需要介绍一个小实验：用一束紫外线照射一块锌板，它会开始向外释放电子。这没什么出奇的。紫外线能对你干坏事，每次忘涂防晒霜时我都能验证这件事。这个实验的奇怪之处在于，你增加紫外线强度时发生的事。你也许会觉得，锌板释放的电子速度会变快，因为光束携带的能量更多。但事实并非如此——当然，你会得到更多电子，但这些电子的速度还是和原来一样。要得到速度更快的电子，唯一办法是增大入射光线的频率。X射线的频率比紫外线高。这意味着X射线产生电子的速度比紫外线产生的快，哪怕这些X射线的强度较小。反之亦然：如果你降低入射光的频率，释放电子也会随之变慢，而当入射光频率降低到一定程度时，锌板就不再向外释放电子了。用可见光照射锌板不会产生任何电子，因为它的频率太低了。

对于这一系列奇怪的结果，爱因斯坦给出了一个解释，就是大名鼎鼎的“光电效应”。那发生在1905年，他的奇迹之年。虽然在这一年，他还提出了狭义相对论，但他一直认为自己在光电效应方面的研究更具革命性，更激进地颠覆了既有知识。我们可以借助另一个类比来理解他的反叛精神，虽然这个类比酒味儿有点冲。想象一下，你身处一间拥挤的伏特加酒吧，那里有1古戈尔个渴得要命的顾客正等着被服务。现在他们是清醒的，但灌下半升伏特加以后，不用想也知道，他们可以被归类为醉汉。他们一旦喝醉就会被保镖扔到大街上，爱因斯坦就在那里观察正在发生的事件。一辆车送来了几千瓶50毫升装的迷你罐伏特加。这些顾客是一群自私的乌合之众，他们绝不会分享。酒保随机分发迷你酒瓶，但由于顾客太多，大部分人什么都得不到。有些人能拿到一瓶，但不太可能有人能幸运地得到更多。因此，不会有任何人能拿到足以让他喝到微醺的伏特加，也就没有人会被扔出去了。第二天，又有一辆车送来了10亿瓶50毫升装的伏特加，结果还是一样——没人能拿到足以让他喝醉到被扔出去程度的酒。第三天，他们放弃了迷你罐，换成了1升装。酒有几千瓶，酒保还是随机发放。没多会儿，爱因斯坦就看到有人被扔了出来。他们显然喝醉了，而且每人手里都拿着一瓶半满的1升装伏特加，无一例外。到了第四天，另一批1升装伏特加到货，只是现在有10万瓶。爱因斯坦看到更多醉汉被扔到了大街上，这次每个醉汉手里还是拿着一瓶正好喝了一半的伏特加。

这幅享乐主义的画面跟光电效应有什么关系？爱因斯坦意识到，如果像普朗克所说的那样，光被分成一个个小块，享乐主义的类比就能轻松解释光电效应。你可以把这间酒吧当成实验中的金属板，顾客是电子，送来的伏特加是入射的紫外光束。如果普朗克是对的，光被迫根据它的频率将能量打包成大小相同的块状物，就像伏特加总是被装在50毫升或者1升的瓶子里那样。每当一批光量子被送到锌板上，就需要700仄焦能量来激发一个电子，剩余的能量则用于给它加速。既然光量子的尺寸总是固定的，剩余的能量也总是相同的，那么电子被加速的程度就总会是一样。增加光束的强度不会带来任何区别——只是增加了送来的光量子数量，因此会有更多电子被激发，但它们的速度还是和以前一样。这和伏特加的例子完全相同。如果送来的伏特加是1升装的，有多少瓶酒其实无关紧要。重要的只有一点，即它足以超过让人喝醉的半升的阈值，达到这个阈值的人必然会被扔出去，而且他们手里还会剩下半升酒。你还会看到，用可见光照射锌板无法激发电子的原因。以蓝光为例，它以400仄焦左右的能量块形式传递光量子，这根本不足以激发一个电子。

光电效应证明了光是成块的。这些能量块被称为“光量子”，简称“光子”。按照定律，它们携带的能量非常明确，就像一只工蚁被分配到搬运一片尺寸有严格固定的特定叶子的任务。这让人非常不安。自100多年前英国博学家托马斯·杨做了一系列开创性的实验以来，人们一直坚信光是一种波，但现在，它却表现出了粒子的特性。这就像某天你一起床就听说激进环保主义者格雷塔·通贝里（Greta Thunberg）公开支持唐纳德·特朗普——你根本想不到会有这么一出。

杨通过一个经典实验演示了光类似波的特性，他在一块黑色挡板上刻了两道距离很近的缝，然后用一束光照射挡板，并将第二块挡板放在它后面，以显现透过这两条缝的光形成的图案。如果光是一道粒子束，杨期望挡板能探测到一道连续的光带，最亮的中心刚好位于两道缝正后方的中间。你可以想象一下这一点，像冰雹一样密集的子弹不加选择地射向挡板。穿过两道窄缝的子弹会被后面的挡板探测到，中间区域的子弹密度大于两边。挡板中间区域位置最差，因为来自两个方向的子弹都会击中这里，相比之下，如果你站在，比如最右边，只有从右边那条缝穿过来的子弹才有可能击中你。但杨在光束实验中看到的图案并不像子弹的模式那样。取而代之的是，他探测到一系列类似超市里商品条形码一样的明暗条带。

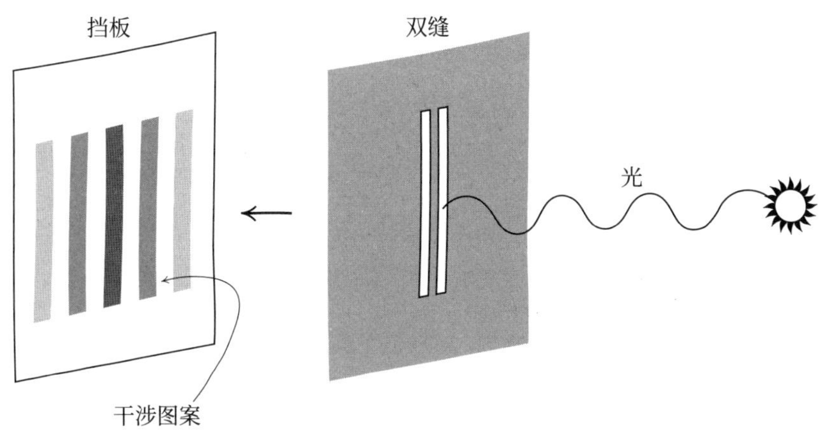

杨氏双缝实验

除非光同时通过两道窄缝，就像潮水冲破海滩上一家旅馆两道相邻的大门，然后在门后与自身发生干涉，才会出现这样的图案。比较暗的条带可以理解为不同波的波峰和波谷反向振荡，互相抵消而形成的。反过来说，亮色条带则是同向振荡的波峰互相叠加，形成更明亮的区域。条带图案提供了确凿无疑的证据：杨氏实验证明了光的行为非常像波，而不是粒子。但现在，光电效应似乎提出了相反的建议。

所以，光到底是什么？它是一道波，还是一束粒子？

真相是，光就像一位即兴出演的大师，它能根据舞台上正在演出的剧本变装。如果舞台被布置成托马斯·杨的双缝实验，光就会像波一样起舞。而当它在光电效应剧本中登场时，光则会像粒子一样舞动。

现在你可能觉得一切都说得通了：光子是粒子，而光类似波的行为不过是一种宏观效应——这种特性专属于成群的光子。归根结底，水波实际上由大量微小的水分子组成，所以也许当光子数量足够多的时候，它们就会共同表现出类似波的行为。实际上，这种“光子群”的思路的确很适合用来思考日常生活中的光束。但这里有个问题：哪怕你将光束的强度降低到不可思议的水平，比如每次只发射一个光子，杨氏双缝实验依然会得出相同的结果。每个光子的确会分别随机击中挡板上的任意位置，但条带图案最终仍会浮现出来。只要双缝实验的舞台布置就绪，哪怕光子只有一个，它仍会踏出波的舞步。这是整个物理学领域我最喜欢的事实之一——一个单独的光粒子会表现出波的行为，就像它同时通过了两条缝一样。这绝对能颠覆你的认知。但事实的确如此！

事实确凿无疑：一个光子既能表现出粒子的特性，又能做出波的行为，具体取决于它的心情。但其他那些通常被视为粒子的东西呢，比如电子和质子？说不定它们也是波？当然。光不是舞台上的唯一演员——事实证明，物质也可以出演同样的大戏。当美国物理学家克林顿·戴维森（Clinton Davisson）和雷斯特·革末（Lester Germer）将电子射向两条窄缝时，这些电子在窄缝后的挡板上绘出了同样的条形码图案，就像每一道有自尊心的波一定会做的那样。

到20世纪20年代中期戴维森和革末完成实验的时候，人们已经预见到了这样的结果。舞台早在十多年前就已经搭好，主事人是新西兰最负盛名的物理学家欧内斯特·卢瑟福（Ernest Rutherford），或者应该把他的头衔完整地写出来，功绩勋章得主，尼尔森值得尊敬的卢瑟福男爵阁下。正如这个头衔所昭示的那样，卢瑟福是一位重要人物，诺贝尔奖得主和“核物理之父”。第一次世界大战爆发前，卢瑟福的实验就证明了原子像一个迷你版太阳系，电子在轨道上像行星一样围绕致密的原子核运行。稀薄的电子云携带负电荷，而致密的原子核携带正电荷。这些电荷意味着这个原子级太阳系的动力学由电磁力主导。但在马克斯·普朗克看来，卢瑟福的模型说不通——绕轨道运行的电子有加速度，根据麦克斯韦的理论，这意味着它们应该向外辐射能量，然后几乎立即坠入原子核。原子根本不应该存在，它应该是一团平平无奇的中性物质。

在哥本哈根，这个问题引起了前足球运动员尼尔斯·玻尔（Niels Bohr）的注意。青少年时期，玻尔曾和弟弟哈拉尔德效力于丹麦的格莱萨克瑟学术足球俱乐部，他的位置是守门员。后来哈拉尔德进入国家队，并参加了奥运会，而玻尔则决定专注物理学研究，1913年，他找到了“拯救”原子的办法。

玻尔借用了普朗克的货币，也就是那个极小的常数$\hbar$，并提出电子应该严格地分成几组，分布在运行轨道上。由于这种分组的特性，电子的轨道不能随心所欲地缩小，而且对于氢原子，他计算出最小的轨道半径大约是5皮米[①]。下一级轨道的半径是这个数的4倍，再下一级轨道的半径是这个数的9倍，以此类推。你可以把玻尔的原子模型想象成一座公寓大楼，第9层已被僵尸占领。如

① 1皮米等于1×10^{-12}米。——译者注

果这些僵尸到达最底层，整座城市就将沦陷。为了阻止这一切，当局关闭了步梯，并重新编写了电梯程序，使它们只能在特定的楼层停留。现在电梯停在9楼，但人们成功地改写了程序，现在它们只会在1楼和4楼停留。片刻之后，一些僵尸跌跌撞撞地闯进电梯，去往大楼里的其他地方，有的去了4楼，有的甚至下到了1楼。但他们绝不可能下到更低的楼层。他们永远不会下到底层，因为电梯在那层不停。城市幸免于难。原子也幸存了下来。一旦一个电子来到计算结果（这个结果是用普朗克自己的货币算出来的）所允许的最低楼层，它就会被禁止继续向下，原子得以幸存。

尽管玻尔设立了一套规则，但他并没有真正解释电子为什么应该遵守这些规则——电子为什么要以如此精确的轨道绕原子核运行。一位年轻的法国王子进入了这一领域：路易·德布罗意（Louis de Broglie），第七代布罗伊公爵。1924年，他向巴黎大学提交了一篇博士论文，提出可以将玻尔的原子轨道理解为一道电子波，而不是粒子，这道波被塞在一条环形轨道里，就像希腊神话中的衔尾蛇乌洛波洛斯。不同动量的电子对应特定波长的波。[4]波长只是这条蟒蛇游动时相邻波峰或波谷之间的距离——动量高的粒子波长短，动量低的粒子波长长。要让绕圈的波峰和波谷排列整齐，它们的数量必然是整数，由此对应的轨道半径也必然是离散的。这就像舞会上的人围成圈跳舞，每个圈的人数都不同，人们伸出胳膊，紧握旁边人的手。最里面的圈最小，只有一名舞者——全剧团的“宝宝”，她握着自己的手。向外一层是两个少年，他们手臂的长度是最里面“宝宝”的2倍，所以他们组成的圆圈是最内圈的4倍大（记住他们的手臂更长，这一圈有两个少年，两人各有2条手臂）。第三圈由3个成年人组成，他们的手臂长度是“宝宝”的3倍，因此，他们构成的圆圈是后者的9倍大。如果这个剧团还要招募手臂长度4倍于“宝宝”的巨人，就可以以此类推。重点在于，通过迫使舞者围成圆圈，剧团的各位成员发现，自己只能在特定的半径上跳舞，就像原子内部舞动的电子。

尽管德布罗意在学术界地位有限，但这名年轻的博士还是引起了爱因斯坦的注意，后者立即意识到他的想法有多重要。德布罗意引发了一场革命。一群才华横溢的年轻物理学家踊跃加入，准备挑战既有的知识，比如维尔纳·海森堡（Werner Heisenberg）、埃尔温·薛定谔（Erwin Schrödinger）、帕斯夸尔·约尔旦（Pascual Jordan）和保罗·狄拉克（Paul Dirac）。奥地利人薛定谔是先锋之一，他的研究动因源于在一场大会上无意中听人说，[①]类似波的电子应该满足某种波的方程。为了解决这个问题，他在圣诞节那天丢下家里的妻子，去了瑞士阿尔卑斯山阿罗萨度假村一间偏远的小屋。他带上德布罗意论文的副本，并邀请情妇从维也纳赶来陪他。在几周后，薛定谔发现了物理学最重要的方程之一。

虽然薛定谔可以用他的波方程正确地重现氢原子的物理学，但这道波究竟是什么？这个问题依然没有得到确切的解答。薛定谔将它命名为“波函数”，并认为它描述了电子电荷的分布，仿佛它就弥散在空间中一样。但这是不对的。尽管戴维森和革末在他们那个版本的双缝实验中看到，电子形成了类似波的图案，但这样的图案只有在大量电子击中挡板后才会出现。事实上，单个电子总是会落在随机的位置——它自身的电荷绝不会像薛定谔试图阐述的那样，散开并形成类似条形码的图案。

马克斯·玻恩（Max Born，这位诺贝尔奖得主是澳大利亚歌手、格莱美奖得主奥莉维亚·纽顿－约翰的祖父）意识到了实际发生的事情，即薛定谔的波函数是一道概率波。它总体的规模告诉了你电子可能出现在哪里，以及它出现在那个位置的概率。如果你想找到这个电子，你很可能发现它在波峰附近，但

① 这番话通常被归功于荷兰物理学家彼得·德拜（Peter Debye）。

谁也不敢打包票，因为它可能出现在这道波范围内的任何地方。除非你测量，锁定电子的位置，否则你不会知道它在哪里。一切都是概率。

这就像用廉价的GPS追踪器追踪逃犯。你无法锁定他们的确切位置。你最多只能说，他们藏在镇上哪家商场的某个位置，可能就在商场中央，但你不能确定。真正的位置是个概率问题。你可以在商场内外的关键位置部署警力，但你无法确认最后逃犯落网的准确位置。只有在逃犯落网以后，你才能确切知道他们在哪里。这就像大自然的惩罚，我们只能使用廉价的GPS追踪器。在双缝实验中，单个电子的最终位置也是个概率问题，只有在你进行大量测量并捕捉到大量电子以后，符合概率波的图案才会开始出现。这个结果影响十分深远。

决定论已死。

换句话说，过去无法完全决定未来。我们知道，对戴维森和革末实验中的电子来说，这是真的——它的命运本质上不可知。它可能落在这里，或者那里，都有可能，但你永远不可能确定。上帝就是喜欢掷骰子。自然是一场关于概率的游戏。如果你情场失意，请不要自怨自艾，以为自己注定孤单一辈子。只要记住，微观世界里没有“注定”这一说。

关于这些概率波，最重要的也许是它们互相重叠的方式。所有波都如此。如果你在船上往侧面扔一块石头，它会落入水里，激起涟漪，这些涟漪会和船舷外起伏的海浪重叠。这种重叠现象在物理学中被称为“叠加”。在双缝实验中，你得到的概率波是一个电子穿过左缝的概率波与穿过右缝的概率波叠加在一起的结果。最终产生的波将这二者民主地结合在一起，一道涟漪与另一道涟漪互换，在挡板上形成漂亮的条带图案。

现在我们知道，当双缝实验中单个电子落在挡板上的时候，它下落位置的概率是确定的。我们知道它的起点，也知道它的终点，但我们知道它是怎么从起点到达终点的？它穿过的是左缝还是右缝？我们无法确定，所以我们才会讨论概率，但根据常识，它一定是从其中一条缝穿过去的。不过，理查德·费曼（Richard Feynman）可不敢打这样的包票。

费曼是一位明星物理学家，他风度翩翩，外形出众，一口纽约腔如刀锋般锐利。他也是个天才。第二次世界大战结束后，他提出一个观点，即一个类似波的电子可以被理解为同时穿过了两条缝。它并不是像薛定谔设想的那样弥散开来——比那还要奇怪得多。它的的确确既穿过了左缝又穿过了右缝。

又穿过了右缝。

又穿过了右缝。

事实上，这个电子走遍了你所能想到的每一条路。它不仅走了穿过各条缝的最便捷的路径，还走了那些看似不可能的小路，比如打破宇宙速度极限，绕着仙女座的最远点转一圈再回来，或者钻进地心又绕回来。费曼的观点表明，从某种意义上说，这个电子走了以上所有路径，以及其他没有提到的路。但真正巧妙的一点是，他还展示了如何给两点间每一条特定路径分配一个特定数字。只要计算出所有不同路径的平均值，你就得到了电子在这两点间的概率波。不需要用手把这道电子波放进去——只要提出所有可能的路径，或者换句话说，所有可能的历史记录，并把它们加起来。

这就像你打算走去公路另一头的商店。你可能想直接从家走去商店，但这只是路径之一。事实上，你可以探索所有可能的路径，包括那些漫步到宇宙每个角落的路径。当然，就你的具体情况而言，从家到商店这条无聊得要死的路径在你的“历史之和”中占据了压倒性的优势。之所以会这样，是因为像你这样的宏观物体由极大量的碎片组成，其中的每个碎片都会像单个电子或光子那样表现出量子行为。但当你开始对这么多相互关联的碎片求平均值时，关于我们日常存在的乏味故事就会浮现，你很难发现掩藏在这背后的量子混沌。

我想你对这一切都感到不太确定。好极了！你就应该不太确定。你看，不确定性是量子力学的核心。事实上，如果没有“不确定性原理”这个假设，量子力学就会散落成无数碎片。这就是说，你无法对电子或其他任何粒子的位置和动量都有精确的了解。量子力学禁止这样。

要理解为什么，想象一下你有一台高分辨率显微镜，它能捕捉到单个的电子并弄清楚其位置。问题在于，你必须用一些光照亮那个电子才能看到它。这道光子束携带动量，当它击中电子时，就会把自身的一部分动量传递给后者。我们无法确认传递的动量到底有多少。要降低这种不确定性，我们需要尽可能减少二者的接触。首先，我们需要调暗光束，一次只发射一个光子。但哪怕是这样，也不够轻柔。我们还需要降低单个光子的动量。可是现在，我们必须记住德布罗意教给我们的东西：低动量的光子波长真的很长。问题在于，显微镜的分辨率依赖入射光的波长——波长越长，分辨率就越低。要想完全确定电子的动量，你必然很不确定它的位置。

这个类比来自海森堡本人，一个骄傲的巴伐利亚人，他在1927年“量子革命”的鼎盛时期发现了不确定性原理。这个类比有点不严谨，因为它没有考虑电子和光子之间的互动也具有量子的特性。要正确理解不确定性原理，我们需要用正确的方式表达它。当你试图测量一个电子的位置时，你能做得最好的事情就是把它锁定在一个宽度为 Δx 的颇为宽泛的空间里。动量也是如此。你无法确定它的具体值——你只知道它的动量在宽度为 Δp 的某个范围内。Δx 和 Δp 通常分别被称为位置和动量的不确定性。

根据海森堡的不确定性原理，这两个量必然遵从下面的规则：

$$\Delta x \Delta p \geqslant \frac{\hbar}{2}$$

要想准确知道电子的位置，不确定性 Δx 原本宽泛的区域必须缩小到零。同样，要准确知道它的动量，Δp 也必须消失。海森堡的规则告诉我们，这两件事不可能同时发生。如果你想更准确地知道它的位置，你就必须放弃对动量准确性的要求，反之亦然。

不确定性原理还有另一个版本，它涉及粒子能量的不确定性 ΔE 和时间的不确定性 Δt。如果你想讨论时空的不确定性，就像尤塞恩·博尔特可能想做的那样，就需要这两个额外元素。它的形式非常简单：

$$\Delta E \Delta t \geqslant \frac{\hbar}{2}$$

理解这个方程的最好方式是通过音乐。这是因为不确定性实际上是波的一种特性——它不仅存在于量子理论的概率波中，也存在于乐器发出的声波里。我的朋友兼同事菲尔·莫里亚蒂（Phil Moriarty）在他的著作《当不确定性原理进入第二章》（*When the Uncertainty Principle goes to II*）中详细阐述了这一点。菲尔爱弹电吉他。假设他用力拨动A弦，让这个音调持续尽可能长的时间。乐声会在空气中逗留几秒，直到能量消散。他和其他人一样清楚，这种特定的噪声来自不同频率声波的尖锐融合。如果你更仔细地观察频谱，你会看到一系列狭窄的波峰，那便是这根弦发出的不同泛音。

菲尔是位重金属乐迷，他还喜欢“轧”吉他，用手心按住琴桥以压制音调，由此产生经典的重金属乐声——音调还和以前一样，只是现在它伴随着一种特殊的重音。如果对重音的频谱进行详细分析，你会发现泛音还是原来那些（毕竟音调一样），但波峰会互相融合，在不确定的频率上形成一个奇形怪状的丑陋“疙瘩”。

菲尔弹奏的第一个音调的波幅与频率（上）及时间（下）的坐标图。音调对应一系列非常狭窄的频段，声音会持续一段时间。

菲尔弹奏的重音波幅与频率（上）及时间（下）的坐标图。这次声音持续的时间一点儿也不长，频率分布的范围则宽得多。

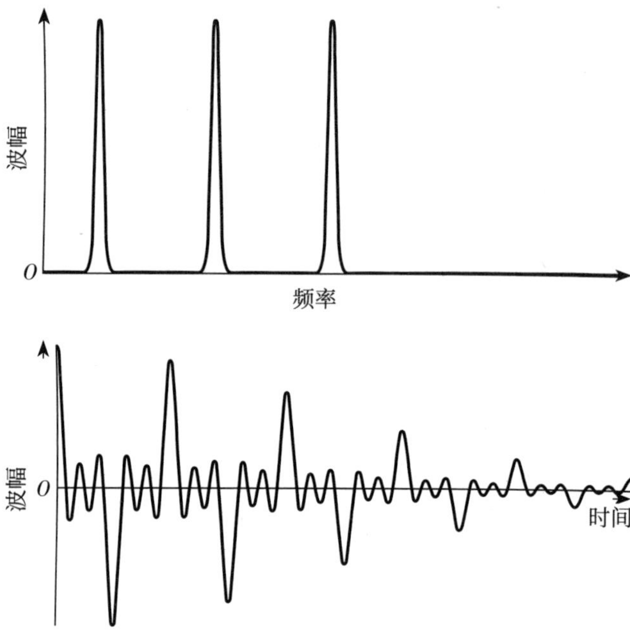

菲尔弹奏的第一个音调的波幅、频率及时间的坐标图

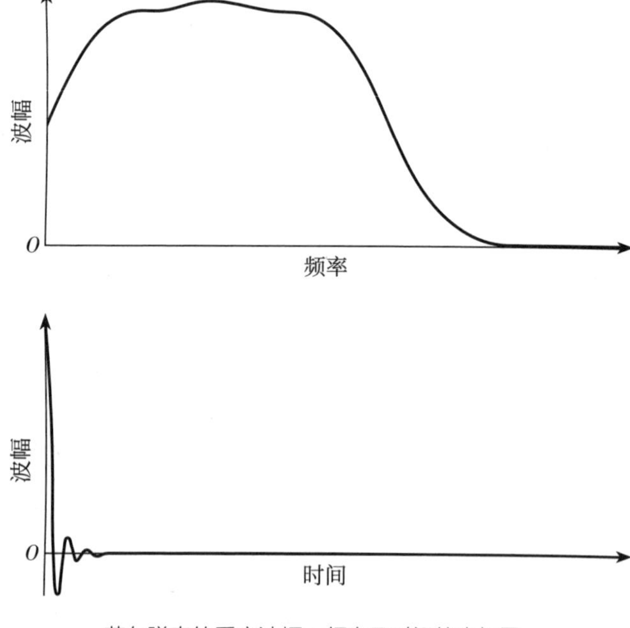

菲尔弹奏的重音波幅、频率及时间的坐标图

这两种吉他声的区别来自不确定性原理的核心。第一次的声音频率十分精确，所以我们从它的波谱中看到了狭窄的波峰。但它从时间上看很不精确——声音持续的时间太长，我们无法确定它出现的具体时刻。第二次的重音则相反——时间准确，因为声音短促，但频率不准。在这两个案例中，我们看到了一种交换：频率准确性与时间准确性的交换。

概率波也一样。要和不确定性原理联系起来，我们只需要利用普朗克的货币转换方程$\hbar\omega$，将频率转换为能量。最后我们发现，不确定性原理不过是19世纪初法国数学家约瑟夫·傅立叶（Joseph Fourier）的基本数学。傅立叶证明了振荡的正弦波可以组成任意信号，如果你想锁定这个信号——确定它在时间或空间中的位置，你需要让大量的波在很多位置相互抵消。对电子或光子来说，如果你想知道它在哪里，你需要在它的概率波中找到一个尖锐的波峰。傅立叶告诉我们，这意味着你需要许多波长各不相同的波互相叠加，在各处彼此抵消，只在这个粒子存在的位置周围留下波峰。

这是量子故事中的一个重要方面，但我们一直没有提及，至少在此刻以前，因为它很可能最令人困扰。比如在商场里追踪逃犯，你不太确定他们藏在那里，然后突然一个警察抓住了他们，于是你知道了他们的确切位置。在他们落网的那个瞬间，你一下子从弥漫于整个商场的概率波中跳到了一个位置精确的波峰。什么样的物理学能描述这样的转变？探测电子的时候，我们面临着同样的问题——根据玻尔的理论，波函数就是在你进行测量的那一刻突然坍缩到一个位置或者另一个位置。你无法用一个方程（比如薛定谔那样的）来描述这件事，那你该如何解释它呢？在剑桥求学时，我曾问过我的导师，他回答说，他也问过伟大的量子先驱保罗·狄拉克这个问题——后者坦白承认自己也很迷惑。我当学生已经是很久以前的事了。这到底是怎么回事，现在我们知道的比那时候多多了（如果不是全部的话），但要解释清楚，我首先需要给你讲讲薛定谔的狗。

一群以“薛定谔门徒”自居的科学教师组成了一个激进组织，他们发起了一次大胆的“突袭行动”，即从白金汉宫抓获伊丽莎白女王最喜欢的一条柯基犬。他们的目标是不惜一切代价吸引公众的注意力，然后给大家上一堂科学课。“突袭行动”发生后不久，他们在网上发布了一条视频，视频中的那条狗被锁进一个大箱子里。箱子完全密封，所以任何人都看不到也听不到里面正在发生什么。这些门徒向观众保证，箱子里的空气足够让那条狗活上至少2个小时。但他们还发出了另一个警告，即那条柯基身旁有一个小小的放射性设备。1个小时内，它的一个原子衰变的概率是50%。如果发生这种情况，就会触发一连串事件，这样枪就会开火，立即杀死那条狗。但还有百分之五十的概率是，原子没有发生衰变，柯基活了下来。他们采用了现场直播的方式。柯基还在箱子里。那群门徒透露，它已经在里面待了快1个小时，他们请观众猜测，狗现在处于什么状态。它是活着还是死了？社交媒体上铺天盖地全是网友的回复：

我对此感觉真的很糟。#狗死了

每个人都需要保持乐观。#狗活着

那条狗既活着又死了。#叠加

然后他们打开箱子，并严肃地宣布柯基已经死了；又或者，像女王那样，你喜欢另一个结局，狗还活着。其实这都不重要。重点在于，当那群门徒打开箱子准备一探究竟的时候，狗要么活着，要么死了。没有第三种结局。

但当那群门徒提问的时候，也就是他们往箱子里看之前呢？和量子力学里其他所有事情一样，那条柯基应该用一道概率波来描述。一道波描述狗还活着，另一道波描述狗死了。狗刚被关进去的时候，它叫个不停，似乎打定主意要从某个人身上咬下一块肉来。显然，这时候它活着，应该用第一道概率波来描述——狗活着的概率波。不过，随着时间的推移，描述狗的波朝着更奇异的方向发展——狗死了的涟漪叠加在活着的涟漪上。柯基是死是活的概率最终覆盖了这两种可能，就像逃犯位置的概率波覆盖了商场里的所有位置。所以，在他们往箱子里看之前——在任何人进行测量之前，那条柯基似乎既活着又死了。

标签：叠加。

现在一切都很好，但当“门徒”最终打开箱子往里看的时候，他们只会看到一条活狗，或者一条死狗，永远不会看见这二者的叠加。就好像描述柯基的波坍缩到了死活两种状态之一，就像逃犯落网时，他们位置的概率波坍缩到了商场中间。如果这条狗真的既死又活，那么“门徒”为什么不可能看到这一幕？他们为什么看不到任何量子混沌？要解释这一点，我们需要将狗周围的一切纳入考量范围——从那群门徒到全世界的围观者，再到充满箱子的所有空气分子。我们不妨把这一切称为“环境”。

当环境与狗发生接触，二者开始相互影响，数以十亿计的原子和光子一刻不停地碰撞跳跃，交换能量、动量和其他任何它们必然提供的东西。但问题在于，叠加是接触性传染的。就在二者接触的那一刻，环境看到了狗的叠加。它应该对活狗还是死狗做出反应？最后它无法选择，只能照单全收，和这两种状态都发生互动。这种双重行为标志着一种新的、更进阶的叠加：其中一半是悲伤环境，它与死的柯基纠缠在一起，难舍难分；另一半是与活狗纠缠的快乐环境。

这个环境中的任何人或者任何事物都只能看到环境允许他们看到的东西。要怎样才能让门徒看到一只既死又活的狗？我们必然需要叠加：一道概率波过滤出活狗和快乐环境的概率；另一道概率波过滤出死狗和悲伤环境的概率。但要感受量子混沌，我们还需要这两道波部分重叠——我们需要快乐和悲伤互相干涉，就像戴维森和革末的经典实验中那个穿过双缝的电子的状态一样。看起来所有元素似乎都到位了。毕竟，我刚刚告诉过你环境如何被迫卷入叠加，所以叠加必然存在。既然如此，为什么门徒绝不会看到一条既死又活的狗呢？问题在于，环境很大，而环境越大，快乐波和悲伤波就会被分得很开，重叠也就越少。这个过程被称为“退相干”。随着越来越多的环境直接或间接地与柯基接触，描述它的两道概率波彼此会被推得越来越远。快乐波和悲伤波无法再发生任何有意义的干涉，这条狗的量子特性在很大程度上被掩盖了。退相干发生得如此迅速，所以当门徒去看那条狗的时候，他们几乎只能看到它要么死，要么活。永远不可能看到它既死又活。

虽然这解释了为什么我们在日常生活中没有看到量子混沌，但并没有真正解释那个让狄拉克如此迷惑的问题。在这个过程的最后，狗和环境仍处于叠加态，只是几乎没有任何重叠。有一个学派宣称，这个难题是我们自己造成的，因为我们太渴望抓住确定性。就像薛定谔和其他很多人倾向于做的那样，给波函数附加太多的现实，这会带来一定的风险。波函数不是你能实际抓住的东西。相反，你应该把它当成可能性的守护者。它的作用是让你一瞥一个实验可能的结果，就像一组赔率让你大体上知道某场赛马的结果可能是什么一样。实验或赛马的结果就在那里，它就是那样，有什么好担心的？

当我们最终回到分身这一问题（还记得它们吗？）上，我们还需要理解柯基故事中的另一个重要元素。现在我们知道，柯基和环境最终形成了一种纠缠的叠加态。这种状态是纯态的一个范例。它虽然复杂，但仍表现得像一道波，并且包含着关于这条狗的真实量子态及相应环境的完整信息。但在现实中，对于大型系统，我们永远无法确切地知道它的纯态。追踪这么巨量的量子信息不仅不现实，有时也是不可能的，尤其是考虑到黑洞的存在，它会摧毁被它捕获的“囚犯”的一切记录。这个问题的解决方案是重燃玻尔兹曼的精神——我们需要取平均值。

在上面这个故事中，女王最关心的是她心爱的宠物的安危。至于狗身上的某些原子、它周围的空气分子或者装狗箱子确切的状态，她一点儿兴趣也没有。

她当然也不关心那群抓走她的狗的激进教师的状态。要描述关于狗安危的量子态，而且只描述这部分量子态，她需要放弃对其他所有事情的专注力，并取平均值。要完成这个目标，就要取和她最爱的柯基所有可能状态纠缠的所有可能的环境，并计算它们的平均贡献。最后的结果是什么？她得到了一种所谓的“混合态”。它基本上是一个涉及柯基安危的可能状态（比如活的状态或者死的状态）及相关概率的表单。这些概率让她得以大体了解，最终人们打开箱子时可能看到的结果。

现在，这些混合态听起来可能和我们一直在讨论的纯态没有太大区别，但二者不是一回事。纯态是一道真正的波——一道叠加的波，两道涟漪相互交叠，形成另一道更复杂的波，但不管怎样，它仍是波。而混合态只是一个表单，它不是叠加。它不会表现出波的行为。当我们考虑描述狗和环境的纯态时，必然存在一些叠加，能让我们认为这条狗既死又活。然而，当我们开始思考只描述狗的混合态时，我们就无法确切说明它是死是活，或者是这二者的什么组合。因为我们完全不了解。我们可以给出一张表单，列出一些我们认为可能出现的特定纯态以及相关的概率，但我们能做的也只有这么多了。

要更好地理解这一点，有一个办法是想象你正在听披头士乐队的经典单曲《顺其自然》。你戴着一副耳机，通过设置，这副耳机有一边只播放冷冽的钢琴声，另一边是保罗·麦卡特尼（Paul McCartney）的歌声，他独特又迷人声线轻声吟唱着充满智慧的词句。如果你同时戴上两边的耳机，你当然会听到这两种声音的叠加，并享受1969年音乐排行榜上的完整曲调。这几种声音中的每一种都可以被视为一种纯态：钢琴声、麦卡特尼的歌声，以及二者的美妙结合。这3种声音都是波的叠加，只不过是声波，而不是量子力学中的概率波。

现在想象一下另一种情况，你不小心弄坏了耳机，它有一边不出声了。你无法确定哪一边播放的是哪种声音，所以在试听之前，你不知道这两种声音到底少了哪一种。你丢失了一部分信息。现在你得到的是一种混合态：两种纯态（钢琴声和麦卡特尼的歌声）的表单，每一种都有50%的机会从那只完好的耳机里传出。

纯态会告诉你量子系统的所有信息。只要你愿意，它包含完整的量子信息。当然，这无法让你绝对准确地预测某个实验的结果。实验结果仍被概率的迷雾笼罩，因为在量子力学中，纯态恰好是一道概率波，它最多能告诉你电子可能出现在哪里，而不是它即将出现在哪里。从另一方面来说，在混合态下，量子信息实际上有部分缺失了。我们甚至无法确定到底是哪种叠加，因为这部分知识已经与一个不可知的环境纠缠在一起。如果我们只想知道一条狗的死活，那么就有很多我们不需要费心考虑的垃圾信息。我们的知识不完整，可是那又该怎么办呢？混合态给了我们一个大体的概念，让我们知道在测量自己在意的参数时可能得到什么结果。

我带你踏上了一段崎岖的量子旅程，走进充满概率和不确定性的微观世界深处，但我保证，这绝不仅仅是一段奇妙的插曲。在我们寻找分身的征途中，这是至关重要的一环，它会帮助我们理解那些分身是谁，以及你是谁。现在我们知道，不应该用原子的特定组合来描述你，因为根本不可能。除非我们能弄清一个人体内所有粒子的确切位置和动量，而海森堡告诉我们，这违反量子力学的定律。事实上，我们应该把你当成一种复杂的量子态，由互相叠加的概率波主导。但要把你和你的分身放在一起比较，我们难道不需要知道这种复杂态的所有信息吗？是否有必要要求你是一种纯态？

你的分身在哪里

你是谁？“跟你一样”意味着什么？我的兄弟拉蒙（Ramón）和我拥有大量

相同的DNA。我们都喜欢“僵硬小手指”乐队，支持利物浦足球俱乐部。如果只考虑这些，我们互为分身。但我们在其他很多方面都不一样，比如我的脖子长得吓人，他的却很正常。要成为真正的分身，我们不应该容忍任何差异，但正如我们即将看到的那样，这可能确实是一个非常危险的游戏。

和电子相比，你要复杂得多。这是意料之中的。要构建一个复杂的事物，比如正在阅读这本书的人，你需要很多东西：夸克和胶子组合成质子和中子；原子核被电子的概率云笼罩；原子互相结合，形成复杂的分子链；然后万亿个这样的分子小心地组合成1万亿，或者更多的细胞。更复杂的是，所有这些东西都与它周围的世界纠缠在一起。你还记得上学时的一点小八卦是如何传遍全班的吗？八卦的载体往往是一张手写字条，上面可能写着“德格希想约海伦·琼斯出去——传下去”。最后的备注总是用下划线强调，让人毫不怀疑这条指令有多重要。随着字条在教室里流传，不同的人会对这条信息做出不同的反应——嫉妒、兴奋、冷漠。这些反应往往会触发一系列新的反应和交互作用。不管怎样，有一件事可以确定，即刹那间整个班级都会纠缠为一体，大家都知道德格希想干什么。这就像你和可观测的宇宙。从时间诞生之初，这个宇宙一直在“传字条”，它与你的每一个部分纠缠在一起。这里面要追踪的信息多得要命。

如果有人看了你一眼，或者问你在想什么，他们想知道的显然不是所有信息。事实上，他们并不在乎你肚子深处的某个电子自旋方向到底是上还是下。[①]每当我们讨论一个人（或者一颗蛋、一头恐龙、一团粒子云）的时候，我

① 日常世界赋予了旋转一种直觉式的概念——它指的是轨道运动的动量，其中必然有东西在转。但在量子力学中，旋转实际上分为两种。有一种是量子版本的绕轨公转，还有一种是新的、固有的旋转。这种新旋转和它的轨道表亲有相似之处，但在我们的日常生活中找不到类似的东西。对电子来说，我们可以测出它固有的旋转是“向上”还是“向下”的。要完成这样的测量，你可以利用随时间变化而变化的磁场，就像斯特恩－格拉赫实验里所做的那样。1922年，奥托·斯特恩（Otto Stern）和瓦尔特·格拉赫（Walter Gerlach）首次完成了这个实验。

们从来不会真正把它们当成纯态，因为有太多细节我们不需要知道。你也不例外——你不是纯态，而是混合态。要描述你这个人，我们真正要做的是确定一张列出状态（微状态）及其相关概率的表单。但缺失的信息该怎么办？要怎样把它们找出来？

我们不知道的信息隐藏在概率的表单里。如果不测量，我们能做的只有这么多了。例如，这些微状态里有一部分描述了你肚子里的电子有一定概率向上自旋，另一部分描述了它有一定概率向下自旋。因此，不要误以为电子实际上是向上自旋的，只是你正好不知道。量子力学里没有绝对的真相——还是那句话，如果不测量。除非你在肚子里布置一个迷你版的斯特恩－格拉赫实验，并对那个电子自旋的方向进行测量，否则我们就只能讨论向上和向下自旋的概率。这套逻辑适用于我们可以讨论的关于你的海量微观信息中的每一条。要确定你到底是谁，必须对你在意的所有信息进行适当的测量——你是一位量子精神分裂症患者，是由微观版本的各种截然不同的你组成的一个大家族，其中的每一个你都和别的一样真实。

要治好这种精神分裂症，唯一办法是进行更多测量。这是通往纯态的唯一路径。问题在于，这需要我们进行海量的测量——你身体里的原子数以兆亿计，我们必须解构其中的每一个。这样的侵入式检测必然会毁掉你。很难想象，我们该如何探查你的所有微观结构，同时不让你暴露在足以撕裂体内所有原子的能量下。最后我们终究无法逃离这样的现实：观测实验本身会影响你的构成，而且可能会让你化成一团等离子。所以，有时候还是不知道为好。

但假设我们能够完成所有必要的测量，并且不会摧毁你。接下来呢？接下来你的确会成为分身之一。你将成为 $10^{10^{68}}$ 种可能的完全纯粹的微状态中的一种，尽管只是一瞬间。机智的实验小组成员成功记录下了你所有的微观结构，现在他们可以寻找你的分身了。当然，他们需要携带海量信息。正如我们将在下一章中看到的那样，他们最好把这些信息储存在一个足够大的物理空间里——比一个人更大，以避免它坍缩成黑洞。假设所有配套的安全措施都已安排妥当，搜寻便可以开始。搜寻组从你右边那1立方米的空间开始，对它进行必要的测量。他们会得到和你的数据完全一致的结果吗？几乎绝对不可能，所以他们转向下1立方米，然后再下一个，如此重复下去。在任意单次实验中得到相同结果——一次性找到分身——的概率小得可怜，但只要重复得够多，偶尔还是会出现意料之外的结果。这就是你为什么不应该对2016年莱斯特城在英超联赛中夺冠感到惊讶。如果分身搜寻组走了分身数那么远，并测量了分身数很多次，他们就有机会战胜概率。要是他们发现另一个你正坐在那里读这本书，也不要感到惊讶。

拜托，认真的吗？

我想你和另一个你都会这样问。不过请想一想：比起古戈尔普勒克斯级宇宙，分身数的距离其实很短。从分数的角度来说，分身数与古戈尔普勒克斯的比值小得不可思议。这意味着要找到你的分身，概率不是十分渺茫，而是渺茫又渺茫。如果你能意识到分身数的距离几乎肯定被高估了——这是从“你和分身一模一样”的要求推测出来的，而这种程度的相似有可能会要了你们俩的命——那就更惊人了。一个更安全、更松弛的定义意味着甚至不需要搜寻那么远的距离就能找到你的分身。所以，虽然你如此稀有而微妙，匹配标准又如此严苛，但在古戈尔普勒克斯级宇宙里，你的分身几乎必然存在。没有多个分身才是真正的不可思议。

只要宇宙足够大，你的分身就在那里。

它足够大吗？这里我们必须澄清一下“宇宙”的概念。首先，有一个可观测的宇宙。如果宇宙有一个起点，那么来自最遥远世界的光不一定有足够的时间传到我们这里——我们能看到的距离是有限的。而我们都知道，事实上，宇宙是有起点的——抬头看看夜空就知道了。你看到了什么？除了一些恒星和行星在浪漫地眨着眼睛，你还看到了一片漆黑。但如果无垠的宇宙一直在那里，没有起点的话，你看到的不应该是这样的。夜空应该和白天一样明亮——无论望向哪里，你都会看到恒星发出的光芒，无论它是年轻还是年老，或者老得超乎想象。德国天文学家海因里希·奥伯斯（Heinrich Olbers）首先指出了这一点。他想象了一个广袤无垠、亘古不变的宇宙，恒星平均地分布在这个宇宙中。既然星光有无限的时间可以传送到你身边，那么你能看到的恒星的年龄应该没有上限。当然，越远的恒星看起来越暗，但它们也更多，无论你望向哪里，都能看到它们。在奥伯斯的宇宙里，黑夜变成了白天。

黑夜不是白天，这是因为宇宙在不断地自我重组。随着时间的推移，恒星和星系之间的空隙变得越来越大，不是因为它们试图逃离彼此，而是因为空间本身在变大。它真的在膨胀。如果倒拨时钟，宇宙会收缩，到了某个时间点，它会收缩到没有的程度。这就是宇宙的起点，那也许是历史上最重要的一天，大约发生在140亿年前。

测量宇宙年龄的方式有多种，其中之一是捕捉我们能看到的最远、最暴烈的死亡释放的光芒。这些遥远的超新星爆发是远方正在死亡的恒星点亮的灯塔。我们假设这些遥远的超新星爆发大体上和我们附近的一样，通过比较接收到的光线特性，我们可以从中读出关于宇宙历史的有价值的信息。测量宇宙年龄的另一种方式是通过宇宙微波背景辐射（Cosmic Microwave Background，CMB），从第一批原子形成之初，这道辐射流一直在空间中行进。通过这两种方式测出的宇宙年龄略有偏差——不是很大，但足以让人们兴奋万分，因为这意味着还有一种新的物理学。宽泛地说，这两种方式测出的宇宙年龄大致都在140亿年左右。对我们来说重要的是，这个年龄是有限的，所以从时间诞生之初，光传播的距离存在一个上限。你可能觉得它应该约等于140亿光年，但这个答案忽略了空间的膨胀。结果我们发现，可观测宇宙最远的边缘距离我们大约470亿光年。任何比这更远的东西都无法和我们产生联系——从时间诞生开始，任何信号，无论是光还是别的什么东西，都无法跨越这段距离。

所以，470亿光年能跟古戈尔普勒克斯级宇宙相提并论吗？

不能。

这个数实在太小了。无论我的表弟怎么说，实际上我们不可能在可观测的国度里找到你的分身。但在那以外呢？存在的国度有多辽阔？它是否超越了470亿光年外那道虚拟的墙？那道墙的另一面有野人吗？宇宙尽头到底是什么意思？

470亿光年当然不是宇宙的尽头。它的范围比那广阔得多，一直延伸到地球上看不到的地方。你甚至可以驶向那些遥远的国度——只要你活得够久。宇宙可能有尽头，它会回过头把自己包裹起来，就像一个巨大的球面。你甚至可以想象有一位宇航版的麦哲伦，他的终极探险目标是环绕整个宇宙。如果宇宙真是一个巨大的、能穿越的球，宇宙微波背景辐射的光子可能会告诉我们。就算它是一个球，它必然大得无法被探测，这个球的直径至少有23万亿光年。这意味着整个宇宙至少比我们能看见的大250倍。这些隐藏的深渊如此巨大，但它们足够大吗？宇宙可能延伸到23万亿光年外，但这达到了古戈尔普勒克斯级吗？

为了一瞥宇宙的真实尺寸，我们需要回到它的童年。孩子们喜欢谜语，而宇宙微波背景辐射里就藏着一个谜语。如果你正好在国际空间站里飘浮，那么当你望向左边，就会有宇宙微波背景辐射光子迎面撞上你的脸。在和宇宙年龄一样漫长的伟大旅途中，这些辐射已经冷却下来，降到了2.7K的平均温度。现在，请你转头向右。你被另一束宇宙微波背景辐射光子击中，它们的平均温度也是2.7K。无论你望向哪个方向，宇宙微波背景辐射光子都是这个温度。你也许没有察觉这里面的古怪之处，但真的很怪。这些光子携带着它们诞生的那个世界的信息，它们都在说同样的话。这只可能意味着那些光子在遥远的早期世界中了解彼此的一些事情，但这怎么可能呢？说到底，当这些光子踏上旅途的时候，那些早期的世界还彼此都不可见。任何信号都无法在它们之间传递。宇宙微波背景辐射的天空中怎么会传递同一温度的信息？这有点像在亚马孙丛林深处偶然碰见了一个部落：虽然出于某些原因，他们从未接触过外面的世界，但他们却能用完美的英语交谈。无论先前别人是怎么跟你说的，你肯定会怀疑，在这个部落历史上的某个时间点，他们碰到过说英语的人。

所以，隔着宇宙微波背景辐射天空遥遥对望的那些国度在过去的某个时间点必然相遇过，即在某个时刻，它们有过交流。但既然这些世界之间的距离远得无法交换信号，它们是怎么交流的呢？面对这个谜题，儿童时期的宇宙可能提供了一个简单得要命的解决方案：通过一种名叫“膨胀”的过程。膨胀意味着这两个遥远国度曾经离得很近：互为邻居，交换信号，交流信息。然后突然之间，它们被分开了，彼此撕裂的速度比光还快。从某种意义上说，这是一个悲剧，但也很奇怪。它们被撕裂的速度怎么可能比光还快呢？当然，空间中任何事物的速度都不可能超过光本身，就连尤塞恩·博尔特也不行。但这里是另一回事。空间本身生长得比光还快，一个名叫“暴胀子”的奇怪小恶魔粗暴地将它们分开了。我们对暴胀子所知甚少。我们认为，它可能有点儿像后面即将登场的著名的希格斯玻色子，甚至可能是希格斯玻色子在另一个完全不同的时机戴着一顶完全不一样的帽子——我们并不能确定。我们甚至不知道，暴胀子是一个还是两个。不管它是什么，我们知道它迅速地在相邻的世界之间创造出了这么多空间，而等到它干完活儿的时候，这些世界已经失去了所有交流的能力。但重要的是，它们仍记得彼此，并将这些信息传递给了宇宙微波背景辐射光子。这就是为什么它们的温度基本相同。

当我们开始问膨胀是怎么开始的时候——它为什么会以这样的方式开始？我们终于走向了古戈尔普勒克斯级宇宙。答案或许就藏在所谓的永恒膨胀里，这是一个永恒的创造宇宙的过程。永恒膨胀的概念是，暴胀子随机分配时间，试穿不同的装扮。它在量子力学层面从一个值跳到另一个值。大部分时间里，它做的事都毫无意义，直到突然间，在宇宙婴儿期最不起眼的角落里，它跳到了正确的值上，并由此触发了那场大爆炸。就像高耸的红杉的一颗种子，这个小东西会长成庞然巨物，也就是我们看到的整个宇宙。但这里有个问题。暴胀子不断跳跃，从一个值随机跳到另一个值，它在空间中的每一个点上都这样做。它跳跃得如此频繁，所以偶尔在某个地方，在宇宙中某个被遗忘的小角落里，它会跳到正确的点上。于是，砰！一个广袤的空间就此诞生。然后这个过程再次重复。再次重复。它创造得越多，这件事发生的概率就越大。强大的巨物不断生长，膨胀到超乎想象的尺度，直到有一天，连古戈尔普勒克斯级宇宙在它面前也相形见绌。那么，在一个如此广袤的宇宙中，当宇宙版的麦哲伦率领船队驶向你能想象的最遥远的国度……他一定能看到分身。

我表弟杰拉尔德说得对。

葛立恒数

黑洞脑死亡

当我还是小孩的时候，英国广播公司有一档很火的电视节目，名叫《想一个数》(*Think of a Number*)。主持人约翰尼·鲍尔借助各式道具和服装在舞台上尽情挥洒，给我们年幼而敏感的脑子里灌满了科学和数学的乐趣。当然，我很爱看这档节目。想一个数——寓教于乐，人畜无害。真的吗?

如果你想的是像7、15、400或者76 520这样的数，那当然没问题。但如果你想的是葛立恒数，会怎样？这样做真的有问题。如果你想错了葛立恒数的方式，你就会死。现在回过头看，约翰尼·鲍尔真应该给他的节目重新起个名字，叫“想一个不会杀死你的数”，但我猜，健康和安全在20世纪80年代的英国不算什么大事。

我很想把葛立恒数导致的死亡和公元79年维苏埃火山爆发时那些遇难者的困境放在一起作比较。你可能见过庞贝遇难者的照片：他们的最后一刻被烙印在了石头上，爆发的火山碎屑引发的灼热爆炸杀死了他们，并将他们永远埋在了填满火山灰的坟墓里。这些人算是走运的。在不远处的赫库兰尼姆和奥普隆蒂斯，残酷的证据揭露了另一种甚至更可怖的下场：火山爆发导致很多人的脑内液体迅速沸腾，炸飞的颅骨残骸四处散落。这些遇难者死于脑袋爆炸。

葛立恒数可能会造成更壮观的脑损伤。如果你被迫逐位思考这个数——如果它的小数形式被粗鲁地塞进你的脑子里，就可能出现这样的结局。起初你没觉得这有什么难的，一串小数在你脑内虚拟的眼前不断延伸。然后事情发生了。

黑洞脑死亡。

事实上，你不能去想葛立恒数，至少不能完整地去想这个庞然巨数。事情很简单，这个数太大了，无论是你还是别的任何人都不能应付。这个问题无关智商，而是关乎物理。如果你试图把这么大的信息塞进一个人的脑袋里，这个人的脑袋就会不可避免地坍缩，形成一个黑洞。正如我们即将看到的那样，黑洞限制了特定体积空间能容纳的信息量，你的脑袋远远不足以容纳葛立恒数所包含的完整信息。它的问题就在于，它不光大，而且十分巨大，比古戈尔、古戈尔普勒克斯，甚至古戈尔普勒克斯普勒克斯还大得多。你的脑袋不可能装得下葛立恒数和它的所有数位，整个可观测宇宙都装不下，就连古戈尔普勒克斯级宇宙都不行。它的小数形式所包含的信息实在太多了，没办法挤进这么小的空间里。

为什么会有人发明一个能杀死你的数字呢？罪魁祸首是荣获斯“蒂尔终身成就奖”的美国数学家罗·葛立恒（Ron Graham）。葛立恒并不符合人们心目中数学家的刻板印象。20世纪50年代初，这位长着娃娃脸的15岁少年在芝加哥跳级上了大学，但当时他迷上了蹦床和杂耍，没多久就练到了能进马戏团表演的程度。那个剧团名叫“跳跃贝尔”。哪怕后来年纪大了，他还在继续蹦跳，只不过是在自己舒适的家里。根据他朋友的描述，跟罗·葛立恒在一起时，总会有惊喜出现。上一秒他还在讨论数学，下一秒他可能会来个倒立，或者踩着跳跳棒围着你跳舞。

葛立恒数的故事实际上始于20世纪初，主角是另一位有趣的数学家，名叫弗兰克·拉姆齐（Frank Ramsey）。拉姆齐博学多才，是一个名叫“剑桥使徒”[①]

① “剑桥使徒”（Cambridge Apostles）本质上是一个学术讨论组织，主要由剑桥大学的研究生组成。20世纪五六十年代，该组织的两位前成员盖伊·伯吉斯（Guy Burgess）和安东尼·布伦特（Anthony Blunt）在剑桥做间谍的身份暴露，他们将英国的秘密情报传递给了苏联，“剑桥使徒”也因此声名受损。拉姆齐是在20世纪20年代加入“剑桥使徒”的，比伯吉斯和布伦特早了10年，虽然他在政治上有左翼倾向，但我们没有理由怀疑他与间谍活动有关。

的秘密学术社团的成员。他也是伟大的经济学家约翰·梅纳德·凯恩斯（John Maynard Keynes）的学生，后来在这位恩师的推荐下，拉姆齐进入国王学院，我在剑桥时上的也是这个学院。凯恩斯的大名在我们这些研究生中如雷贯耳——我住的那幢宿舍楼就是以他的名字命名的，但谁也没有提起过拉姆齐。他们真应该多聊聊这个人。1930年，年仅26岁的拉姆齐死于慢性肝病，那时他已经在数学、经济学和哲学领域做出了重要贡献。但他最重要的贡献几乎完全出于意外，那条不重要的小定理深深埋藏在他1928年的一篇关于形式逻辑的论文里。这颗种子后来长成以他的名字命名的组合数学的一个新分支。

拉姆齐理论关注的是在混沌中寻找秩序。这有点儿像看着国会议员讨论英国脱欧，然后自问：在所有这些无序（各种鸡同鸭讲的自以为是和意见）中，我能找到一些共识，或者说某种共性吗？同样的问题也出现在我举办晚宴的时候。[1]假设我邀请了6位客人，这些朋友和亲戚分别来自不同领域，生活背景迥异，意见相左。我安排他们围坐在桌边，作为一位做事周全的主人，我试图弄清他们谁认识谁。阿尔杰农（Algernon）认识我的女儿贝拉（Bella）。他是我上大学时的老朋友，我们时不时会去对方家里做客。阿尔杰农现在从事音乐行业。他喜欢一遍遍给别人讲，他在唱片店工作的时候，里奥·塞耶（Leo Sayer）走进去买了一打里奥·塞耶的唱片（这个故事是真的）。贝拉还在上学，但她希望有朝一日成为一名艺术家。阿尔杰农还认识克拉奇（Clarkey），我们大学时的朋友。克拉奇是位体育播音员。他不认识贝拉，因为他对孩子总是能避则避。我把这些信息画成了下面这幅示意图：

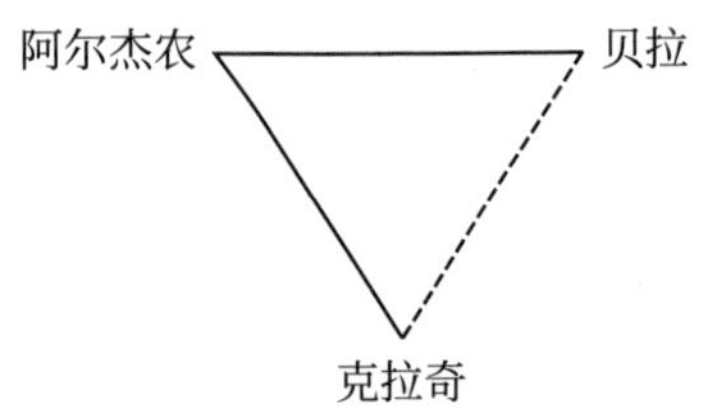

实线表示两个人互相认识，虚线代表不认识。下一步，我把迪安纳入了考量范围，他是常春藤联盟大学的教授。他和我、阿尔杰农、克拉奇都是大学同学，但和克拉奇一样，他不太熟悉贝拉。我升级了示意图：

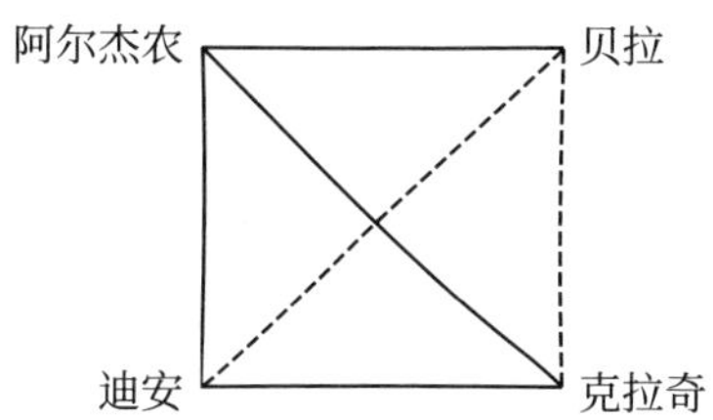

现在我把最后两位客人加进去。欧内斯特（Ernest）和冯西（Fonsi）都认识贝拉，但他们彼此不认识，也不认识派对上的其他人。欧内斯特是位工程师，他的祖父把灰松鼠从北美洲引入了英国（这个故事也是真的）。冯西是位有抱负的政客。我再次升级了示意图：

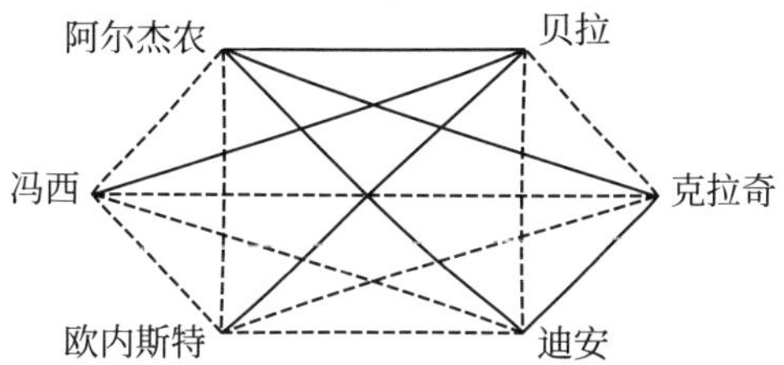

虽然客人只有6位，但这张由实线和虚线构成的网看上去已经开始有点混乱了。但仔细看，你会发现混乱中有一定的秩序，比如阿尔杰农、克拉奇和迪安组成了一个小圈子——他们3人彼此认识。克拉奇、欧内斯特和冯西组成了另一个小圈子——这3个人彼此都不认识。最后你发现，这张网里不存在任何一种由4个人组成的小圈子。

拉姆齐理论的核心就是这样的网络。6人晚宴中有3个人组成有序的小圈子，这一点儿都不奇怪。这种事情一定会发生。事实上，6是确保这种情况一定会出现的最小数字。不过，正如我们已经看到的那样，6位客人不足以确保晚宴上出现4个人的小圈子。结果我们发现，要确保出现4个人的小圈子，你至少需要18位客人。这些就是拉姆齐数。简化成行话，[2]我们可以说第三个拉姆齐数是6，第四个拉姆齐数是18。

拉姆齐证明了只要你邀请的人够多，你就可以得到任意规模的小圈子。但他并不总是知道每种规模的小圈子至少需要邀请多少人。当你开始寻找5个人的小圈子时，事情就变得困难了。大部分数学家认为，要确保出现5个人的小圈子，派对至少需要邀请43 个人，但谁也无法确认。这个最小数字介于43 ~ 48。

要完全确认这件事，数学家需要列出所有可能出现的网络，然后仔细查看，5人小圈子在什么时候一定会出现。你可以借助电脑，但现在的算力根本不足以正确解答这个问题。如果客人有43位，电脑需要逐一检验2^{903}种不同的网络。这个数比古戈尔大得多。面对这么大的数字，就连今天的超级计算机也束手无策。

要保证出现6个人的小圈子，你最少需要邀请的人数介于102 ~ 165。显然，要找出第六个拉姆齐数确切值的问题比找到第五个拉姆齐数还要难。终生漂泊浪迹的匈牙利伟大数学家保罗·埃尔德什（Paul Erdös）用寓言说明了这一点。埃尔德什想象着有一群外星人——一支比我们先进得多的地外军队——入侵了地球，并要求我们告诉他们第五个拉姆齐数，否则我们就会因自己的愚蠢而迎来灭亡。在这种情况下，埃尔德什的策略是集中全世界计算机的所有算力，寄希望于数学家能给出答案。但如果外星人想要的是第六个拉姆齐数，唉，那就无路可走了。我们只能想办法在这群外星人消灭我们之前先消灭他们。

埃尔德什生动的表达让我们得以一瞥他独特的性格。第一次世界大战爆发前夕，埃尔德什出生于布达佩斯，这个怪人成年后的大部分时间都在路上，很少在一个地方停留1个月以上。他不断旅行，换了一个又一个合作者，跨越各个大洲，为他那些数学问题寻找新的解决方案。如果埃尔德什拎着他的行李箱出现在你家门前，他是希望你能给他找一张想睡多久就睡多久的床和食物，以及替他谋划和解决个人事务。如果你有孩子，他会叫他们“艾普斯龙”（ε），这是在向用它来描述非常小的事物的符号数学家致敬。他还有个问题要你解决，这也是他最了不起的才能之一，即把数学问题和能帮助他解决这个问题的人联系在一起。在他极不平凡的职业生涯中，靠着安非他命[①]提供的能量，埃尔德什写了超过1 500篇论文，拥有500多位合作者。他在数学界交友甚广，以至于现在学者们会聊自己的“埃尔德什数”，因为我们中的大部分人只要通过一点点合作就能跟他搭上关系。

罗·葛立恒的埃尔德什数是1。他和埃尔德什走得很近，近到葛立恒在自己家中为其留出一间“埃尔德什室”，埃尔德什不仅来的时候可以住在这里，走了以后还能把东西存放在这里。葛立恒甚至会替埃尔德什打理财务，比如帮他收支票、付账单。不过，葛立恒那个如今闻名遐迩的数并不是通过埃尔德什而想到的，而是另一个合作者、美国数学家布鲁斯·李·罗斯柴尔德（Bruce Lee Rothschild），以及后来《科学美国人》的专栏作家马丁·加德纳（Martin Gardner）。

葛立恒和罗斯柴尔德对拉姆齐理论中一个很具体的问题感兴趣。要理解这

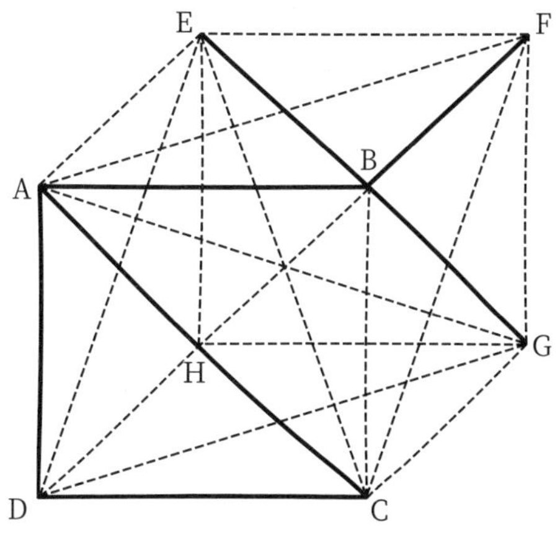

① 安非他命已被列为毒品。——译者注

个问题，我们不妨给派对再增加两位客人：葛立恒和哈罗德。葛立恒是贝拉的叔叔，哈罗德是个谜。他似乎能流利地使用5种不同的语言，但谁也不知道他到底是谁，或者他是干什么的，而他自己透露的信息也不多——也许他是个间谍。这都不重要。重要的是，现在我们有8位客人，这意味着我们可以在想象中把他们放在一个立方体的顶点上，创造出一个新的网络。

假设我要从这张网中切下一片，比如我可以沿着对角线将贝拉、克拉奇、欧内斯特和哈罗德依次切下。这4个人组成了某种次级网络，将其画在一个平面上就简单多了：

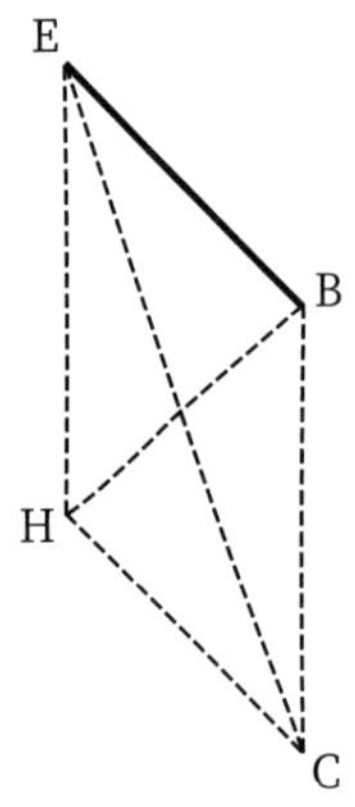

但这里没有任何小圈子——只是朋友和陌生人的无聊组合。我们可以选择一个更有趣的切片吗？在这个案例中，答案是肯定的——我们可以切下立方体的背面，把欧内斯特、冯西、葛立恒和哈罗德切下来，这4个人组成了一个完全互不相识的小圈子。

葛立恒和罗斯柴尔德想知道的是，无论立方体是什么样的，你是否总能找到一个包含小圈子的切片。如果在三维空间里，答案是不能——有些8位客人组合里面没有任何包含小圈子的切片。当然，没有哪位数学家会局限于三维的世界，所以葛立恒和罗斯柴尔德开始考虑四维、五维、六维，或者说任意维度的超立方体。要确保至少有一个切片包含小圈子，你需要多少个维度？

不用说，葛立恒和罗斯柴尔德并不能提供确切的答案——拉姆齐理论中的大部分问题似乎都是这样。但他们的确证明了这个问题存在一个有限的答案，并设法给它加一些限制：最小的维度数必然介于6和某个庞然巨数之间——这个有限数字比我们能理解的任何数都大。和大众认知不一样的是，他们提出的这个作为上限的庞然巨数并不是我们现在说的葛立恒数。直到6年后的1977年，罗·葛立恒与马丁·加德纳搭上了话。加德纳给《科学美国人》写了一篇文章，葛立恒想在这篇文章里用一种简单的方式来描述这个上限，所以他炮制了一个更大的数。这个新数字在1980年版的《吉尼斯世界纪录大全》中被称为“数学证明中使用过的最大数字”。但它实际上从未承担过这个重任。

不管怎样，我想让你震惊一下，请你思考一下葛立恒数的值，就像加德纳描述的那样。别担心。我不是让你思考它的小数形式。无论如何，现在还不用。现在我们用一种安全得多的方式来思考葛立恒数，借助“高德纳箭头符号”，它得名于美国计算机科学家唐纳德·高德纳（Donald Knuth），他在1976年引入了这个概念。高德纳写了许多关于数字和计算的文章，并以奖励任何发现他著作中任何错误的人2.56美元而闻名。[①]他的箭头让我们得以安全通过大数字领域。

我们从乘法开始：当你写下3×4的时候，它意味着什么？你可能想说“12”。再想一想。写下3×4的时候，我们真正想说的是把3连加4次，或者$3 + 3 + 3 + 3$。更抽象地说：

$$a \times b = \underbrace{a + a + \cdots + a}_{\text{重复}b\text{次}}$$

这就是把a连加b次。还原到这里，我们看到乘法实际上只是用一种漂亮的方式来描述重复的加法。那么，重复的乘法呢？

这就是数学家们所说的“求幂”，通常写作上标，如下所示：

---

① 他之所以选择“2.56”这个数，是因为“256分等于十六进制的1美元”。

$$a^b = \underbrace{a \times a \times \cdots \times a}_{\text{重复}b\text{次}}$$

这次我们是把a本身连乘b次，比如：

$$3^3 = 3 \times 3 \times 3 = 27$$

$$3^4 = 3 \times 3 \times 3 \times 3 = 81$$

你可能会说这是乘方——我的妻子称之为“次方”。只要你理解它们的真实含义，怎么叫都无所谓。唐纳德·高德纳用另一种方式来写求幂运算——他喜欢用箭头：

$$a \uparrow b = \underbrace{a \times a \times \cdots \times a}_{\text{重复}b\text{次}} = a^b$$

重复前面的例子，这意味着$3 \uparrow 3 = 27$，$3 \uparrow 4 = 81$。

我们本可以到此为止，像大部分正常人那样，但我们不是。我们继续。当你连续求幂的时候，会得到什么结果。这叫“叠乘”，高德纳把它写成双箭头：

$$a \uparrow\uparrow b = \underbrace{a \uparrow \left(a \uparrow \left(\cdots \uparrow a \right) \right)}_{\text{重复}b\text{次}}$$

这表示将a的单箭头运算重复b次。这种运算又叫幂塔，因为你可以把它想象成这样：

$$a^{a^{\cdot^{\cdot^{\cdot^{a}}}}}$$

这座由a组成的塔有b层。

我们来算一算$3 \uparrow\uparrow 3$和$3 \uparrow\uparrow 4$，这两座3组成的幂塔分别有3层和4层。换句话说：

$$3 \uparrow\uparrow 3 = 3 \uparrow (3 \uparrow 3) = 3^{3^3} = 3^{27} = 7\,625\,597\,484\,987$$

$$3 \uparrow\uparrow 4 = 3 \uparrow (3 \uparrow (3 \uparrow 3)) = 3^{3^3} = 3^{27} = 3^{7\,625\,597\,484\,987}$$

双箭头让你轻轻一步就从3跳到了约7.6万亿。这是个了不起的成就。高德纳的符号甚至允许你走得更远。你只需要引入三箭头，将双箭头再重复一下：

$$a \uparrow\uparrow\uparrow b = \underbrace{a \uparrow\uparrow \left(a \uparrow\uparrow \left(\cdots \uparrow\uparrow a \right) \right)}_{\text{重复}b\text{次}}$$

逻辑还是和之前一样，只是现在是将a的双箭头运算重复b次。三箭头是一头非常强大的野兽。试着算一算3 ↑↑↑ 3。这是一个三箭头，所以按照规则，我们需要重复双箭头运算。在这个具体的例子里，我们会得到：

$$3 \uparrow\uparrow\uparrow 3 = 3 \uparrow\uparrow (3 \uparrow\uparrow 3) = 3 \uparrow\uparrow 7\,625\,597\,484\,987$$

噢，天哪！最后我们得到的是3 ↑↑ 7.6万亿，这座幂塔如下所示：

$$3^{3^{3^{\cdot^{\cdot^{\cdot^{3}}}}}}$$

它有7.6万亿层！假如把它完整地写出来：如果每个3高2厘米，这座塔将一路延伸向太阳。正因如此，有时人们叫它“太阳塔”。老实说，我不敢算这个数。

但我们不会止步于此。

还有3 ↑↑↑↑ 3呢？这开始显得有点蠢了。要把它写下来，你会发现自己得到的是：

$$3 \uparrow\uparrow\uparrow\uparrow 3 = 3 \uparrow\uparrow\uparrow (3 \uparrow\uparrow\uparrow 3) = 3 \uparrow\uparrow\uparrow (\text{太阳塔}) = \underbrace{3 \uparrow\uparrow (3 \uparrow\uparrow (\cdots \uparrow\uparrow 3))}_{\text{重复太阳塔次}}$$

我们都没有勇气算太阳塔，现在却要对付太阳塔次的双箭头运算。老实说，这简直骇人听闻。相比之下，古戈尔和古戈尔普勒克斯简直不值一提。我们想不出有什么东西能达到这么大的尺度。我们必须接受，我们已经离开了物理的国度，但我们离葛立恒数还远得很。

我们别无选择，只能继续往前。

走到这里，葛立恒引入了一把梯子。梯子的每一档都是一个远大于以上所有数字的数。葛立恒梯子的最低档通常等于我们刚才遇到的那头“巨兽”：

$$g_1 = 3 \uparrow\uparrow\uparrow\uparrow 3$$

沿着梯子向上爬一级，突然你发现自己正急速冲向

$$g_2 = \underbrace{3 \uparrow \cdots \uparrow 3}_{g_1\text{个箭头}}$$

瞧瞧有多少箭头——足足g_1个！4个箭头已经足够骇人听闻，现在箭头的数量达到了骇人听闻的程度。不过，希望你能看到其中的模式：葛立恒的梯子每往上一级，箭头的数量就会激增。这对数字本身的影响更是大得无法形容。所以，我们继续往上爬：从g_3到g_4，从g_4到g_5，以此类推。爬到64级的时候，我们已经走了很远很远，迷失在了极大数字的国度里，认不出自己原来的模样。但我们终于到了g_{64}，就是葛立恒数。

这不太精确，是吗？一个数学问题的答案是，它介于6和大得没法描述的g_{64}之间？罗·葛立恒也承认这一点，但对他来说，这照亮了“你知道为真”和“你能实际证明”之间的巨大鸿沟。我们知道，葛立恒和罗斯柴尔德的原始问题有一个精确的答案——它就藏在这个大得不可思议的区间的某处，但要找出它的具体值？我只能祝你好运。事实上，从葛立恒和罗斯柴尔德的论文发表后到今天，这个区间已经缩小了很多。现在我们知道，这个答案介于13 ~ 2 ↑↑↑ 5。有进步，但肯定不足以满足那支满怀怒火、用拉姆齐理论问题来考验人类的外星军队的要求。

在数学史上，葛立恒数是一个真正的庞然巨数，但我担心它的重要性会迷失在抽象之中。要更好地领会它，我们应该转向物理学，然后我们就会看到，一个足够大的数字为什么能杀人。

太多信息

是什么让葛立恒数如此危险？为什么你一思考它的小数形式，脑袋就会坍缩成黑洞？结果我们发现，这里面的关键是熵——很多很多熵，只要你试图将太多东西塞进太小的空间，黑洞就会不可避免地形成。说一个数能像一枚蛋或者一头三角龙那样携带熵，这听起来可能有点儿奇怪，但熵与信息密切相关，而葛立恒数里当然有信息。如果我告诉你它的最后一位数，你就可能获得关于它的一点点知识。如果我告诉你它完整的小数形式，你的脑袋就会尝试把这么多信息全都储存下来。在一个局促的空间里输入这么多熵只会导致一个结果：黑洞脑死亡。

要理解黑洞、熵和葛立恒数的小数形式之间的关系，我们需要探索信息的含义。我正在想一个数，葛立恒数的最后一位，我邀请你来猜一猜，它到底是几。你可以问我任何问题，但我只会回答你是或者不是。假设你采取如下策略：

这个数在0到4之间吗？不是。

它是5、6或者7吗？是的。

它是5或者6吗？不是。

你意识到，答案必然是7。

你通过3个问题找到了答案。你的策略很优秀，每个新问题都将范围缩小了一半。平均而言，这套策略能用3.32个问题找出一个随机选择的一位数。密码破译者、信息论先驱克劳德·香农（Claude Shannon）指出，我们就应该以这种方式来衡量信息，即要弄清你想知道的事情，你最少需要多少个是或不是的答案。

香农既是计算和数学方面的天才，又是一位通晓实用技巧的获奖工程师。

他总在制造各种各样的东西：从火箭推进飞盘到独轮脚踏车，再到杂耍机器人。他最淘气的作品是一台机器，如果你把它打开，它就会伸出一只机械手，马上把自己关掉。香农也是罗·葛立恒的朋友，这段友谊始于香农对杂耍的兴趣：老头子想学杂耍，葛立恒同意教他。最后香农居然能同时抛耍4个球，比他的机器人还多1个。

香农对信息论的兴趣始于“二战”时他在新泽西州贝尔电话实验室做的关于密码和通信的工作。他知道传递信息有多重要，尤其在战争中，但传递信息往往很难，甚至有危险。香农想弄清楚该如何有效传递信息，哪怕存在大量“噪声”干扰，而要完成这个任务，他需要很好地度量信息。

为了理解他的度量，不妨扔1枚硬币。你只需要一个是或者不是的答案就能弄清这次投掷的结果——只要问一句就够了：是正面吗？所以扔一次硬币携带1比特信息。扔5次硬币携带的信息就是5比特，扔1古戈尔次携带1古戈尔比特信息。为了推而广之，我们需要把比特数和可能的结果数量联系在一起，而不是硬币的数量。扔5次硬币，就有$2\times2\times2\times2\times2=32$种可能的结果。我们该如何从32个结果中提取出5比特呢？$32=2^5$，所以这5个比特就是2的幂次。至于葛立恒数的最后一位，它有10种可能的结果（它可能是0到9之间的任意数字）。这是多少比特？这个问题有点难，因为10大于2^3，但小于2^4，所以答案介于3～4比特。结果我们发现，葛立恒数的最后一位大约包含3.32比特信息。①

当然，比起扔硬币，香农对词句更感兴趣。有一本著名的英语词典中最长的单词是“pneumonoultramicroscopicsilicovolcanoconiosis”，它指的是一种因为吸入火山爆发后喷出的二氧化硅而导致的肺病。不算理想，但应该比脑袋爆炸强

① 之所以是3.32比特，是因为$2^{3.32}\approx10$种结果。对数爱好者会注意到，$\log_2 10\approx3.32$。

点儿。我们想问的是，这个单词本身包含了多少信息？我们可以说，每个字母出现的概率都是1/26。由于26介于$16 = 2^4$和$32 = 2^5$之间，所以每个字母包含的信息必然介于4～5比特，4.7比特是个比较精确的估计。①这个单词包含的字母数高达45个，所以一共是211.5比特。对于整个单词所包含的信息量，这是个合理的估算，但事实上，这个数据偏高。和任何语言一样，英语有自己的模式和规则，比如“quicquidlibet”这个单词，它的意思是“没什么特别”。在这个单词里，字母“q”出现了两次，而且它每次出现的时候，你几乎可以确定下一个字母肯定是“u”。既然你已经知道下一个字母是什么，怎么能说这个“u”给了你4.7比特的信息呢？

这些微妙之处告诉我们，给信息计数不仅仅是计算出所有可能的结果——你还得考虑概率，比如假设硬币质地均匀，那么你扔5次的确会得到5比特信息。但如果硬币有一边比较重，它落下时一定是正面向上呢？看到它连续5次正面落地以后，你真的能宣称自己从中得到了任何信息吗？当然不行。

香农提出了一个更好的计算信息的公式，将所有这些都纳入了考量。如果1枚硬币落地时正面向上的概率是p，背面向上的概率$q = 1 - p$，那么根据香农的公式，你将得到$-p\log_2 p - q\log_2 q$比特的信息。这个公式包含了底数为2的对数，因为香农基于二进制的结果来给信息计数。直观地说，这个公式的计算结果完全符合你的预期。如果硬币质地均匀，$p = q = 0.5$，扔1次硬币会产生1比特信息。如果硬币完全偏向正面（$p = 1$，$q = 0$）或背面（$p = 0$，$q = 1$），扔硬币则不会产生任何信息。其他所有的可能都介于这两个极端之间。

但香农真正感兴趣的是其他一些更复杂的东西，如字母、单词，甚至句子。我们如何衡量它们的信息？假设你知道一个未知单词的前几个字，比如

① 之所以是4.7比特，是因为$2^{4.7} \approx 26$种结果。对数爱好者这次会注意到，$\log_2 26 \approx 4.7$。

“CHE”。这个单词的下一个字母包含多少信息？如果所有字母都一样，答案应该是4.7比特。但我们知道，事实并非如此。试着用你的手机输入“CHE”这几个字母。联想提示里会出现什么？很可能是这几个：

CHEERS

CHEAT

CHECK

这意味着字母E、A和C出现的概率高于其他字母，比如B。如果出现A的概率是p_1，出现B的概率是p_2，C的概率是p_3，以此类推，出现Z的概率是p_{26}。香农认为，下一个字母包含的信息就是：

$$I = -p_1 \log_2 p_1 - p_2 \log_2 p_2 - p_3 \log_3 p_3 \cdots - p_{26} \log_2 p_{26}$$

和前面一样，它的单位也是比特。香农测试了英语母语者猜测单词中下一个字母的能力。他的实验表明，平均而言，每个字母包含的信息量介于0.6～1.3比特。这看起来可能不多，但正因如此，英语很适合用于通信。哪怕错漏了一个字母，你也不会损失太多信息，而且可以解读出正确的内容。

最令人震惊的是，香农的公式和半个多世纪前默默耕耘的物理学家乔塞亚·威拉德·吉布斯提出的另一个公式如此相似。我们在“古戈尔”那一章中寻找分身时匆匆见过吉布斯一面，那个任务极大地依赖于熵的概念。当时我们说熵是对微状态的计数，但这样描述有点儿过于简单了，因为只有当所有微状态出现的概率都一样时，这个说法才成立。吉布斯证明了该如何把它推广到更广泛的情况中。如果第一种微状态出现的概率是p_1，第二种出现的概率是p_2，第三种出现的概率是p_3，以此类推，更精确的计算熵的公式应该是：

$$S = -p_1 \ln p_1 - p_2 \ln p_2 - p_3 \ln p_3 - \cdots$$

它和香农的公式惊人地相似。当然，唯一区别在于，吉布斯用的是自然对数，而香农用的是底数为2的对数。事实上，之所以有这样的区别，完全是为了方便。香农选择2作为底数是因为他想把比特作为衡量信息的单位，对应一个二进制的结果，比如扔1枚硬币。这只是一种选择。你也可以用“纳特”（nat）这个单位。1纳特约等于（$1/\ln 2 \approx$）1.44比特。这相当于$e \approx 2.72$种可能的结果，而不是2种。无论如何，自然界偏爱的信息传递单位是纳特，而不是比特，如果对单位进行相应的转换，香农的公式和吉布斯的一模一样。

那么，熵和信息是一回事吗？我会回答，是。二者衡量的都是神秘和不确定的程度，虽然它们所站的角度有细微区别。我们会讨论一团气体、一枚蛋或者一头三角龙的熵，因为我们无法确定它们实际处于什么状态。有很多东西我们不知道，或者不想知道。从任何一个现实的角度来说，就算我们逆转了三角龙肚子里一个电子的自旋方向，三角龙也还是三角龙。但想象一下，如果你就是在乎这件事，并决定测量这个电子的自旋方向和其他所有你拿不准的事情。你会得到很多很多信息。到底有多少？这取决于有多少不确定性，这就是熵。

信息不仅仅是一个抽象概念。它有实际的意义。我们甚至可以打听它的重量。信息精确的重量值取决于它存储的方式，比如你的手机靠禁锢在内存单元上的电子来存储信息。这些被困住的电子能量高于自由电子，而正因为这些电子拥有更多的能量，所以它们更重。事实必然如此，因为正如爱因斯坦通过他那个充满诗意的方程所阐明的那样，质量等价于能量（$E = mc^2$）。平均而言，1比特数据会增加大约10^{-26}毫克的重量。要让你的手机增加1粒灰尘的重量，你需要在手机里存储大约10万亿GB①数据。[3] 根据国际数据公司的统计，这相当于全球数据圈的体量，也就是说，全世界所有数据加起来差不多有这么多。

我们已经很习惯存储信息。当18世纪的纺织工人巴索·鲁修（Basile

① GB，吉字节，全称为“Gigabyte”，是一种十进制的信息计量单位。该词常容易和二进制的信息计量单位“Gibibyte”（吉比特，简称GiB）混淆。——译者注

Bouchon）设法利用穿孔带来控制织机时，他只能在几厘米的纸带上存储几比特的信息。我的苹果手机有64GB内存，而要存储这么多信息，鲁修需要10倍于地月距离那么长的纸带。为了满足人们的需求，技术加速发展，越来越多数据被挤压到不断增长的空间里。未来苹果会不会发布一款能存储10万亿GB的手机呢？

答案是，他们已经发布了。

我的苹果手机也许可以利用电子牢笼存储高达64GB的照片、视频和聊天记录，但这台手机本身，即它那张由原子和分子构建的大网，存储的数据远远不止这么多。问题在于，这些额外的信息对我们来说没什么用。我们无法读取或操作它们。我们可以通过计算这台手机的热力学熵来估测它包含的信息量。差不多是10^{25}纳特，或者说大约1 000万亿GB。[4] 如你所见，手机的微观结构里包含了这么多信息，你却没法用这些信息给奶奶播放一段孩子和狗在后院里玩耍的视频。也许有朝一日，我们能设法在手机的每一个原子，甚至每一个夸克和电子上存储1比特数据。只有到那时候，一台手机的存储能力才能和它的热力学熵相提并论。除非走到那一步，我们才有资格真正开始探究该如何在越来越有限的空间中存储数据。

但总有一天，数据的密集程度会达到极限。问题在于黑洞，它给有限的空间能存储的数据设置了一个上限。因为数据还携带着熵。情况必然如此。不然的话，如果你把一位政客扔进黑洞，会发生什么呢？这位政客携带的熵可不少，从他那双脚的分子和原子的排列，到存在他大脑神经细胞里的错误信息。一旦他消失在视界后面，变成黑洞的一部分，这些熵就会消失，接着总熵就会减少，这违反了热力学第二定律。要保护第二定律——而不是这位政客，黑洞必须承担这份熵差。

只要看看黑洞自相残杀时发生的事情，直觉就会告诉你，那里面有多少熵。如果一个黑洞吞噬了另一个，总的视界面积就会变大。视界面积的增长反映了热力学熵的增加。雅各布・贝肯斯坦（Jacob Bekenstein）认真考虑了二者之间的联系，1972年，他提出，黑洞的熵应该和它的事件视界面积有关。但贝肯斯坦的想法需要证据。它需要计算。这需要一位年轻物理学家的勇气和才智，他叫史蒂芬・霍金。

我们已经看到，霍金的计算公式是：

$$\frac{A_H}{4l_p^2}$$

其中，A_H是视界面积，l_p是普朗克长度。真正了不起的是他推导这个公式的方式。到20世纪70年代中期，黑洞仍然和它的名字一样——一片漆黑。或者至少人们是这样认为的。就在这时候，霍金做了别人想都不敢想的事情，他推翻了人们对黑洞的成见。他对黑洞的决定性特征（包括光在内的所有粒子都无法逃脱其引力的事实）提出质疑，并证明了这不是真的。对很多人来说，这太自相矛盾了。但霍金不是大放厥词。他只是意识到，要逃离自然界的恶魔岛，量子力学是一条出路。

量子理论中的任何事物都不像表面那样波澜不惊。正如我们将在“10^{-120}”一章中看到的那样，安静空旷的空间实际上是一锅咕嘟冒泡的热汤，虚粒子吵吵嚷嚷地在存在与不存在之间跳跃。虚粒子根本不是真正的粒子，它们代表着一场身份危机。我们讨论的实粒子其实是某个特定场里局部的涟漪：光子是电磁场里的涟漪；引力子是引力场里的涟漪；电子是“电子场”里的涟漪。问题在于，量子力学可能会模糊这个定义，至少在两个场有互动的情况下。如果一个中子在引力场中运动，它有时不仅仅是中子场里的涟漪，还会扰动引力场。同样，引力场里的涟漪有时也会扰动中子场。我们不妨类比一下。假设有两个背景大相径庭的人：其中一个在激进的环境中长大，另一个在更加保守的环境之中长大。你可以把这位左翼人士看作左翼场里的涟漪，右翼人士看作右翼场里的涟漪。这两个人都是相应环境下的产物，他们对各自的意识形态都充满信心。然后他们相遇了——两个人发生了互动。他们都是讲道理的人，所以他们不光会表达，还会倾听。结果，他们的立场有时就会变得不那么纯粹。左翼者依然是左翼，但有时他会停下来思考，自己的激进想法会不会对经济造成更广泛的影响。反过来，右翼者仍以保守派自居，但他偶尔会担心社会公平和不平等的问题。虚粒子就有点儿像这种对理念的浸染。但这种和其他意识形态的“眉来眼去”永远只是一种短暂的闪念。左翼者总会坚守他的社会主义理想，而右翼者始终拥抱他的保守主义。虚粒子也一样——你永远无法找到一个能让你一直抓在手里的虚粒子。对其他场的扰动永远是暂时性的。

霍金正是在思考黑洞周边的这种浸染时意识到了一些不得了的事情——你以为只是暂时性的东西有时会变成永久性的。如果一对虚粒子出现在黑洞视界附近，其中一个可能会坠入黑洞，另一个却逃出去了。现在，这位逃亡者永久性地告别了它的搭档，变成了一个实粒子，一个能让你真正抓在手中的“圣物”。它表现得像从事件视界里释放出来的辐射一样，从引力场中汲取能量，将其削弱一点。其结果是，产生一道辐射（现在人们称之为“霍金辐射”）和一个正在蒸发的黑洞。

霍金证明了这种辐射会赋予黑洞一定的温度。借助一点热力学技巧，他推导出了熵的计算公式。从学术角度来说，这一步勇敢得惊人，在当时他的提议如此惊世骇俗。但霍金的勇气和才华得到了回报，现在他的想法得到了人们的普遍认可。

刚宣布完黑洞实际上不黑——它会释放辐射，霍金立即抛出了另一枚炸弹，即量子力学被打破了。

很多国家有成文宪法，开国元勋会设定一套基础规则，描述他们对自己新创立的国家的设想。“量子力学”这一国度也不例外，它也有自己的“宪法”，量子力学的先驱们提出了一系列基本假设：玻尔、海森堡、玻恩和狄拉克都是其中的一员。其中一条基础规则宣称，任何东西都不会真正消失，有进必有出。霍金意识到，黑洞似乎无视了这条规则：它始于纯粹的量子态，但终于辐射。按照他的描述，这是一种混合态。我们在上一章里讲过纯态和混合态。纯态会告诉你量子系统的所有信息。反过来，混合态缺失了一部分信息。重点在于，“量子宪法”不允许纯度有任何损失——你不能从纯态过渡到混合态，因为信息不应该凭空消失。它始终存在于某个地方，哪怕有点儿难找。黑洞似乎违反了量子力学。

这被称为“信息悖论”。这个谜团的影响如此深远，人们期望，它的答案能揭露一些关于我们所生活的世界中真正重要的东西。霍金喜欢拿这种事打赌。1997年，他和基普·索恩（Kip Thorne）与加州理工大学的物理学家约翰·普雷斯基尔（John Preskill）打了个赌：普雷斯基尔坚信，信息不可能消失，哪怕是在黑洞里，霍金和索恩的意见则相反。无论谁是对的，赢的人都将得到一本自己选择的百科全书。这份奖品十分应景，因为赌局的输赢实际上取决于你能否复现这本百科全书所包含的信息，哪怕有人不小心把它掉进了黑洞。7年后，霍金提出了一个解决信息悖论的方法，并承认自己输了。他给普雷斯基尔寄了一本《棒球大全：棒球终极百科全书》，并开玩笑说他应该把这本书烧掉，然后把灰寄过去。毕竟书里的信息还在那里！索恩并不认可霍金的提议。事实上，这个方案的确没有得到公认。即便如此，我们仍有充分的理由相信，黑洞没有违反量子力学——信息没有消失，原因我们将在下一章中解释。量子力学如此珍贵，不能轻易抛弃。

相对于它的尺寸，黑洞携带的熵更加巨大。这让它得以存储大量信息——现在我们认为，从原则上说，这些信息我们实际上不可能接触得到。和我的苹果手机一样大的黑洞能存储高达10^{57}GB信息。[5] 相比之下，64GB的照片和聊天记录，甚至加上在它原子信息里的那10^{15}GB信息，都不值一提。任何事物都无法像黑洞那样有效地存储信息。

要弄清为什么，请设想你是一位星际旅行者，要去探访一颗名叫“开普勒-62f”的地外行星，它距离地球差不多有1 000光年。开普勒-62f围绕开普勒62公转，这颗恒星位于天琴座，比太阳小一点，冷一点。你去那里是有原因的。开普勒-62已经被SETI鉴定为搜寻地外文明的好地方。这颗古老的岩石行星位于绕恒星的宜居带，它的表面被海洋覆盖着，有类似地球的季节变化。你坐的飞船不大，刚好能塞进去一个直径3米的球。飞船里装满了东西，食物、燃料，还有最重要的计算机系统里的巨量信息。飞船的总重量大约是100万千克。你不太确定它包含了多少熵，但你知道肯定不少，因为有那么多信息。

抵达开普勒-62f后，你注意到了一件令人担心的事：你的飞船被一个巨大的壳罩住了。你突然被这个外星大球包裹住了。你说不准它是从哪儿来的，但感觉不像是偶然。你以为这肯定是开普勒-62f的原住民搞的鬼，他们用这个球把你关了起来。你决定做几个实验。你意识到，这层茧由某种非常致密的材料制成，它的密度比中子星还大。这让你有点儿恐慌。你计算出这层壳的总质量不足10^{27}千克。现在你更恐慌了。这层壳是如何能维持它的形状的？它为什么没有破碎，或者向外辐射质量？这很不合理，但真正困扰你的是，这层壳看起来似乎在收缩。你算了算。你和这层壳的质量加起来超过了10^{27}千克的阈值。如果壳的直径收缩到3米以下，也就是刚好罩住你的飞船，就会有太多质量挤在狭窄的空间里。黑洞会不可避免地形成。

最后，不幸的是，在壳的直径收缩到3米的阈值之前，你早就被引力潮汐撕成了碎片。后来，开普勒-62f的原住民发射了一枚探测器来检查包裹你飞船的黑洞。他们的目标是弄清你知道多少事情——在你被吞噬之前，你的飞船上搭载了多少信息？他们测量了事件视界的直径。它的直径只有3米，他们发现，这个黑洞的熵大约是 2.7×10^{70} 纳特。这些外星人知道总熵不会随着时间的流逝而减少。尽管在你被吞噬之前，你的飞船上可能存储了很多信息，但他们知道，这些信息的总量不可能超过 2.7×10^{70} 纳特这个最终值。

当然，这个故事过于理想化了。开普勒–62f上的外星人不可能创造并控制一个密度这么高的蛋壳。这不重要。这只是一个思想实验，它的创造者是天马行空的美国物理学家莱纳德（莱尼）·萨斯坎德［Leonard (Lenny) Susskind］。他的目标是展现黑洞如何限制你在有限空间内存储多少熵。你可以把任何物品（一艘飞船、一头三角龙，甚至一颗蛋）完全放进一个你能想象到的最小的球里。萨斯坎德证明了这件物体的熵不可能超过视界与球等大的黑洞的熵。在我们这个理想化的故事里，飞船正好可以放进一个直径为3米的球体。随后那些外星人证明了它的熵不可能超过同样尺寸的黑洞的熵。[6]

我们可以把萨斯坎德的想法推广到你的脑袋上。为你的大脑能存储的信息总量设置一个绝对上限，我们只需要计算和你的脑袋一样大的黑洞的熵。如果你试图超过这个上限——把太多信息塞进你有限的大脑，你的脑袋肯定会被引力压得坍缩。你将成为黑洞脑死亡最新的受害者。

想一个数

我有时候不动脑子。我老婆说，我决定用真空吸尘器吸干洗碗机的时候肯定没动脑子。是的，我很清楚，水和电的组合十分危险。我本来打算把洗碗机里的水吸进管子里，然后快速切断电源。如果一切顺利，我能赶在水接触到任何电子元件之前把它转移到水槽里。幸运的是，我老婆回家了，并在我有机会弄坏吸尘器、断送自己的小命之前阻止了我的这一行为。我猜，这就是我为什么没当上实验物理学家。我可以用纸和笔完成刁钻的运算，但不管怎样，千万别让我靠近任何昂贵的设备。伟大的沃尔夫冈·泡利（Wolfgang Pauli）也有同样的毛病，这位德国量子先驱将在本书的后半部分大放异彩。据说，他只要出现在附近就能破坏实验，所以我想，吾道不孤啊！

但有时我的确会动脑子。我想的通常是足球或者物理学，抑或是我胆子够大的话，我甚至会想一想数字。当我开始思考的时候，特定的事件会在我脑子里展开。脑子想到一个数字时会发生什么？思考那些真正大的数字时，它需要做什么？如果它想的是葛立恒数这么大的数字，会发生什么？

记忆、知识片段，甚至还有葛立恒数的最后500位，这些信息都通过神经网络中不同的模式存储在我们的大脑里。在任何给定的时刻，一些神经细胞在休息，另一些则会被激活。一般而言，大脑会尽可能减少激活的神经细胞数量。人脑中大约有1 000亿个神经细胞。考虑到每个神经细胞的状态要么是开，要么是关，这意味着人脑的存储上限大约是1 000亿比特。这远远超过了我们实际需要的，除非你决定背下葛立恒数。你可能觉得只要能清空脑子里所有重要的信息，也许你可以用脑子里那双虚拟的眼睛把它的小数形式描绘出来。你可以试着忘记自己的家人或者一颗蛋的模样，抑或是如何辨认一只鸟的歌声。一旦你进入这种状态，你可以试着用越来越精妙的神经细胞模式把葛立恒数逐位记下来。但是，就算你能以如此激进的方式操纵自己的思维，你的脑子还是远远不够用。问题在于，葛立恒数的小数形式远不止1 000亿比特。你甚至无法描绘一座太阳塔，更不要说葛立恒数了。

如果想做得更好一点，你的脑子必须学着用一种更高效的方式存储信息。我们知道，任何事物存储信息的效率都不可能超过黑洞——你的脑子能不能模仿黑洞的存储技巧，无论它是什么？慕尼黑马克斯·普朗克物理学研究所主任贾·德瓦利（Gia Dvali）提出，特定类型的神经网络也许能做到。这里面的逻辑依赖于一些关于黑洞以及黑洞如何存储信息的十分激动人心的想法。记住，这个问题仍未完全解决，所以我们现在讨论的是最前沿的研究。起初，德瓦利和他的同事们猜测，黑洞的行为就像玻色－爱因斯坦凝聚态。这是一种非常特别的物质状态，物质内部的粒子有很大一部分处于相同的量子态，具有尽可能低的能量。你可以把密度极小的气体降到最低温，大约在绝对零度，通过这种方法让它形成玻色－爱因斯坦凝聚态。1995年，人们就是靠这个办法首次让铷原子进入了这种状态。玻色－爱因斯坦凝聚态的奇怪之处在于，它甚至在宏观层面就能展现出量子行为。德瓦利有一个想法，他认为黑洞可能是巨量引力子——引力场中的量子涟漪，挤在尽可能小的空间内形成的凝聚态。然后信息被存储在这种凝聚态本身的量子涟漪里。结果我们发现，这是一种高效存储数据的途径——只需消耗一点点能量就能存储海量信息，这正是你希望黑洞能带给我们的东西。他继续向前，建立了一个神经网络模型——它能以一种与此类似的方式存储信息。所以，让你的脑子用同类的神经网络存储信息，那会怎样？

你的脑子仍不足以容纳葛立恒数。

这个问题实际上可以归结为你到底能往一个人脑子里塞多少数据。上限是多少？为了回答这个问题，我决定看看自己的脑袋。我估计自己脑袋的半径大约是11厘米。利用霍金的方程，我们会发现，同样直径的黑洞能携带海量的熵，相当于10^{58}GB数据。这就是任何人或者东西能指望的与我头部等大的空间最多能存储的信息量。相比之下，以制造海量数据著称的大型强子对撞机一整年产生的数据也只有10^{7}GB左右。但10^{58}GB距离完整描绘葛立恒数还远得很。甚至算不上接近。

那你的脑袋呢？你能表现得更好一点吗？每个人的脑袋存储上限都差不多，都在10^{58}GB左右。当然，实际上你脑子里存储的信息量不可能接近这个上限，只要你还活着，就肯定不行。记住，信息有重量，所以要逼近这个阈值，你必须把10倍于地球质量的重量塞进脑袋这个相对较小的空间里。随着你塞进去的质量和数据越来越多，你脑子里的压力会越来越大，温度也会高得吓人。你的脑子肯定会爆炸，很可能还不止一次。你绝不可能活得下来。

但我们不应该让死亡阻挡这个有趣的思想实验。假设你没有生命迹象的尸体和你脑袋的残骸被你的朋友们带到了恒星际空间看不见的深处。远离窥探的目光，他们尊重你的遗愿，继续输入数据，小数形式的葛立恒数，一位接一位。如果他们能设法将足够多的数据塞进你的脑子里，总有一天它会达到10^{58}GB的上限。到那时候，你的脑袋将不复存在——只剩下一个迷你黑洞。当你将这么多数据塞进这么小的体积里时，从物理学层面来说，唯一能把它们存储下来的物体只有黑洞。

你的尸体也将不复存在。离一个脑袋大小的黑洞这么近，它不可能完好无损。没多少东西能幸存下来。你可能觉得这个黑洞实际上没那么大，所以它的破坏力应该没那么强。但请记住，曾经是你脑袋的空间里塞着10个地球的质量。你不应该低估这个物体引力的影响。黑洞虽小，但不容小觑。脑袋大小的黑洞比我们在“1.000 000 000 000 000 858”那一章末尾见到的庞然大物泼威赫还要危险。因为它很小，所以靠近它视界的任何事物都离奇点太近，注定会被引力潮汐撕碎。在一个脑袋大小的黑洞边缘，你的身体会被超过1万亿倍的潮汐力撕扯。

小黑洞真实得可怕。当然，你在自然界中遇到的小黑洞不会是某个被迫背诵葛立恒数的可怜虫留下的遗骸。它们也不是恒星坍缩的产物。这些微型恶龙往往诞生于宇宙婴儿期的那锅原汤里。婴儿期的灼热宇宙中充满了射线。这些射线并不完全均匀。能量的涟漪咕嘟冒泡，某些地方的涟漪如此密集，所以它们沦为了引力坍缩的受害者。由此产生的黑洞很小，远小于恒星制造的黑洞。有的实在太小，很久以前就通过霍金辐射蒸发了。但尺寸大于万亿分之一毫米的黑洞可能残存至今，其中就包括尺寸和你脑袋差不多的那些。很多人猜测，这些原初天体可能是暗物质的主要成分之一——这些看不见的神秘物质占据了宇宙中的大部分质量。我们的星系就被这种东西大量包裹着，比我们能实际看见的恒星多得多。脑袋大小的黑洞在暗物质中所占的比例可能高达10%。所以，正如我所说："这些东西真实存在。它们甚至可能遍布星系。"

我们的思想实验差不多快要做完了。你终于体验到了黑洞脑死亡，现在，一个脑袋大小的黑洞孤苦伶仃地飘浮在恒星际空间中。事实上，你已经变成了一团令人憎恶的东西，很可能被误认成暗物质，而不是人类——这只是你曾经的身份，如果有人试图靠近，你会把他撕成碎片。这是为什么呢？因为你拥有10^{58}GB数据，其中一部分已经因为霍金辐射而损失掉。我很遗憾地告诉你，即便如此，你甚至还没摸到葛立恒数的边儿。

所以，你继续向前。

你的朋友继续向你输入数据。葛立恒数的下一位，再下一位，再下一位。你的黑洞会长大，它的事件视界延伸得越来越远。它必须长大，才能容纳更多的熵和信息。最后，你达到了泼威赫的尺寸。这时，你包含了10^{86}GB数据，但还没摸到葛立恒数的边儿。从好的一面来说，你不再像以前那样危险了。因为你现在这么大，视界附近的潮汐力变得很小。如果有心爱的人凑上来亲吻你，他们不会被撕碎。他们的确需要努力避免掉进黑洞，但只要他们能设法逃脱，就有希望不被撕碎。这样的温情虽微弱，但毕竟是一份温情。

你继续向前。

更多位数。更多数据。最后，这个黑洞的事件视界将绵延几十亿光年，填满可观测宇宙的大部分空间。到了这个阶段，它开始体验到一些意料之外的新东西：你的德西特视界。我们应该花一些时间来解释这是什么，从某种意义上说，它很重要。

我们生活在一个不寻常的宇宙里。1998年，由亚当·里斯（Adam Riess）和索尔·珀尔马特（Saul Perlmutter）领导的两个天文学家团队注意到一件怪事。他们一直在观察恒星的死亡，搜集遥远恒星在最后的盛大演出中——它们变成超新星的时候——所释放的光。这些光比预想的要暗，仿佛这些恒星比我们此前以为的更远。这意味着加速。恒星之所以会变得更远，是因为宇宙膨胀的速度越来越快。它在加速。因为引力的存在，我们没有预料到这件事。你可能觉得引力会减缓宇宙的膨胀，它不知疲倦的拥抱会把时空凝聚起来。但事实并非如此，有什么东西正在把宇宙向外推。

这个东西到底是什么？我们称之为“暗能量”，但这只是个名称，我们给这位未知凶手贴了一些标签，就像“开膛手杰克”或者“夜魔人”。很多人说，暗能量和真空密不可分。在我们的量子宇宙中，这个说法很合理，真空是一锅虚粒子沸汤，充斥在恒星和星系之间的荒漠里。你不应该把这锅汤看作某种你能实际把握或者抓住的东西——你永远无法握住一个虚粒子，但你能感觉到它带来的影响，它会浸染引力场，将宇宙往外推，迫使宇宙以越来越快的速度生长。被真空汤加速的宇宙叫作“德西特空间”，这个名字来自一位荷兰物理学家，他第一次提出了生活在这样一个宇宙中会怎样的问题。

里斯和珀尔马特研究的超新星似乎意味着我们正在朝德西特前进，恒星和星系渐行渐远，只留下真空和加速汤。现在大部分物理学家认为，事实就是这样。若果真如此，我们每一个人都被包裹在一块庞大的宇宙裹尸布里，它的直径差不多有10^{24}千米。这块裹尸布是某种视界，但它和标示黑洞边缘的事件视界很不一样。人们称之为“德西特视界”，它标出了你能看到的边界，哪怕你能永生。你可能觉得有这么个边界真是太奇怪了。不管怎样，只要你等得足够久，就肯定有足够的时间去接收哪怕最遥远的恒星和星系发出的光。但事实并非如此。在加速的影响下，这些遥远恒星逃离的步伐越来越快。你和它们之间的空间膨胀得太快，连光都追不上。哪怕永生不死，你的目光也不可能越过自己的德西特视界。你永远无法看见来自那些遥远国度的光。

“视界”这个词用于形容你能看见的边界。然而，有一点很重要的是，你得明白，比起黑洞的事件视界，德西特视界更像海平线视界。它不是一扇通往监狱的大门，也不是一件遮住可怖奇点的斗篷。它甚至没有固定的位置。和海平线一样，它是一种相对的现象，十分个人化。每一个人都可以描述自己的德西特视界，这块庞大的宇宙裹尸布以它自己为中心。你有你的德西特视界——可见和不可见之间的边界，专属于你一人——它的位置和我的德西特视界不一样，也和仙女座边缘某个外星人的不一样。但只要你愿意，你就能穿过那个外星人的德西特视界，他也可以穿过你的，就像在开阔的海面上，远方的一艘船可能正消失在另一个人的视线尽头。

让我们做完这个实验。随着你搜集的葛立恒数越来越多，你离德西特视界越来越近。你的黑洞事件视界继续生长，延伸得越来越远，直到最终它触碰到你的德西特视界。这被称为“纳瑞极限”（Nariai limit）。你的黑洞无法继续膨胀。你的朋友可以尝试继续输入数据来推动你越过自己的宇宙裹尸布，但局面会急转直下。根据公式，大自然会奋起反抗，迫使宇宙坍缩崩塌。而且尽管你已经承受了这么多，你依然离葛立恒数十分遥远。

最后，如果你真想得到葛立恒数的完整数据，你将需要一个更大的宇宙。如果这个宇宙有一个德西特视界，它的尺寸至少应该有葛立恒数那么大，单位可以是米或者英里，或者随便你怎么选。它不是我们生活的宇宙——我们这个宇宙的德西特视界要小得多，但像这样的宇宙原则上的确可能存在。弦理论预测了多元宇宙，即多个尺寸、形状和维度各异的宇宙。如果多元宇宙中存在一些裹尸布广袤无垠的大块头，那么那些宇宙就可能容得下葛立恒和他那个大得不可思议的数字。

TREE（3）

树的游戏

比赛进行到47∶47时，温布尔登网球场18号场地的记分牌坏了。这是2010年夏天，法国资格赛选手尼古拉斯·马胡（Nicolas Mahut）和他的美国对手约翰·伊斯内尔（John Isner）创造的历史。那是有史以来用时最长的一场网球比赛，而且它离结束还早。记分牌之所以出问题，是因为这样的比赛根本不应该出现。编写记分牌程序的工程师没有预料到，它需要记录这么多局比赛的这么多数据。记分牌不显示比分，裁判改用手工记分，随着夜幕第二次降临在比赛场上，比分仍锁定在59∶59。工程师连夜修好了记分牌，但他们警告说："只要接下来的比赛不超过25局，记分牌就不会出问题。但如果超过了这个数，记分牌还会出故障。"运气不错。在第三天的第20局比赛中，伊斯内尔一个有力的反手球直落底线，破坏了马胡的发球。这场消耗战终于宣告结束。伊斯内尔以6∶4、3∶6、6∶7、7∶6、70∶68的比分获胜。一场不起眼的首轮比赛竟发展到如此令人瞠目结舌的地步。两位选手在球场上鏖战了11个多小时，两个人筋疲力尽，但都不肯屈服。两人的发球得分都超过100次。对18号球场上的观众和电视机前的数百万观众来说，这像是一场永远不会结束的比赛。

这样的事情不会再在温布尔登重演。2019年，也就是马胡和伊斯内尔史诗级交战9年以后，全英俱乐部决定修改规则。他们关心的是比赛的日程安排和马拉松式比赛对选手体能的影响。他们宣布，一旦最后一盘的比分是12：12，下一局就是决胜局。比赛永不结束的风险变小了，但没有完全消失。规则没有限制决胜局的时长，或者更确切地说，没有限制任何一局比赛的时长。因此，网球比赛仍有可能没完没了地持续下去。

大富翁游戏也是一样。你肯定经历过这样的事情：游戏已经进行了好几个小时，你很想知道，它到底什么时候能结束，你恨不得下一步就走到梅菲尔区一家旅馆里，这样一切就都结束了。永不结束的风险一直存在，除非你只玩那些经过有限步数后一定会结束的游戏，比如井字棋。国际象棋是另一个有限游戏：假设我们执行强制性的75步规则，国际象棋一定会在8 849步内结束。所以，如果目标是保证游戏有终点，而有人提议玩博弈树，你应该怎么做？这个游戏有永不结束的风险吗？

20世纪50年代末，保罗·埃尔德什在数学世界里聊八卦时提出了这个问题。埃尔德什经常提及他在布达佩斯时认识的一位年轻匈牙利数学家，当时两人都只有十几岁。这位匈牙利数学家名叫恩德雷·魏斯费尔德（Endre Weiszfeld），后来更名为安德鲁·瓦兹尼（Andrew Vázsonyi），他改名是为了应对20世纪30年代犹太人遭受的日益严重的歧视。不过最终，他逃到了美国。根据埃尔德什的说法，瓦兹尼推测博弈树永远有终点。但他从未证明过这个猜想，现在他已经“死”了。事实上，瓦兹尼还好好地活着，至少在埃尔德什讲述这个故事的时候。当时他离开学术界，找了一份报酬优渥的飞机工程师的工作，这在埃尔德什看来就是“死了”。一名天资聪颖的年轻学生在普林斯顿的走廊里饶有兴味地听埃尔德什讲八卦，他名叫约瑟夫·克鲁斯卡尔（Joseph Kruskal）。

1960年春天，刚念完博士学位的克鲁斯卡尔证明了博弈树在有限步数后必然会结束。不过请注意：虽然这个游戏是有限的，但它持续的时间可以轻易地超过一个人、一颗行星，甚至一个星系的寿命。直到宇宙灭亡，你可能还在玩。

让我们开始吧。

这个游戏的核心是用选定的种子培育一片树林。

下面是一棵典型的树：

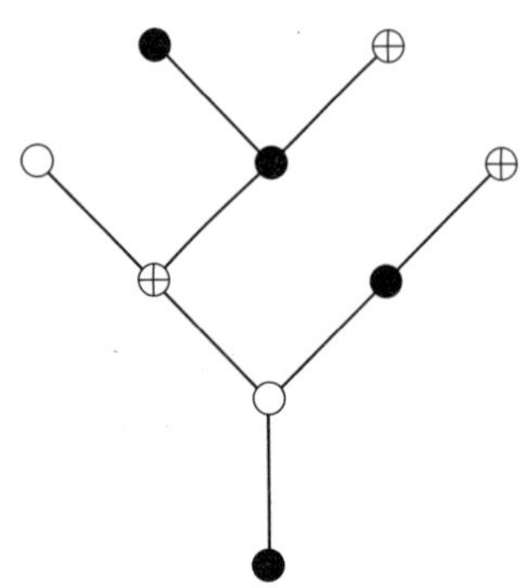

如你所见，这棵树其实只是用线连起来的节点。节点是种子，线是树枝。这个例子中有3种不同的种子：黑色、白色和十字。游戏规则如下：构建这片树林时，第一棵树最多只能有一粒种子，第二棵树最多有两粒，以此类推。如果你创建的树里包含了任意一棵曾经出现过的树，游戏结束。“包含任意一棵曾经出现过的树”有精确的数学定义，但想一想苹果树可能就够了。苹果树可以独立生长，也可以从别的树上长出来。你也许会在森林里的某处看见一棵特殊的苹果树，然后又看见远处高耸的松树上长着的一棵苹果树，和这棵一模一样。博弈树游戏里不允许出现这种情况。

为了更精确一点，我们可以比较几棵树，问问其中一棵是否“包含”另一棵。例如下面这几棵树，它们各不相同：

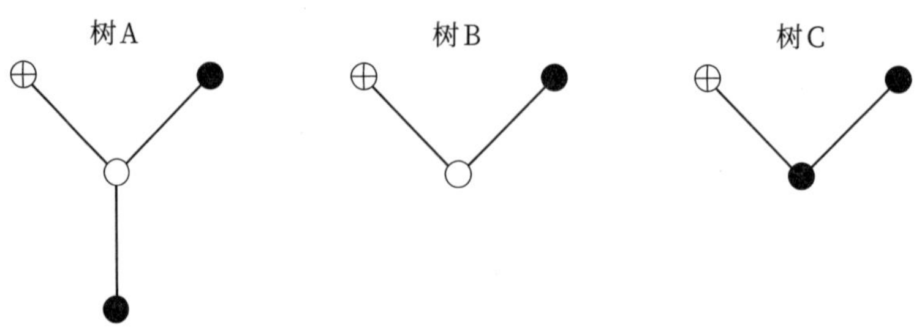

树A包含树B吗？答案相当明显。树A包含树B——就是最上面的分杈。树C呢？树A包含它吗？乍看之下，你可能会说不包含，但想想看，如果遮住树A中间的白色种子，你会看到什么。剩下的部分本质上就是树C。所以，从这个意义上说，你可能会认为树A的确包含树C。

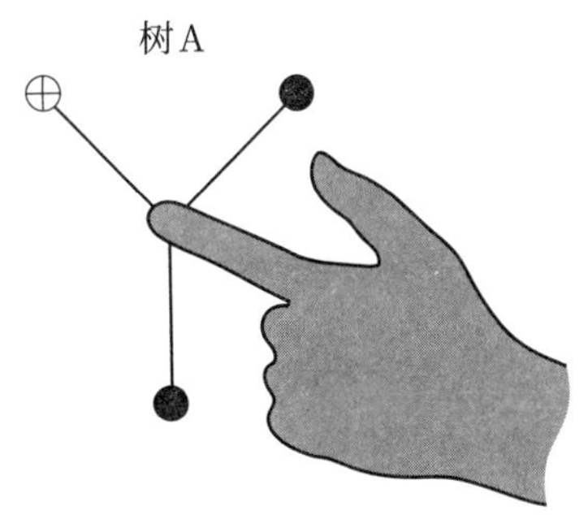

要解决这个争议，我们需要仔细查看规则手册。要让一棵树包含另一棵树，我们必须把相关的种子匹配起来，就像上面这个例子中一样，遮住树A的白色种子。但这还不够。成对匹配的种子距离最近的共同祖先也必须相同。对一棵树最上层枝杈的任意两粒种子来说，你可以沿着“树枝”向下回溯，两条线交点处的种子就是离它们最近的共同祖先。想象一下，你和你的表妹都是种子。回溯你们的家族线，祖父母就是你们最近的共同祖先。

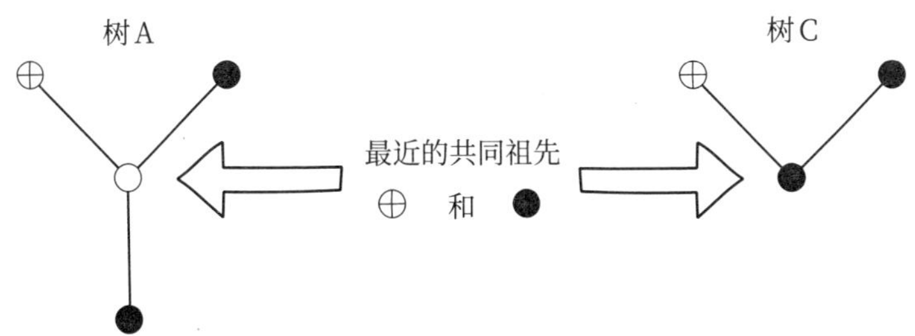

看一看，树A和树C最上层的枝杈都是一粒黑色种子和一粒十字种子。沿着枝杈向下回溯，我们看到，在树A上，这两粒种子最近的共同祖先是一粒白

色种子，而在树C上最近的共同祖先是一粒黑色种子。因此，我们出现了分歧。从这种更微妙的意义上说，树A不包含树C。

我们举最后一个例子来进一步说明。现在又有两棵树，如下所示：

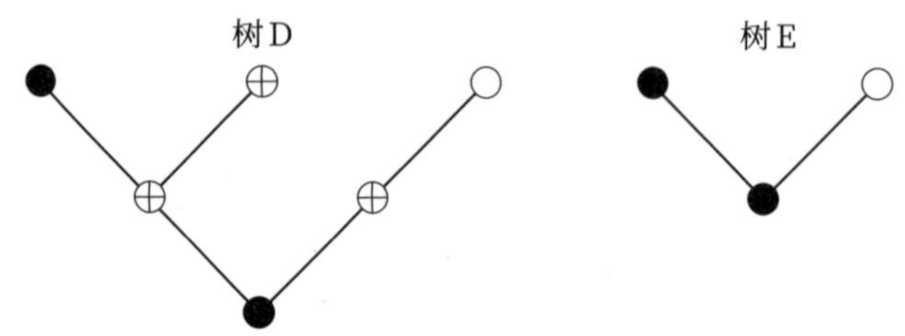

树D包含树E吗？首先我们要检查：我们能把种子匹配起来吗？遮住树D中所有的十字种子，我们看到答案是肯定的。现在，我们需要问问它们的祖先。想一想这两棵树最上层的黑色种子和白色种子。沿着枝杈回溯，我们看到在这两棵树上，离它们最近的共同祖先都是根部的黑色种子。所有条件都符合。因此，树D的确包含树E。

现在我们已经理解了规则，就可以开始玩了。玩一个只能使用黑色种子的游戏。我先来。记住，这是第一棵树，所以它最多只能有一粒种子。我把它画下来：

现在轮到你了。你立刻遇到了麻烦。因为这是森林里的第二棵树，你最多能使用两粒种子，但这无济于事。你能画的树只有两棵，它要么拥有一粒种子，要么拥有两粒：

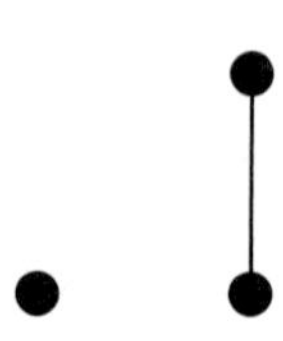

你的问题是，这两棵树显然都包含我的那棵。如果你种下其中之一，森林就死了。无可避免——这场游戏刚走一步就结束了。如果种子只有一种，森林里的树永远不会超过一棵。

接下来我们使用两种不同的种子：白色种子和黑色种子。这场游戏最多走3步就肯定会结束：

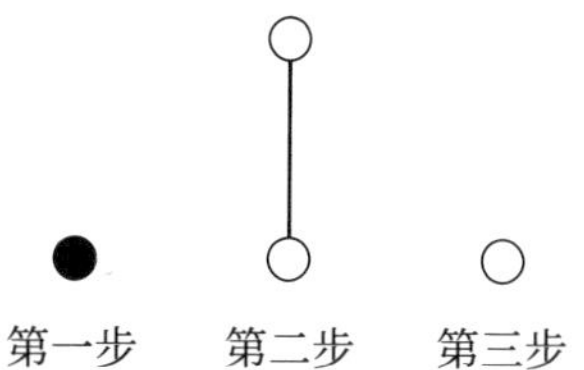

接下来不管你种什么树都肯定会摧毁整片森林。我猜你还没有太大感觉。谁想玩一个只能走区区3步就肯定会结束的游戏啊？

等等。

现在该玩3种种子的游戏了：白色、黑色和十字。我们先走几步看看：

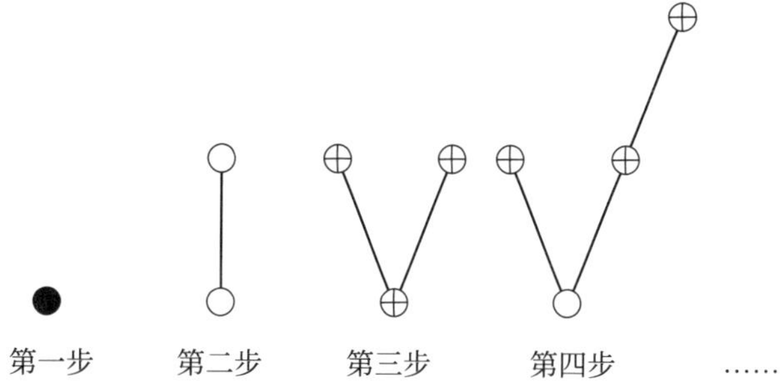

很好，森林还在。但我们能走多远？我们都知道，这个游戏必然会结束——克鲁斯卡尔已经告诉了我们，但它会在什么时候结束？100步之后？一古戈尔普勒克斯步之后？一葛立恒数步之后？

都差得远。

在这本书里，我们已经见识了各种大得不可思议的庞然巨数。但和下一个巨数相比，这些数都不值得一提。这个数被称为“TREE（3）”，它是三种子博弈树游戏的步数上限。它属于一个十分古怪的数列——树数列。如果你用n种不同的种子玩博弈树，这个游戏将会在TREE（n）步后结束。瞧瞧它刚开始有多温和：

TREE（1）＝1（因为单种子游戏最多只有1步）

TREE（2）＝3（因为双种子游戏最多有3步）

然后，砰！

TREE（3）＝一个大得足以吞掉古戈尔普勒克斯和葛立恒数的数

和它相比，你所知的一切都无比渺小。继续下去，你甚至可以得到更大的数：TREE（4），四种子博弈树的步数上限；TREE（5），五种子博弈树的上限，以此类推。但TREE（3）已经够大了。令人窒息，超乎想象，大到荒谬。

瓦兹尼最初的猜测和克鲁斯卡尔后来的证明告诉我们，博弈树总会结束，只要种子的种类有限。但美国数学家兼哲学家哈维·弗里德曼（Harvey Friedmann）意识到，这依然可能产生一些极大的数字。弗里德曼是个逻辑天才，他的天赋很早就显露无遗。四五岁时，他看到一本词典，便问妈妈这是什么。“我们用它来查找单词的意思。”妈妈告诉他。几天后，他给妈妈出了个难题。他说词典没用，因为它总是绕圈子。如果你想查“大”这个单词，它会指引你走向“巨大”，然后是“很大”，最后又回到“大”。这怎么能弄清楚单词的真正含义？大约10年后，这份宝贵的天赋为他在《吉尼斯世界纪录大全》里赢得一席之位，年仅18岁的弗里德曼成为斯坦福大学哲学系终身教授，也是那里最年轻的教授。

弗里德曼觉得TREE（3）非常非常大。他没法敲定它的确切值，但他可以证明它比这本书里其他任何数都要大，而且大得多。他借助阿克曼数（这些数字真的很大）估算了TREE（3），但实际上低估了它。要真正领会阿克曼数有多大，我们需要重访葛立恒的梯子。你可能还记得，它的第一级已经很大了，$g_1 = 3\uparrow\uparrow\uparrow\uparrow 3$，从这里开始，事态很快发展到不受控。第二级由$g_1$个箭头组成，$g_2 = 3\uparrow^{g_1} 3$；第三级有$g_2$个箭头，$g_3 = 3\uparrow^{g_2} 3$，以此类推，直到我们到达第64级葛立恒数。不过，假设你继续往上，爬到第65级，箭头增加到葛立恒数个，然后是66级，67级……直到第古戈尔级。事实上，你一口气爬了这么多级：

$$2\uparrow^{187\,195} 187\,196$$

这里有187 195个高德纳箭头。这是一个大得不可思议的数，它唯一的意义是数葛立恒梯子上的级数！顺着这架梯子往上爬64级，你就得到了葛立恒数。那么爬$2\uparrow^{187\,195} 187\,196$级，又意味着什么，你甚至无从理解。这个真正的巨数就类似弗里德曼估算的TREE（3），不过别抱什么幻想，它依然大大低估了这个数的值。事实上，TREE（3）比这还要大得多，这个巨数中的巨数足以傲视我们在大数字王国之旅中遇到的其他任何数。

直觉上我们其实无法理解TREE（3）为什么这么大。但前面的游戏可以为我们提供一些线索。在双种子游戏里，从第二轮开始，我们被迫用上了白色种子。可用的颜色只剩下一种，发现一棵树包含另一棵的风险大大增加了，这场游戏注定结束得很快。但在三种子游戏里，玩到第二轮的时候，我们可选的种子颜色还有两种。这造成了一个很大的区别，因为我们可以靠组合打开越来越多的渠道，创造出前所未见的新的树模式。虽然这条河最终还是会枯竭，但它会流淌很长一段时间。

树也一样。只要有分杈，就会有新树冒出，无论是计算机科学里的决策算法，还是演化生物学中的生命之树。流行病学家用所谓的“系统发育树”来分析病毒和抗体的演化。这种方法也被应用于其他演化系统，如癌症基因组。但弗里德曼对树的兴趣比这些更深。他寻找的是不可证明的真理，你知道它是真的，但永远无法证明，至少在它自己的数学框架内。这并不是因为数学家的技巧或能力不足，而是这些基本真理永远不可能得到证明，无论你有多努力。正如我们即将看到的那样，在数学法庭上，博弈树就是这样一种游戏——一个关于不可证明的真理的游戏。

不可证明的真理就藏在数学最基础的地方。数学是根据一系列基本规则和原理发展而来的，比如有了连续的概念——你总能给一个数加1，你就能定义加法。你只需要不断连续，加1加1再加1。以此为基础，你还可以发展出乘法、乘方、质数的概念，以及与质数相关的所有定理。数学是一套自洽的人造系统。它奠定了自己的根基，定义了自己的基本构成单元，从那里开始我们搭建数学宇宙的城镇。这些基本单元被称为"公理"。初始公理越多，你创建的数学宇宙就越丰富、越复杂。从直觉上说，这很合理。如果我只有黄色砖块，那么这座大都市里的所有建筑都只能是黄色的。但假如我有黄砖和红砖，我就能创造出更令人激动的图案。当然，建筑依然可以是黄色的，但我还能建造出用红黄马赛克装饰的大楼。在"无限"一章中，我们还将探索另一个例子，即有限数学和超限数学之间的界限。用有限的砖块，你能搭建出有限的建筑。要让数学超越无限，你需要一种新型砖块，人们称之为"无穷公理"。

人们对数学公理的兴趣始于20世纪初。当时，许多杰出的数学家开始认为，有一套理论能容纳所有数学知识。我们只需要找到完整的公理集合，然后一切都会随之而来。有了这些公理，所有真命题都可以被证明为真，至少原则上是这样的。我们可以证明数学的完全性，没有任何矛盾。人们之所以对数学有这样的信念，是因为领会到了它的强大和美丽。数学正在征服宇宙。只有一个"异教徒"说它有漏洞，说它不完全。

这个"异教徒"就是库尔特·哥德尔（Kurt Gödel），很多人认为，这位才华横溢的捷克哲学家兼逻辑学家是亚里士多德的传人。1931年12月，世界陷入大萧条，就在这时，哥德尔证明了存在不可证明的真理，即数学永远不可能完备。无论你选择什么公理——无论你使用什么数学框架，总会有永远无法被证明的真命题。当然，你永远可以考虑更大的框架，如增加一条新公理来帮助自己证明。但这样一来，又会出现新的数学命题。公理和证明永远追不上真理的脚步。

现在回到我们的大都会。这座城市只有黄砖和红砖，所以你毫不意外地发现，城里主要是这两种颜色的简单建筑。这些建筑就像可证明的数学定理。只要付出足够的时间和努力，这座城市的工程师就能告诉你它们是怎么建起来的。但在城里某个幽暗的角落，肯定有一幢奇怪的神秘建筑（一条不可证明的真理）。任何工程师都没法告诉你它是怎么建起来的——至少从城里现有的原材料这一角度。这幢大楼骄傲地耸立在那里，确凿无疑地证明了哥德尔的才华。

在介绍哥德尔的证明方法之前，我想说服你，所有数字都很有趣。因为假设事实并非如此——无趣的数字确实存在，它不太可能有自己的维基百科，因为它实在乏善可陈。但在这些无趣的数字中，必然存在最小的一个。为了满足论证的需求，我们不妨假设它是49 732。现在，我想给49 732撰写一个维基百科，让全世界知道这个有趣的事实——它是最小的无趣数字。这就产生了矛盾。所以，一定是所有的数字都很有趣。

哥德尔的不完全性证明遵循类似的精神，但要严格得多。他证明方法的关键是一套系统性的编码，以这种方式允许数学援引自身，向自己提问。每一条公理、每一个数学命题，无论真假，都有自己的编码。你可以想象将一个特定数字和一个特定命题关联起来，类似ASCII编码，比如一个数字对应命题“2的平方根是无理数”，另一个数字对应“1 + 1 = 3”。然后这个数学命题的真假可以和对应数字的属性联系在一起。例如，你可以规定偶数对应真命题，奇数对应假命题。当然，现实中比这复杂得多，但核心理念就是这样。有了严格的新编码系统，哥德尔开始思考下面这个命题：

本命题无法用公理证明。

现在让我们跳出这个系统，假设数学没有悖论。这意味着哥德尔的命题要么为真，要么为假。它不可能既真又假。假设它为假，意味着该命题能用公理证明，你就得到了一个悖论。但这是不被允许的，所以该命题必然为真。我们似乎找到了一条无法用公理证明的真数学命题——一条不可证明的真理，也就是数学大都会里的神秘建筑。

数学永远不可能完全。

哥德尔的定理使他出名了。它开创了一种精神上的意识形态，让人们意识到，数学宇宙永远无法自足。尽管取得了这样的成功，哥德尔的生活却受到抑郁的困扰，随着时间的推移，他变得越来越偏执。他坚信有人会给他下毒，所以他只吃妻子阿黛尔准备和检查过的食物。1977年，阿黛尔生病住院后，哥德尔拒绝进食。最终他于1978年1月14日因营养不良而死亡。

除了哥德尔发现的这个牵强的例子，数学家还想找到更多有趣的不可证明的真理。这关乎他们的切身利益。想象一下，你试图证明（或者证伪）一条著名的数学定理，它可以是黎曼猜想，也可以是哥德巴赫猜想，抑或是诸多尚未得到证明的数学问题之一。如果你足够年轻，这样的证明将有可能让你获得菲尔兹奖，于是你拼命工作，夜以继日。如果不可证明的真理只有哥德尔提出的那些牵强的命题，你就有机会成功。但要是还有别的有趣的不可证明的真理呢？要是你试图证明的定理的确是真的，但在我们创建的数学框架内无法证明呢？那你就毫无机会了，你注定会失败。

1977年，英国数学家杰夫·帕里斯（Jeff Paris）和他的美国合作者里奥·哈灵顿（Leo Harrington）证明了，数学家最大的恐惧可能会成真。在一个名叫

“皮亚诺算术”的简化版数学框架下，他们表达了一个无法在该框架下得到证明的关于拉姆齐理论的真命题。换句话说，皮亚诺算术允许他们构思这条定理，并将它清晰地表达出来，但不允许他们证明它。要想证明这条定理，你必须从这个框架里跳出来，进入另一个有更多公理的较大的数学框架。帕里斯和哈灵顿发现的不可证明的真理向世界各地的数学家发出了警告。

哈维·弗里德曼也在寻找不可证明的真理。他的任务是拆解数学定理。他想通过逆向拆解来理解哪些定理需要哪些公理才能得到证明。想象一下，你在城市里漫步时看到一幢黄色的房子。你问自己，假如建造这么一幢房子，我需要什么？当然，你只需要黄色砖块。既有黄砖又有红砖就太多了。这就是弗里德曼对数学采用的逻辑。

弗里德曼的征程引领他走向了博弈树和潜藏于其中的不可证明的真理。要看清这件事，你首先必须在有限的世界——有限数学的世界——里玩这个游戏，一个只用有限的砖块搭建的数学框架。当然，这个特定世界里有许多可证明的真理，比如很容易证明TREE（1）和TREE（2）是有限的。我们只需要玩完所有可能的游戏，看看它们结束得有多快。我们还可以用完全相同的方法证明TREE（3）是有限的，至少原则上可以。我知道，我说过三种子游戏可以一直进行到宇宙末日，但现在我们讨论的是数学，不是物理学。我允许你们想象一个未来，它长得足以让我们一直玩下去，只要你需要。通过这些绝对有限的游戏中绝对有限的数字，我们还能证明TREE（4）是有限的，还有TREE（5）和TREE（6），以此类推。

假如停留在这个有限的世界里，我们能证明无论n的值是多少，TREE（n）都是有限的吗？基于前面的描述，你可能天真地以为，我们可以。虽然这个命题比“对任何特定值的n——例如3、4或者1古戈尔——来说，TREE（n）是有限的”更强，但克鲁斯卡尔告诉我们，这个更强的命题也是个真命题。所以再问一次，我们能在有限的世界里证明它吗，就像你能证明TREE(3)或者TREE(4)有限一样？答案是，不能。克鲁斯卡尔的证明**超越了有限**，而弗里德曼意识到，除此以外，别无他法。所以，现在你把它握在了手里：

无论n的值是多少，TREE(n)都是有限的。

一条在有限世界里不可证明的真理。

重启宇宙

现在我希望你再玩一次博弈树，但这次是在现实世界里玩。这一次，物理定律会影响你和你的游戏，以及你周围这个出乎意料的宇宙。多亏了TREE(3)的庞大，这个游戏可以延续到很久很久以后，让你有机会体验宇宙重启，一睹我们这个宇宙的奇怪之处和它的全息真相。但我们还是不要扯得太远：现在离宇宙重启还很远，在此之前，还可能发生许许多多有趣的事情。让我们来看看实际会发生什么。

一个美丽的秋日，你在公园里为这次游戏做好了准备，阳光在黄褐色的树叶上跳动，只有画眉偶尔的鸣叫打破了周围的宁静。就在这时，你的游戏开始了。你的步伐打破了这份幽静。你的速度达到了物理学允许的上限，每过5×10^{-44}秒就有一棵新树被画出来，快得让人眼花缭乱。这就是普朗克时间，可以想象的最短时间。要想象更短的时间，时空的结构就会以我们尚未理解的方式被打破，引力会被量子力学破坏。24小时后，你已经画出10^{48}棵树，但这场游戏还没结束。记住，它**有可能**最多延续TREE(3)步，现在你离这个上限还远得很。

你已经玩了1年，可游戏还在继续。你玩了1个世纪，它还在继续。假设你像彼得·潘一样永远年轻，不会变老，只服从物理定律的支配，不受生物学限制。世纪变成了千年，千年又变成了百万年。与此同时，游戏一直继续。1.1亿年后，你注意到太阳比你刚开始玩的时候亮了1%，地球变得更暖和了。各个大陆融为一体，在分开差不多3亿年后，它们再次变成一块超级大陆。6亿年后，太阳的亮度将达到足以摧毁地球碳循环的程度。树木和森林不复存在，但你的游戏还在继续。随着氧气含量不断降低，致命的紫外辐射开始穿透地球大气层。以防万一，你把游戏转移到了室内。8亿年后，太阳摧毁了地球上所有复杂的生命，当然，除了你，因为你奇迹般地幸存了下来。又过了3亿年，太阳比现在亮了10%，海水开始蒸发。

你继续玩游戏。随着地球变得越来越不适合生存，火星提供了一些庇护。在大约15亿年的时间里，那里的条件类似地球上的冰期。你决定把游戏搬到火星上去玩。这是明智的一步，因为45亿年后，在失控的温室效应影响下，地球会变得像今天的金星一样不适宜人类居住了。差不多在这一时期，星系发生了碰撞：仙女座和我们的银河系撞到一起，产生了一个新的星系嵌合体——银河仙女星系。在这片恒星际的混沌之中，太阳系命运未卜。一些模型表明，它将掉转方向，驶向中央黑洞，然后像一团恒星际痰液一样被星系的“喉咙”吐出去。不过，这对你来说都不重要。越来越明亮的太阳温暖了火星上的新家，你在那里继续玩你的游戏。

又过了10亿年，太阳核心的氢已经耗尽。于是它开始变形，太阳开始膨胀成一颗红巨星。在接下来的20亿年里，膨胀的太阳将吞噬水星和金星，甚至可能包括地球。火星变得巨热，因此你又把游戏搬到了土星的卫星上。不过，温暖的日子没持续多久。游戏玩了大约80亿年后，红巨星的外层散逸殆尽，太阳变成了一颗白矮星。它变得很虚弱，质量只剩下现在的一半，尺寸不比地球大，无法再温暖幸存下来的任何一颗行星。当然，即便你真能在这场史诗级的巨变中幸存下来（活那么久，这有点过于理想化，但如果你真能活到那时候），这场游戏也不一定会结束。TREE(3)的上限实在太大。

一千万亿年后，太阳将不再发光。也许它会在空旷的宇宙中游荡，后面拖着一串行星。也许它会遇到一个黑洞。我们不知道。接下来宇宙到底会怎样，这取决于暗能量，正是这种神秘的存在主宰着我们如今看到的宇宙演化。现在我们知道，暗能量正迫使宇宙越来越快地膨胀。

在上一章中我们说过，很多物理学家认为，暗能量和真空密不可分。在量子宇宙里，这种真空应该很忙，虚粒子在恒星和星系间这锅荒芜的沸汤里均匀地散布它们的能量。如果暗能量真来自这里，我们的未来将是冰冷而温和的，至少有一阵子是这样的。宇宙将继续加速膨胀。大约10^{40}年后，我们今天看到的大部分物质都将被宇宙中巡游的超巨型黑洞大军吞噬。这些黑洞舒舒服服地主宰着整个宇宙，直到1古戈尔年以后，它们会衰亡、死去，正如霍金所预测的那样，将霍舍辐射散布到除此以外空无一物的宇宙中。

随着宇宙继续膨胀，向外辐射的光子和亚原子粒子越来越分散，最后只剩下虚无的空间，不过请记住，这片虚无中充斥着暗能量的沸汤。现在你进入了德西特空间，这里到处都冷得要命，温度略高于绝对零度。这就好像宇宙在睡梦中死去，没有任何波澜，只是偶尔还有一点儿热的波动。到这时候，如果还有人能继续玩的话，博弈树游戏可能还在继续。

但如果暗能量不是真空中的沸汤呢？如果德西特空间不是我们命运的终点呢？那么，宇宙之死可能比这狂暴得多。如果有一天暗能量消失了，宇宙可能会在差不多10亿年后停止膨胀。事实上，它甚至可能收缩，向内坍缩，将全宇宙的能量紧紧挤压在一起，走向最后的末日——大坍缩。大坍缩最可怕的是它收缩的速度。笼统地说，它的速度很快，比对应的膨胀速度快得多。宇宙像过山车一样慢慢地爬到最高点，然后以令人窒息的速度呼啸而下。

另一种可能性是暗能量会增长。它变得越来越大，不光加速了宇宙的膨胀，就连膨胀的加速度也会越来越大。这就是大撕裂，整个宇宙分崩离析。随着宇宙的撕裂，空间的膨胀如此狂暴，以至于行星从恒星身边被剥离，就像孩子从母亲身边被夺走，但这还不是终点，总有一天，宇宙的膨胀会撕裂原子和原子核，乃至更小的结构。

无论宇宙末日是何等景象，随着它进入死亡阶段，博弈树游戏将走向何方？如果宇宙的终点是大坍缩或者大撕裂，这样的死亡过于狂暴，博弈树游戏将被打断。不过现在，大部分科学家预测的未来都比较温和。从超新星观测到宇宙微波背景辐射测量数据，所有证据都指向一个被沸腾的量子真空主宰的宇宙，一个冻结的德西特空间。如果这就是我们的命运，你可以想象这个游戏会延续得更久一点，超过1古戈尔年，绵延至宇宙温和的死亡阶段。在这恒久的时间里，玩家的身份会发生变化。情况必然如此。任何个体都无法摆脱热不稳定性和量子不稳定性的影响而存在这么长时间。游戏本身呢？它能按照我们的需求一直延续下去吗？它能抵达TREE（3）树的上限吗？

答案是不能。

温和的死亡不是恒久。$10^{10^{122}}$年后，也就是1古戈尔普勒克斯年多一点以后，宇宙将重演，从头来过。

这就是庞加莱复现时间，即宇宙中我们所在的这个角落回归到和此刻几乎一模一样的状态所花费的时间。它会回归到同样的量子态，描述同样的恒星、行星、人类、蟾蜍和外星微生物，正如我们今天看到的一样。之所以要等那么久才能复现，是因为你被一个非常重要的巨型球体包裹着，在这个球体里，宇宙有那么多种排布方式——只是它这些行头终归是有限的。这背后的原因我稍后再解释，不过首先你试想一下，宇宙会不断试穿不同的行头。随着时间的流逝，它打扮成各种不同的模样，从小行星击中尤卡坦时的样子到如今的样子，或者贾斯汀·比伯当选总统时的样子。之后它会再次试穿每一套行头，然后第三次，第四次，周而复始，不断重温它过去的辉煌和衰亡。对宇宙中的我们这个角落来说，复现的时间长得超乎想象，但博弈树游戏比这还要长得多。哪怕在最温和的未来，我们的宇宙仍不会接受TREE（3）。它会一次次重置，此时离博弈树达到上限还早得很。

庞加莱复现得名于法国数学家亨利·庞加莱（Henri Poincaré），它描述的是任意有限系统的一个特征，这个系统可以是我们的宇宙，还可以是一个装满氮气的盒子，甚至可以是一副扑克牌。你在这个系统中巡游，探索每一种可能性，直到最后回归起点。然后再次出发。52张扑克牌差不多有10^{68}种排列方式。刚开封的牌总是根据花色按照降序精心排列的，然后你洗牌，破坏这种优雅的排列，换成某种新的排列方式。你再次洗牌，再次重排。如果你不断洗牌，持续古戈尔级的次数，那么毫无疑问，你会看到某些排列重现。但庞加莱的证明更有力。如果洗牌是真正随机的，到了某个时间点，整副牌会复原到你刚买回来时的样子。这就是庞加莱复现。

那么，装氮气的盒子呢？假设最开始时，所有氮分子都被挤在盒子右上方的角落。随着时间的流逝，你观察到它们散开了。分子舞动、碰撞，探索浩渺的可能性，但总有一天，它们会回来。它们发现自己聚集在右上方的角落里，和开始时一模一样。我们的宇宙也没什么不同，只要它的排布方式是有限的，根据庞加莱的规则，它总会回归到此刻的模样。它会复现。

我提到过你周围包裹着一个巨大的球体。这就是我们冰冷空旷的未来，德西特空间中的未来，由真空沸汤中储存的能量主宰。鉴于此，我们每一个人周围都包裹着一层巨大的宇宙裹尸布，名叫“德西特视界”。我在上一章里提到过，但这个概念值得回顾一下。你有你自己的德西特视界，我有我的。你的德西特视界是一个半径约170亿光年的巨型球体，你在球心正中间。它代表着你能看到的极限。例如，在某个远得超乎想象的星系里，可能有外星人正在讨论某种外星版本的英国脱欧，但你永远不会看到他们争论的画面，哪怕你能永生。这是因为暗能量正以越来越快的速度推动你和他们之间的空间，让你们隔得越来越远。当然，照到这些外星人身上的光会被反射出来，其中有一部分甚至可能会射向你，但它们永远无法抵达你身边。你们之间的空间膨胀得太快，来自外星的光根本追不上。

我还告诉过你，德西特视界和黑洞的事件视界不是一回事。它不是一道一去不回的藩篱，也不是遮蔽残暴奇点的斗篷。不过，除了这些重要的区别，这两种视界在某些方面十分相似。这个想法来自霍金和他的学生盖瑞·吉本斯（Gary Gibbons）。他们证明了德西特视界会释放量子辐射，就像黑洞的事件视界会释放量子辐射一样。在我们的宇宙角落，这种德西特辐射的温度很低，大约只有 2×10^{-30}K，所以你永远没法指望能真正探测到它。但不管怎样，它的确存在。随着宇宙被空间的不断膨胀稀释，这就是最终剩下的冰冷虚无的温度。它就像北欧神话中地狱般的尼福尔海姆，在那绝对的冰冷中，这最微不足道的一点温度赋予了它一丝几不可察的暖意。别忘了，只要有温度，就有熵。

正如黑洞的熵和它的事件视界的面积成正比，德西特空间的熵也和德西特视界的面积成正比。包裹你的德西特视界很大，它的面积差不多有 10^{48} 平方千米。如果我们将这个面积代入霍金的著名公式来计算熵，最后我们得到的熵超过300亿兆古戈尔。这能帮助我们清点微状态——你宇宙衣橱里的行头数量。这么多熵对应着宇宙衣橱里 $10^{10^{122}}$ 套不同的行头。虽然数目很大——比卡戴珊的衣橱还大，但它是有限的。假设宇宙每普朗克时间、每秒，甚至每年换一套新衣，在换 $10^{10^{122}}$ 次新装以后，它会发现自己穿上了和今天一样的衣裳。这就是它的庞加莱复现——宇宙裹尸布和冰冻的未来迫使它违反了时尚礼节。

虽然我们这个宇宙角落很可能真的会复现，但考虑到我们所知的关于暗能量的一切，复现的时间尺度会非常大，以至于任何事物都无法观测到它。没有任何一种机器或存在有这么长的寿命，以及完成如此精确的测量。问题在于量子的不稳定性。就算你有最了不起的工具，能无比准确地观测宇宙的状态，可以测量并记录今天的宇宙。而且在未来的每一个时刻，它会不断地测量、比较，但要确认复现，它需要工作非常非常长的时间。这是不可能的任务。量子不稳定性一定会压垮它，摧毁它所有的记录。我们这个宇宙的庞加莱复现就在那里，但任何人都无法通过实验捕捉到它。从某种角度来说，这就是哥德尔的不完全性，只不过是在物理学，而不是数学层面：物理学界不可证明的真理。TREE（3）和博弈树游戏也一样。它原则上存在，但这个数如此大，我们这个宇宙的定律永远无法允许它出现。

全息真相

漫游大数字王国的旅途即将结束。我们游历了微观世界，也饱览了宏观世界的风光。我们目睹了万事万物背后量子力学的混沌现实，抵达了时间凝滞的黑洞边缘，也跨越了迄今仍不知边界的宇宙。我希望你正在开始把数字当成一扇门，通往宇宙中最了不起的物理学领域：从古戈尔和古戈尔普勒克斯到寻找分身，从葛立恒数到危险的黑洞脑死亡，从TREE（3）和博弈树到宇宙重置。这些庞然大数将我们对物理学的理解推向了如今所知的最前沿。

也许你已经注意到一个主题。在每一个转角，我们都遭遇了熵的挑战——它限制了能够描述你的微状态的数量，限制了你的脑子，也限制了你有希望看到的所有宇宙。尽管后来上演了那么多精彩大戏，但我们发现一切都遵循一条物理原理。它离物理学的边缘更近，而且比此前的一切都更具戏剧化。我想你已经准备好了。我们将从一个恐怖故事开始。

你被闹钟惊醒。你眼睛都没睁开，就伸手按掉了它。凭借直觉，你从床上爬起来，跌跌撞撞地走进浴室。温水淋在你的头上，让你慢慢清醒过来。

然后可怕的事情发生了。

你被困在墙里，被禁锢在一间二维的监狱里。被困住的不光是你。一切都被禁锢了：浴室、水槽、你刚才睡的床。恐慌感在你心里膨胀。你冲回房间，迅速穿好衣服，然后飞奔下楼。这种感觉很奇怪。你仿佛仍在那个熟悉的世界里移动——那个三维的世界，可是现在你知道它其实是一个谎言。你从噩梦中醒来。你必须逃跑，于是你打开了前门。

但更可怕的事情发生了。

世界的其他部分和你一样被禁锢了，但仿佛没有人意识到这件事。一位穿着体面的女士骑着自行车过去了。一个邋遢的男人看起来心烦意乱，他似乎快要迟到了。一辆巴士装满了叽叽喳喳、兴高采烈的学生。他们的身体都是扁的，但他们自己一无所觉。你奔向那个女人，但她飞快地骑走了，还回头惊恐地瞥了你一眼。你跪倒在地。你开始控制不住自己的恐惧，发出哭喊声。就是这样。你不过是一张全息图片。

这就是你的故事：一位物理学家醒来，认识到这个宇宙的全息现实。这就是本书一直以来引领你前往的目的地——意识到引力和空间的3个维度从某种程度上说是幻觉。为了方便起见，你可以想象自己生活在一个全息世界里，被禁锢在我们日常感知的空间界限内。

我也许应该解释一下。

全息理论的揭示始于贝肯斯坦和霍金。他们发现，黑洞和你我、鸡蛋或是三角龙一样，都带有熵。和平常一样，黑洞的熵是对所有能描述这个黑洞的所有可能微状态的计数。它还衡量了那些隐藏的信息。你或许还记得藏在你花园深处的那个黑洞，我们在“古戈尔”那一节中讨论过。它的质量发生了变化，其差值相当于一头大象，但我们无法确定它吞噬的到底是一头大象，还是一本和大象一样重的百科全书。这意味着你可以想象同样一个宏观物体可以用多种不同的微状态来描述。换句话说，这个黑洞必然携带熵。

但贝肯斯坦和霍金走得更远。他们意识到，黑洞的熵会随事件视界面积的增加而增长。你可以把它视为黑洞的界限面积，人们称之为“黑洞面积定律”，这超出了我们的预料。你看，你和我并不遵循什么面积定律，鸡蛋和恐龙也一样。事实上，像人类和鸡蛋这种普通事物的熵会随体积的增加而增长，而不是表面积。这是很直观的，我们甚至可以用你的脑袋来举例。如果你想增加它的数据容量，或者更准确地说，如果你想让自己的脑袋在同样的温度下储存更多的熵，你则需要更多的神经细胞。而为了达成这个目标，你需要一个更大体积的脑袋，而不仅仅是更大块的颅骨。

但黑洞的行为为什么和我们不一样呢？它们的熵为什么会随面积的增加而增长，而不是体积？你与鸡蛋和黑洞的本质区别在于你感受到的引力强烈程度。黑洞深受引力影响——是引力让它凝聚成形，如果没有引力，黑洞就不会存在。在引力如此重要的情况下，储存熵的规则就变得不同于我们日常的习惯，而这背后的原因将挑战你对现实的认知。

20世纪90年代初，诺贝尔奖得主荷兰理论物理学家杰拉德·特·胡夫特（Gerard't Hooft）和斯坦福物理学家伦尼·瑟斯金——我们在上一节里跟他打过交道——开始探索贝肯斯坦和霍金的研究的真正意义。正如我们已经看到的那样，他们意识到，黑洞位于熵食物链顶端，它限制了你能塞进任何空间中的信息量。如果这个空间被可能存在的最大黑洞填满了，它储存的信息量就达到了上限，根据面积定律，这个熵的上限取决于该空间界限的表面积，而不是它内部的体积。但他们伟大的顿悟是这个：既然熵的最大值取决于空间界限的表面积，我们应该想象所有的信息都被储存在这道边界上。换句话说，如果我想描述某个三维空间内部的物理特性，我或许应该把所有信息编码在这个空间的边界上，也就是包裹它的二维表面上。

我们不妨思考片刻。特·胡夫特和瑟斯金告诉我们，如果你对某个空间感兴趣，你可以在包裹它的这层表面上找到你有可能用得上的所有信息。这有点儿像是说，你总能在任何一个包裹的包装纸上找到它真正的内容。你可以想象这样一个包裹被投递到你家前门外，也许是特·胡夫特本人送来的。你撕开它，发现里面装着一本书：《非凡之数》。你瞥了一眼目录，葛立恒为什么会有一个数？TREE（3）又是什么玩意儿？你放下书，捡起包装纸，准备把它扔进垃圾桶。但就在这时，你注意到，这张包装纸不是空白的，上面印满了细小的字。事实上，如果你没弄错，你会说上面的词句和你在《非凡之数》里看到的一模一样。特·胡夫特给你送来的这个包裹，它的所有信息都被储存在包装纸上——储存在它所占据的空间边界上。

我们换个更精确的比喻。假设你在圣诞节收到一盒乐高积木，它不是普通的乐高，而是普朗克乐高。盒子里有许多黑色和白色积木块，每一块都非常非常小，它们的边长只有1个普朗克长（约1.6×10^{-35}米）。这盒积木配有一本说明书，教你如何用它搭建乐高宇宙。你开始搭建，没多久就搭出一个如下图所示的宇宙：

乐高宇宙

它很小，是一个带随机黑白图案的立方体，每条边有8块积木。按照特·胡夫特和瑟斯金的猜想，我们应该能把我们需要知道的关于这个宇宙的所有信息编码在它的边界上。这层边界有6个面，每个面包含64个方格，所以总共有384个方格。由于每个方格有2种可能的颜色，所以我们最多能编码出2^{384}种不同的图案。但现在有个难题。如果将这个立方体内部的情况纳入考量，总共应该有$8 \times 8 \times 8 = 512$块积木，所以你最多能想出$2^{512}$种可能的排列。$2^{384}$种图案如何能编码出$2^{512}$种可能呢？事实上，这的确不可能。如果特·胡夫特和瑟斯金是对的，那么这个立方体内部的某些图案必然不可能出现，甚至从原则上说都不应该存在。是什么阻止了它们出现？这位抑制者是谁？唯一可能的答案是引力。

记住，是引力打破了熵的传统，是引力、黑洞和出乎意料的面积定律让特·胡夫特和瑟斯金相信，所有信息都可以储存在边界上。因此，阻止你给每个普朗克积木分配1比特信息的也必然是引力。最后，我们可以用两种等效的方式来描述这个乐高宇宙：一种描述它内部的情况，但有一些排列被引力限制了；另一种是可能出现在边界上的所有可能图案，没有限制，因此也没有引力。这只是描述同一个事物的两种不同方式。如果一个英国人看到一盘肉丸，他会说这是一盘肉丸。但西班牙人会说，这是一盘“albóndigas”。他们俩描述的是同样的东西，只是用了不同的语言。我们的物理宇宙也一样。你可以用三维空间和引力的理论来描述它，也可以用另一套理论，专注于空间的二维边界，没有任何引力。站在这种“边界理论”的角度上，我们开始把这种最高的空间维度当成一种幻觉。你并不需要它，因为边界理论足以描述一切。从某种程度上说，它就是一切。

我知道，这可能让你很不愉快。如果只用两个维度就能从物理学层面完美地描述空间，你怎么会体验到3个维度呢？这全部归结于你解码信息的方式。

事实上，它和你解码全息图像的方式密切相关。那这到底是什么原理？假设你想给一只泰迪熊绘制一幅简单的全息图像。首先你需要一束激光，发射出纯粹的单色光，然后它被分成两道子光束。其中一道照射到泰迪熊身上，接着被反射到各个方向，另一道则被一面镜子反射。这两道反射回来的光都会照射到一张高分辨率的底片上。由于其中一道光受到了泰迪熊的干扰，另一道没有，所以这两道光返回时的波峰和波谷不一定完全同步。事实上，所有的不同步都会在底片上留下明暗交错的干涉条纹。

我们在“古戈尔普勒克斯”那一节中讨论杨氏双缝实验时碰到过类似的设想。这里的细节有些区别，但核心原理不变：如果两个波峰同时抵达，就会发生相长干涉，产生一条更明亮的光带；但要是一个波峰和一个波谷叠加，就会发生相消干涉，产生更暗的光带。现在你可以把这幅明暗交错、强度各异的条纹图案看作这件三维物体的二维编码，但要解码它，你还得再干点活儿。如果只是盯着底片上的干涉图案，你看不到任何有趣的东西。要让它活过来，你需要用另一束相同的光照射它，将这些二维信息重新转换成最初那只泰迪熊的三维图像。

全息图像的精妙之处在于，它让你得以将三维的图像编码到二维的底片上。宽泛地说，你可以把那些明暗条纹的亮度视为代表图像缺失维度上的深度。换

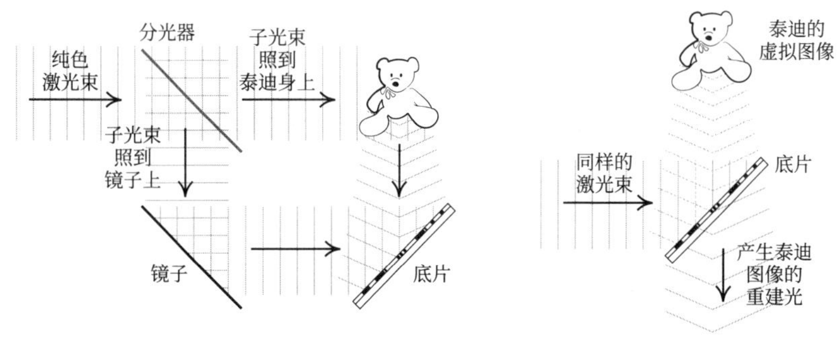

如何创建或解码一幅全息图像

句话说，暗条带意味着物体和底片之间的垂直距离很近，而较亮的条带代表距离远得多的东西。特·胡夫特和瑟斯金的全息图像储存缺失维度的方式与此十分类似。你之所以能感知到3个维度而不是2个，是因为你的大脑选择以这种方式来解码那些明暗条带。它选择了将之解读为空间的第三个维度和一点点引力。

特·胡夫特和瑟斯金的猜想通常被称为“全息原理”。说句公道话，我们真应该用相对论和量子力学术语来讨论它。换句话说，其实我们应该讨论的是四维时空里的量子引力和三维边界（两个空间维度和一个时间维度）上的量子全息图像。我们还可以想象将这些全息规则应用于其他各个宇宙，包括那些看起来和我们的宇宙完全不一样的地方。一些纯粹的假想世界有各种挤压、扭曲的精彩方式，它们甚至可能涉及额外的空间维度，超越了我们通常以为的三维。但无论在怎样的时空中，我们都可以试着玩一玩全息游戏。你应该会得到对同样物理特性的两套等效的描述：一种是有引力的更高维度的世界；另一种是没有引力的维度更低的边界世界。例如，在一个拥有6个空间维度和1个时间维度的世界里，你或许可以讨论七维时空中的引力和存在于它六维边界上的全息图像。重点在于，只要涉及引力，你就可以援引全息原理。

毫无疑问的是，特·胡夫特和瑟斯金的工作应该得到推广，它为我们理解量子引力提供了一个解决方案。它让我们得以用一种升级的、新的全息语言来重新描述以前的问题，如信息悖论。你也许还记得，我们在“葛立恒数”那一节里讲过。霍金认为，黑洞会损失信息，这意味着它们违反了基本的量子定律。但从全息图像的角度来看，你会意识到这不可能。因为必然有一种方式能将黑洞的形成和蒸发编码到空间的边界上。由于这种较低维度的替代描述不涉及任何引力，所以我们认为，这种量子理论要简单得多。它对应着带电粒子在普通常规力拉扯下跳出的量子舞步，类似分子的相互作用或者核物理学中粒子的行为。要让全息图像变得有意义，这套边界量子理论应该在数学层面保持一致，同时符合物理现实。用这种替代语言描述事件，不应有任何矛盾或故障，所以也不应该损失任何信息。当然，只有在全息原理为真的情况下，这些讨论才成立。

所以，全息原理是真的吗？

这个问题价值连城。没有任何实验证据能证明我们的世界是一幅全息图像。就算真有这么一幅全息图像，我们也不确定它会是什么样子。当然，正如特·胡夫特和瑟斯金所意识到的那样，关于这幅全息图像是否存在，黑洞提供了一些诱人的线索。但在我们的世界里，全息现实的存在仍是一种猜测。不过，其他世界存在全息图像几乎已经是板上钉钉的事实。

这些其他世界由阿根廷理论物理学家胡安·马尔达西那（Juan Maldacena）揭示。马尔达西那是现代物理学领域的一位巨匠，这位屡获殊荣的教授任职于闻名遐迩的普林斯顿高等研究院。30多年来，他在引力和宇宙理论上的贡献无人能及。老实说，我认为马尔达西那是目前在世的最伟大的物理学家之一。瑟斯金更是称他为“大师”。

20世纪90年代中期，马尔达西那还是个新人。作为一名来自布宜诺斯艾利斯的年轻博士生，他在普利斯顿时就因研究弦理论和黑洞物理学而声名鹊起。离开普林斯顿一年后，在阿姆斯特丹的一次国际会议上，马尔达西那从俄罗斯物理学家萨沙·波利亚科夫（Sasha Polyakov）的一场演讲中得到了启发。波利亚科夫提出，四维核物理中的某些方面可以跟弦理论的弦联系起来，从而转移到一个五维时空中。这个阿根廷青年建立了一系列精彩的联系，短短几个月内，他就扔出了一颗学术炸弹：《超共形场论和超引力的大N极限》。

这个标题不算抓人眼球，但这篇论文的内容在学术界激起了滔天巨浪。从这一刻开始，马尔达西那这颗冉冉升起的星星变成了一颗超新星。他发现了一个全息世界，在这个世界里，空间的一个维度不过是一种幻觉。这个世界和我们的世界很不一样，这不重要。重要的是，它在数学上足够简单，让马尔达西那得以准确地展示这种幻觉是如何运行的。从此以后，人们必须严肃看待全息理论。这个奇怪的纯假想世界的发现从最基础层面彻底改变了我们对空间和时间的理解。

马尔达西那的世界完全超乎你的想象，这个由弦和量子引力主宰的异域宇宙有10个时空维度，其中5个以一种非常特别的形式卷曲，另外5个维度像球一样被包裹了起来。在这个时空的边界，马尔达西那呈现了另一套理论——这套理论不涉及引力，但能描述其内部发生的一切。这篇论文如此重要，因为他展示了这两种描述实际上如何等效以及为什么。他还阐明了如何流利地说这两种语言——内部语言和边界语言，而且在了不起的美国物理学家埃德·维腾（Ed Witten）的帮助下，他开始撰写这两种语言的转译词典。当然，特·胡夫特和瑟斯金曾经推测这样的全息描述应该存在，但他们的脚步仅止于此。他们一直没能举实例，“这是一个有引力的宇宙，这是它的全息图像，要在二者之间跳转，你需要这本词典。”马尔达西那正是这样做的。尽管他知道特·胡夫特和瑟斯金早前的想法，但这不是他考虑的重点，正是埃德·维腾将马尔达西那的理论和全息图像联系了起来。

埃德·维腾也是一位天才，他曾荣获菲尔兹奖，并被《时代》杂志评为2004年全世界100位最有影响力的人物之一。埃德的父亲路易斯是理论物理学家，他会和早熟的小儿子讨论自己的研究。他总把儿子当作成人来对话，尽管埃德能理解父亲的工作，但他最后还是没有选择物理学。他进入马萨诸塞州布兰迪斯大学，主修历史，然后成为一名记者，为《国家》和《新共和》杂志撰写文章。但物理学的诱惑依然存在。在普林斯顿大学读完博士学位以后，维腾将成为弦理论的奠基人之一。“他只心算，”他的妻子琪娅拉·纳皮（Chiara

Nappi，也是物理学家）表示，“我得一页又一页地演算才能理解自己在干什么，但爱德华坐下来只是算一个减号，或者一个因数2。”

马尔达西那提出的全息案例被称为“AdS/CFT对偶”（AdS/CFT correspondence）。它描述了一种二元性，即对同一种物理现象的两种完全等效的描述。硬币的一面是AdS［“反德西特”（anti de Sitter）的缩写］，在这个卷曲的、较高维的世界里，引力是一种基本力。另一面是CFT，它代表“共形场论”（Conformal Field Theory），描述的是较低维的全息图像特有的数学特性。硬币的这面没有引力，但值得注意的是，它能描述完全相同的物理现象。它之所以能做到这一点，是通过一种十分类似胶子（这种基本力的携带者将原子核黏结成形）的带电粒子轻盈的舞步。这个组合是真正全息的：你甚至可以认为，这些胶子存在于那个时空的边界上，也就是反德西特空间的外壁上。

在最初那篇论文里，马尔达西那有力地论证了这种AdS/CFT对偶，但他无法提供严格的数学证明。然而，随着时间的流逝，他的命题经受住了一次又一次的考验。有些物理量在对偶的两侧都能被精确地计算得出——一侧利用引力和时空，另一侧利用全息原理。计算结果总是一致的，已经没有任何合理的空间去怀疑：AdS/CFT对偶的确是全息原理在实践层面的坚实案例。现在我们可以想象在某些世界里——虽然是卷曲的反德西特世界，引力和空间的维度能被一种全息魔术抹除。

可我们呢？我们真的生活在一幅全息图像里吗？这个问题就难多了。我们生活的世界并不是一个五维的反德西特空间，所以无法直接用马尔达西那的魔术。但在我们的宇宙里，黑洞会做一些有趣的事情。它们的熵会随边界面积的增加而增长，而不是体积。信息似乎应该储存在事件视界上，而不是黑洞内部。就像这个宇宙在告诉我们，它就是全息的，却不肯透露这幅全息图像的一点秘密，至少目前不愿透露。如果宇宙真是一幅全息图像，那么你可以体验到引力以及空间的某些维度。看看周围。左看右看，前看后看，上看下看。如果我们对全息的设想是正确的，那么其中一个维度可以被包装成截然不同的东西。一旦摆脱了引力的桎梏，我们就不再需要讨论空间的三个维度。两个就够了。

这让我想起了柏拉图的洞穴寓言，以及那些被永远囚禁在洞里的囚犯。他们被锁链束缚着，火把在背后燃烧，他们只能看见墙上投下的影子。对他们来说，这就是一切，这些扁平的影子就是他们能感知到的世间的全部。但柏拉图提出，借助哲学理念，囚犯可以挣脱枷锁，超越墙上的影子，进而看到投下影子的木偶。但现在我认为，柏拉图低估了那些影子。在一个全息世界里，影子和木偶一样真实。

全息原理是过去30多年来物理学领域最重要的理念。我们对引力的理解有许多突破都源于此，它不仅为黑洞信息悖论提供了一个解决方案，让我们更深地洞察了量子引力的性质，也帮助我们更好地理解了亚原子世界里夸克和胶子的拥抱。但更重要的是，它动摇了我们对现实的感知，挑战了我们对周围空间的概念。它让我们开始疑惑，这个空间到底是真实存在的，抑或只是一种幻觉。

对我们来说，这种幻觉是那些庞然大数留下的遗产，那些最大、最令人肃然起敬的神奇数字。借助古戈尔普勒克斯级的分身和黑洞脑死亡，借助TREE（3）和博弈树游戏无法抵达的结论，我们讲述了关于熵、量子力学、引力、黑洞神秘物理学以及宇宙深渊的故事。这正是全息真相背后的想法和概念。它们泄露了多余的维度带来的恐惧，泄露了被禁锢在空间边界上的另一种现实。我们不过是墙壁上的影子。

现在，我们终于准备从极大走向极小，从大数字走向小数字，你需要准备好迎接意外。这些小数字引领我们走向对称和美，但也终将让我们陷入绝望。你需要做好准备，聆听一个不应该存在的宇宙故事，它本应在诞生的那一刻就堕入遗忘之境。我们的宇宙。这个出乎意料的宇宙。不知道你怎么想，我的朋友，对我来说，这比前面提到的影子更值得担忧。它让我担心，我所知的一切本都不应该存在：我和我的家人，以及我最亲密的朋友。这本书原本也不应该存在，而且从某种意义上说，你正在读这本书，这一刻原本可能永远不会来临。

小 数 字

零

一个美丽的数字

那一刻，我终于开始兴奋起来。在英超联赛的那个赛季里，利物浦足球俱乐部在前27场比赛中赢了26场。他们魅力十足的德国教练尤尔根·克洛普（Jürgen Klopp）称赞他的团队是“意志力怪兽”，因为他们总能坚定地赢下一场又一场比赛，哪怕获胜的希望渺茫。最有力的证据莫过于那个沉闷的十一月下午，他们顶着狂热的主场观众迎战阿斯顿维拉足球俱乐部。比赛还剩3分钟就要结束的时候，克洛普的球队以0：1的比分落后，但最后他们赢了——来自塞内加尔的外援萨迪奥·马内（Sadio Mané）在最后一次触球时攻入了制胜一球。随着利物浦不断取得胜利，专家们开始坚信，利物浦足球俱乐部将会赢得2020年英超联赛冠军。

我从生活在市郊的少年时代起就一直支持利物浦队。十几岁时，我曾两次站在卡普看台（世界足球史上最著名的看台之一）上目睹他们夺冠。但那都是30多年前的事儿了。相比之下，中间这几十年乏善可陈，充满了令人心碎的失望。我支持的球队在联赛中表现不佳，而且常常输给来自邻近城市曼彻斯特的死对头。所以，尽管这个赛季利物浦在英超联赛积分榜上遥遥领先，我仍不敢掉以轻心。我需要一个人来帮我算一算之后的比赛可能的走向。

我的朋友丹是天文学家。他也支持利物浦足球俱乐部，如果我没时间去看球，他还会借用我的季票。但和我不一样的是，丹拥有许多可迁移的技能，他还建立了一个巧妙的模型来预测足球比赛的结果。我请丹对本赛季剩下几个月的情况做100万次模拟，只为了让我自己安心。结果出来以后，我松了口气。根据丹的模型，在100万次模拟中，利物浦获得联赛冠军的情况有999 980次，曼城是19次，而莱斯特城获胜的情况只有1次。

从某种角度来说，丹创造了一个多重宇宙，100万个平行世界里包含着100万张英超联赛积分榜。在多重宇宙的几乎每一个地方，利物浦最终都将夺冠，所以我相信，30年的颗粒无收很快就会结束。但我仍然没法绝对确定。多重宇宙中仍有一些角落，利物浦终将败阵，冠军会落到曼城或者莱斯特城头上。当然，这种不愉快的结果（对我来说）几乎不太可能出现。丹的多重宇宙预测，它发生的概率只有0.000 02，或者换句话说，1∶50 000。

最后，利物浦赢得了联赛，但并非毫无波折。2020年3月，距离胜利只有2场比赛的时候，随着新冠肺炎疫情以摧枯拉朽之势横扫英国，比赛日程被搁置。那个春天，全国处于严格的封锁状态，谁也不确定何时才能恢复正常。足球退居幕后。作为一名利物浦球迷，我开始琢磨，在丹的多重宇宙中，难道我们正好生活在一个出乎意料的不可能的角落里。

有件事可以确定，即当你离开足球界，走进物理学领域时，你会发现自己进入了一个十分出乎意料的地方。在物理世界的多重宇宙中，我们的宇宙就是那个最不可能的角落。惊喜从欧洲核子研究中心发现的希格斯玻色子开始，一直延伸到宇宙真空的沸汤深处。事实上，不可思议的小数字和可能性极低的结果在我们的宇宙里泛滥成灾。这些现象需要一个解释。如果利物浦在失败概率只有0.000 02的情况下丢掉了联赛冠军，你肯定很想知道问题出在哪儿。也许是某种致命的病毒？物理学就是这样，面对那些极小的数字和宇宙出人意表的特性，我们开始提问，是什么让希格斯粒子轻得如此离谱？为什么真空的沸汤温和得不可思议？我们的任务是讲述这些意想不到的故事，理解物理学中最小的数字，为一个原本不应存在且不可能的宇宙找到合理的解释。

我们将从零开始。任何数的绝对值都不可能比它更小。

零是对称。

要粗略领会对称和零之间的关系，我们不妨想想某个大型组织的账目。账本上时常会有成百上千万美元进进出出。如果随便挑几笔交易来看，你会发现这些入账和出账大多是随机的，只是数字很大。但这些账目也有奇怪的地方，比如每个季度末，总会计师报告的盈利总是正好为零。换句话说，这个组织总是收支平衡。这种情况一般不会出现。我们往往预计账本上有百万级的盈余或亏损。这就像在天平的一边放一群非洲象，另一边放一群印度象，指针肯定会偏向这边或者那边。公司账目的盈亏为零意味着收入和支出完全对称，这需要一个解释。在我们的例子中，也许这个组织是一家慈善信托基金，他们致力于做好账目，决心把所有利润回馈给慈善事业。重点在于，无论是在会计账目、物理学还是象群中，数值都不会无缘无故消失。肯定有一个合理的理由，而且它往往涉及对称。

对称是自然的意识形态。你看到的一切都由亚原子粒子组成，这些基本构件的相互作用由对称的粒子物理学标准模型主宰。20世纪的经验告诉我们，理解物理学的线索往往藏在自然界最小的数字里。只要看到零或者某个小得出乎意料的数，我们就会开始思考它背后可能的对称。

那什么是对称？

对称是一个刺激源。我说的不光是过度狂热的物理学家。作为人类，我们本能地会被对称吸引。研究表明，人脸左右两边的良好平衡往往被视为美。这通常可以用演化优势理论来解释。我们的基因设计的蓝图就是长出一张对称的脸，但这中间可能会受到其他因素的阻挠，比如年龄、疾病、寄生虫感染。这都是健康状况不良的征兆。因此，我们之所以会被对称的脸吸引，是从演化的角度来说，我们想和健康的对象交往。

对称也启发了古往今来的艺术家们。无论是在部落的图画还是在装饰阿尔罕布拉宫（这座14世纪的恢宏伊斯兰宫殿位于西班牙格拉纳达市）的皇家纹样里，我们都能看到左右对称和旋转对称。伊斯兰艺术家在装饰阿尔罕布拉宫的地板和墙壁时，创造出了各种对称的形状和图案。其中有我们熟悉的反射对称和旋转对称，也有不那么熟悉的平移对称和滑动反射对称。[1]

要了解阿尔罕布拉宫的图案如何通过对称来分类，不妨看看下图所示的瓷砖，它来自香桃木院：

阿尔罕布拉宫香桃木院里舞动的“蝙蝠”

对我来说，我觉得这些图案像是每3只为一组的蝙蝠在星空下舞动。但真正的美在于它的对称。你会发现，无论是从左向右还是沿对角线平移，它都是对称的。这幅图中还充满了三重旋转对称，比如你以任何一颗星星为圆心旋转三分之一圈（120度），图案都不会变。你也可以以任意一个白色六边形为圆心，甚至以3只蝙蝠的任何一个交点为圆心。换句话说，除了平移对称，这幅图里还有3种三重旋转对称。对数学家来说，这种特定的对称组合叫作“p3群”。为了向阿尔罕布拉宫的这些“蝙蝠”致敬，我们将其称为“三人华尔兹”。

其他图案可能也包含与三人华尔兹一样的对称，或者其他形式的对称，这使它们在数学层面显得更加不同。将旋转对称、反射对称、平移对称和滑动对称以各种不同的方式组合，我们很容易想象出许多数学上独特的绵延不断的阿尔罕布拉宫式图案，这座宫殿数量有限的庭院各自都有量身定制的对称组合。具备这些图案特征的不同对称群被统称为“墙纸群”，原因显而易见。但有件事出人意料，即当时的伊斯兰艺术家只复现了其中17种。听起来实在不算多。事实上，纵观所有文化，人们创造的图案似乎从未超越这17种范畴。乍看之下，这很奇怪。毕竟你可以想象出旋转对称、反射对称、平移对称和滑动对称的海量组合，所以你会觉得墙纸群的数量应该十分庞大，甚至没有上限。历史上那些最伟大的艺术家为什么只撷取了其中的17种呢？当然不是因为他们缺乏想象力。我们发现，数学之美有其局限。要满足重复图案的需求，你只能找到17种不同的组合，而且它们必须以正确的方式缀合在一起。你可以用所谓的“数学魔术定理”证明这一点。[2]看来伊斯兰艺术家的创造力足以捕捉到所有可能存在的组合。

这件事告诉我们，对称真的很特别。它不仅仅是简单地容许旧的模式，无论我们讨论的是阿尔罕布拉宫的艺术还是出人意表的宇宙的太空艺术。如果出现了一些特别或者意料之外的事情，背后的原因很可能是对称。因为对称是解开宇宙之谜的钥匙，所以我们或许应该弄清楚对称到底是什么。我问我的大女儿，当我提到“对称”时，她会想到什么，她回答“正方形”。我觉得这是个很好的答案。毕竟，正方形拥有某种定义十分明确的数学之美。如果你以它的中点为圆心并将其旋转90度，它看起来和原来一模一样。如果你将它沿对角线或者两条对边的中点连线翻转，结果也一样。这就是我们所说的“对称”的真正含义：你以一种不算无关紧要的方式对某样东西做出动作，但你的行动没有留下任何痕迹，它还是原封不动。例如，对一张人脸来说，你的动作是做一次反射，如果这张脸真的很美，它就还是原来的样子。而对阿尔罕布拉宫瓷砖上舞动的蝙蝠来说，相应的动作是平移和三重旋转。

那零呢？有什么动作能让它原封不动吗？如果你想把零视为一个实数，你能对它做的一个动作是符号翻转。换句话说，你可以把5变成–5，把–TREE（3）变成TREE（3），以此类推。一般来说，符号翻转会将你带到数轴上的不同位置，但有一个例外，那就是零。你翻转零的符号，结果还是零。换句话说，零是唯一一个翻转符号仍能对称的实数。这个想法可以拓展到复数领域。现在你可以说，零是唯一一个旋转辐角仍能留在原地的复数。当然，零和对称的关系比几个数学游戏深远得多。正如我们即将看到的那样，自然界通过一个出乎意料的零来告诉你，物理世界的经纬中隐藏着一种对称。由于对称自有其美，这也应该意味着零自有其美。

的确如此。

但我们的祖先有时候并不这样认为。我想告诉你零的另一面，这个历史故事关乎怀疑与不信任。问题是，古代的学者通过零望向虚无的深处，他们什么都没看见，既没看见上帝，也没看见邪恶的本质。正如哲学家波伊提乌（Boethius）在公元524年等候处决时写下的：

“那么，神能行恶事吗？”

“不能。”

“那恶就不存在，因为祂[①]办不到，而世上就没有祂办不到的事。”

---

① 用于称呼上帝、神等宗教或神话中的神灵。——译者注

对中世纪的波伊提乌来说，零不是我看到的美的载体，而是邪恶本身。

无的历史

现在，恶魔该登场了。

让我们从头开始讲述一个美丽数字的故事，揭露它在充满怀疑的人类历史上坎坷的真实旅途。我们跟随它的脚步，从一个古文明前往下一个古文明，从美索不达米亚到希腊，从印度到阿拉伯，直到西欧与恶魔和会计师相遇。每个文明都有自己的故事：有时他们推崇零，但更常见的是畏缩的忽视。关于无的历史从如今伊拉克的新月沃地开始，从数字的诞生开始。

6000多年前，世界上最古老的文明诞生在美索不达米亚的苏美尔。苏美尔古城邦乌鲁克、拉格什、乌尔和埃利都安逸地依偎在底格里斯河与幼发拉底河之间的沃野中。和古埃及一样，这里的文明对数学的需求似乎早于对散文的需求，他们最早的文本是带编号的清单，而不是书面文字。在零的故事里，他们也姗姗来迟。

公元前3000年前后，苏美尔的会计师开始将他们的清单标记在黏土板上。如果他们想记录5根面包和5条鱼，他们就会把面包和鱼分别画5次。他们在智力上的第一个飞跃是把数字和需要计数的物品区分开来。换句话说，如果要记录5根面包，他们会刻下一个代表数字5的符号和一个代表面包的符号。他们意识到，若想描述另一种数量为5的物品，完全可以把数字符号保留下来，然后将代表物品的符号换成鱼、罐装油或者其他任何他们感兴趣的东西。苏美尔人拥有了自由数字的概念，这些数字的存在独立于它计数的对象。我们很容易把自由数字当成天经地义的事情，因为这个概念在现代思想中如此根深蒂固，但对那些早期文明来说，这是智力上的一大突破，而且非常有力。

凭借这一突破，苏美尔人发展出一套大致以数字60为核心的数字系统，其中1、10、60、600、3 600和36 000分别有独特的代表符号。我们不太清楚他们为何会选择一套以60为核心的系统。按照最流行的理论——它的源头可以追溯到亚历山大城的数学家席恩（公元335—405年），苏美尔人之所以会选择60，是因为它有很多因数。无论出于什么理由，这种六十进制思想残留的影响一直延续到今天，比如每个小时有60分钟，每分钟有60秒。

这套早期的数字系统不算精妙。苏美尔人只是简单地将符号堆在一起，直到得出他们需要的数字，比如他们如果想表达数字1 278，就会把2个600、1个60、1个10和8个1堆在一起。这种做法效率不高。公元前2000年前后，局面彻底改变了，美索不达米亚的数学家们的智力再一次发生飞跃：他们开始意识到位置的重要性。苏美尔人和他们的古巴比伦后裔发明出一套新的数字系统，它只有2个基础字符：楔形“𒁹”一般代表“1”，钩形“𒌋”一般代表10。关键在于，这些符号的相对位置会影响它们整体的含义。例如，想一下数字56。它可以写成5个钩形（10）和6个楔形（1）：

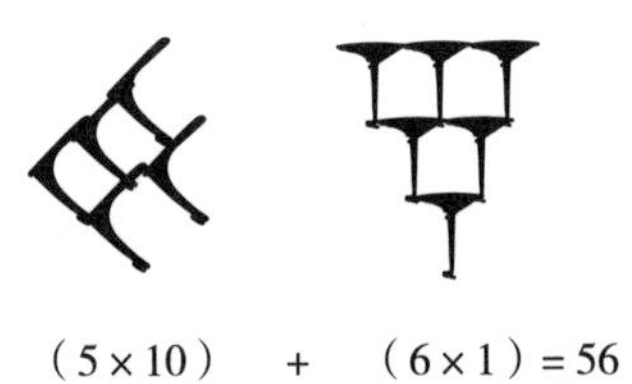

（5×10） + （6×1）=56

这看起来也不怎么聪明。但假设我们把两个楔形移动到页面的最左边：

（2×60）+（5×10）+（4×1）=174

放在这个位置的楔形不再代表1，古巴比伦数学家把它们解读成了两个60，因此，整个数字会变成174。他们使用的是一套六十进制系统，数字符号的相对位置决定了它代表六十的多少次幂。下面还有另一个例子：

$$(1\times60^2)+(3\times60)+(4\times10)+(2\times1)=3\,822$$

这是当时全世界最巧妙的数字系统。它非常高效，位置编码有效降低了表达一个数字需要的符号数量。但还少了点东西，或者更准确地说，少了点“没东西”。我会用一个故事来解释。

祭司召来一位古巴比伦数学家，要求他记录一下神庙里的祭品数量。1袋谷物，1尊木雕，象牙、丝绸和贵金属若干。他清点了所有东西，发现一共有62件贡品，接着他把下列符号标记在一块黏土板上，并把它交给了祭司：

接下来的一周，人们又送来了更多贡品，比之前多得多，有珠宝、黄金、葡萄酒和食物。数学家再次受命清点贡品，并把它们记录在另一块黏上板上。

数完以后，他拿起针笔，刻下了这些符号：

祭司勃然大怒。显然，这位数学家一点儿也不老实。这周的贡品比上次多得多，可他记录下的数字却和上次一模一样。祭司绝不能被愚弄，于是他下令处决了这位数学家。被拖向刑场的数学家抗议说，他是无辜的。这周他清点了3 602件贡品，的确比上周的62件多得多。但在六十进制系统里，他只能这样标记。和当时巴比伦社会里的大多数人一样，祭司并不熟悉这套新的数字位置系统的微妙之处。他只知道，数学家两次记下的是同样的符号，肯定是想蒙骗自己。最后，没有什么东西能挽救这位数学家。没有什么东西，我指的是“零”，一个零就足以挽救他。

在六十进制系统里，我们可以把3602写成3 602=（0×60^2）+（2×1），所以它实际上应该被标记为1个𒁹，1个零，最后是1对𒁹𒁹。这使它区别于62 =（1×60）+（2×1），后者可以写作1个𒁹和1对𒁹𒁹。但古巴比伦人只会用空格来表示零，而且有时候这个空格留得不是特别大。在他们的账本里，模棱两可的地方只能通过联系上下文来理解。正如我们在数学家的悲惨故事里看到的那样，这样的系统很容易出问题。随便拿起一块石板，祭司根本分不清第一个符号后面跟着的到底是没有意义的空格还是有意义的零。

古巴比伦的位置数字系统在数学上十分巧妙，但由于缺少代表零的符号，它本质上是有缺陷的。到了公元前1600年前后，它已经变得不太常用了，接下来的1000多年里，这套系统进入休眠状态。直到公元前3世纪，亚历山大大帝和他的马其顿大军征服了美索不达米亚以后，它才复苏。正处于权力巅峰的亚历山大突然死在了巴比伦尼布甲尼撒宫，年仅32岁。在接下来的血腥岁月里，他的帝国被瓜分，其中覆盖亚洲大部分地区的很大一部分领土落入了他的将军塞琉古手中。正是在塞琉古王朝时期，从公元前321年到公元前63年这里又被罗马征服，美索不达米亚的数学家们完成了智力上的第三次飞跃。他们重新发现了位置数字系统的精妙之处，并给它添加了一种关键的新风味：

当你在数字里看到这个符号，它代表60或3 600所在的列为空，具体取决于它所处的位置。它就是零；不是自由数字意义上的零，而是一个占位符。如果前面故事里那位数学家能想到这一点，说不定有机会逃脱祭司的怒火。他可以把3 602写成下图里的样子，完全区别于62：

$(1\times 3\,600)+(0\times 60)+(2\times 1)=3\,602$

代表零的新符号消除了困扰原版位置数字系统的一部分歧义，它赋予了古巴比伦的数学家和天文学家前所未有的强大计算能力，尽管它没能流传到更广泛的人群中。不过，奇怪的是，这些学者只会把代表零的符号放在一个数字的开头或者中间，从来不会放在最后，所以仍会有一些歧义。它也从未单独出现过——它从来没有获得过自由。这个符号原本用于分隔句子而不是数字，这意味着它本来可能只是一个空格，而不是独立的数字。即便如此，古巴比伦人仍主张自己发明了零，至少是把它当成一个基本的占位符。

竞争“零的发明者”这一头衔的另一位劲敌是中美洲的玛雅人，当然，还有古埃及人。玛雅人数字里的零是一个贝壳的形状，有时还会是一位神祇的头像，他的手若有所思地抚着下巴。虽然这个符号可能比古巴比伦的零出现得更早，但玛雅的零既不是自由数字，也不是真正的占位符。取而代之的是它仅用于计时，辅助测量天数、月数和年数，因为在玛雅历法里，那个神秘的创世时刻，也就是第零天，相当于公元前3114年8月11日。古埃及人从未在任何数字里使用过零，但他们的确会用“*nfr*”，写作“𓄤”，来表示账户里消失的余额，或者金字塔建造点的水平线。在古埃及人的语言里，这个符号的意思是“好”“完善”，甚至“美”。这和我们把零当成对称和美的象征形成了强烈的共鸣。

玛雅人和古埃及人的零的影响力几乎都没超出自身文明的范围。不过，被亚历山大征服以后，古巴比伦的零和黄金连同被当作奴隶的妇孺一起被带到了希腊。希腊人用字母编码书写自己的数字。他们有一些字母对应某些数字（如1、2或100），并把它们组合成其他数字，如101或102。[①]但他们从未对位置做

① 1、2和100分别写作$\overline{\alpha}$、$\overline{\beta}$和$\overline{\rho}$，所以101写作$\overline{\rho\alpha}$，102写作$\overline{\rho\beta}$。符号上方的横线用于区别数字和字母。

出任何巧妙地应用。即便如此，当希腊数学家发现古巴比伦人的数字系统时，还是有一小部分精英聪明地认识到了它的先进之处，但他们更愿意把这份钦佩藏在心底。他们开始用这套外来系统做更复杂的计算，再将结果转译回原来的希腊风格。对于古巴比伦人的零，希腊人当然知道它的存在，最终他们也拿出了自己的符号“ō”，它和我们今天使用的“0”惊人地相似。但这可能只是巧合，因为这个符号没有传入任何较古老的西方数字系统。希腊人对古巴比伦系统的改进是把零放到了数字的末尾，但他们也没赋予零自由，即他们从未把它当成一个独立的数字。考虑到希腊数学家的名头，人们自然要问原因。从某种层面来说，他们只是对此不感兴趣。希腊数学家主要痴迷于几何，痴迷于明确的长度和形状，所以很难看出他们能在哪儿找到需要零的场合。但事情没有这么简单。希腊人看不起零，也不相信零，而西方世界又非常乐意追随他们的传统。

这是个哲学问题。

问题从埃利亚的芝诺开始。[3]芝诺是当地哲学学派的重要成员，该学派由他的恩师巴门尼德领导。巴门尼德拒绝接受变化的概念，认为我们看到的运动只是一种幻觉，并将这个理念应用于万事万物，如奔驰的战车、空中飞过的箭矢、激流的瀑布。这些运动都不是真的。当然，这看起来很荒谬。我们可以用自己的眼睛看到周围事物的多样性和不断变化的景观。但芝诺炮制了一系列悖论，似乎足以证明我们的感官不值得相信，因为它们无法揭露真相。其中有一个悖论，对它的理解和误解与零密切相关，尽管这种关系乍一看可能不太明显。

我们将从自己的角度来讲述这个故事。作为希腊神话中最伟大的战士，阿喀琉斯发现自己正在跟一只乌龟赛跑。他坚信自己肯定能赢，毕竟他的最快奔跑速度是每秒10米，谁也没见过他这位慢吞吞的对手的速度超过这个速度的十分之一。他决定把先机让给这只爬行动物，让它领先10米。阿喀琉斯一抬腿就达到了最大速度，因此，他1秒内就跑到了乌龟出发的位置。但乌龟已经不在那里了。当然，它并没跑多远，只向前移动了1米，但现实就是，阿喀琉斯还没追上它。在接下来的十分之一秒里，阿喀琉斯追上了这落后的1米，但乌龟又往前移动了，这次它又爬了10厘米。等到阿喀琉斯跑完这10厘米，乌龟又向前了1厘米，以此类推。每前进一步，阿喀琉斯都会逼近一点，但要追上这只乌龟，他需要无数步。换句话说，他永远追不上。

芝诺的故事让同时代的人感到震惊。显而易见，阿喀琉斯肯定会赢得这场比赛，他只需要几秒钟就能超过乌龟，但他们该如何驳斥芝诺的论点呢？他们发现，问题的关键在于“无数步”——这是对的。但要解决这个无限的问题，他们需要关于零的数学理论，但当时还没有出现。芝诺不在乎。对他来说，既然大家都驳不倒他，这证明了人们的感官的确不可信。这是巴门尼德的胜利。

芝诺死得十分惨烈。他生活在古希腊的埃利亚城，当时这座城市由一位名叫尼阿尔库斯（Nearchus）的暴君统治。芝诺曾密谋推翻他，但计划败露，他被逮捕并被送到尼阿尔库斯那里。他们拷问他其他共谋者的名字，尽管遭受了酷刑折磨，芝诺仍没有出卖同伴。他轻声说：“我的确有一个秘密，尼阿尔库斯，你要是想听的话，就凑近一点。”尼阿尔库斯刚把身子靠过来，芝诺就一口咬住了他，久久不肯松开。最后芝诺被刺死。有人说他咬掉了尼阿尔库斯的耳朵，有人说咬掉的是鼻子。

100年后，“西方哲学之父”亚里士多德开始思考芝诺的悖论。他通过制订规则解决了这个问题，并宣称自然界不可能有无限大的数字。芝诺曾试图把这场赛跑分割成无限多个碎片。但根据亚里士多德的规则，这些碎片本身不可能存在——它们只是芝诺想象出来的幻影。归根结底，唯一真实的是比赛的连续统一体，阿喀琉斯在连续的运动中必将超过乌龟。

亚里士多德确实承认了无限数的**潜力**，但他指出，这种潜力永远不可能在现实中释放。要理解他的意思，不妨设想你正在切一块巧克力蛋糕。你可以一直切它，从原则上说，你可以想象这样一次又一次地切下去，切无限多次。但在现实世界里，我们知道你永远不可能走到这一步。我们认可蛋糕有切无限次的潜力，但我们也知道你永远不可能将一个切了无限多块、每块都无限小的蛋糕捧在手中。换句话说，你可以在脑海里描摹无限，却不能把它握在手里。根据亚里士多德的规则，这就是芝诺必将失败的原因。

按照现在对零的理解，我们可以弥合芝诺的想象与亚里士多德的连续之间的鸿沟。重点在于，无限多步并不自动意味着无限的时间。有时你可以在有限的时间内实现无限多步，只是每一步都越来越短，越来越接近零，步数则趋近无限。如果仔细剖析芝诺的悖论，我们会发现，阿喀琉斯完成第一步时花了1秒，第二步用时1.1秒，第三步用时1.11秒，第四步用时1.111秒，以此类推，每一步增加的时间越来越少。通过无限多的步数将结果外推，我们看到总秒数是反复循环的1.1。从数学上说，它等价于$1+\frac{1}{9}$秒。[4]悖论解决了：阿喀琉斯不光能战胜乌龟，而且用不了2秒。

由于缺乏对零的正确了解，亚里士多德和其他希腊哲学家无法得出这个结论。事实上，直到2000多年后，人们才完全理解芝诺悖论。亚里士多德必须对此承担一部分责任。西方思想中对零根深蒂固的不信任主要来自亚里士多德的3个理念，对无限的否认是其中的第一个。既然否认了无限，他同样也否认了无限小，否认了阿喀琉斯在赛跑中越来越短的每一步终将抵达的极限。但在意识形态三件套的第二部分里，他更进一步。他否认了虚无，否认了空间的空旷和无的存在。对研究亚里士多德作品的中世纪学者来说，这相当于否认了零。

亚里士多德之所以会提出这一理念，是因为当时他正与原子论者抗辩。这些哲学家与他意见相左，他们认为物质不能被无限分割。他们宣称物质由细小的不可分割的碎片组成，这些“原子”在无限的虚无中嬉闹。他们由此另辟蹊径地解决了芝诺悖论：既然物质不能被无限分割，芝诺又怎么能将阿喀琉斯与乌龟的赛跑分割成越来越短的步骤呢？亚里士多德认为，物质是一种单一的连续流体，它不断收缩和膨胀，在土、水、气和火4种基本元素间变化。在他的模型里，宇宙被分成几个同心球：人类生活的地球位于中央，而外层的天球上点缀着闪烁的天体，如月亮、太阳、行星和恒星。地球风貌不断变化，易于篡改，它一共分为4层：最内层是土，然后是水和气，最外层是火。物质可以从一种形式转化为另一种。当气候又冷又干的时候，它会变成土。当气候冷而湿润时，它会变成水。当气候灼热而湿润，它会变成气，而当气候灼热干燥时，它则会变成火。随着形式的变化，物质会在各个层中移动，直到它找到属于自己的位置，土坠入中央，火升向边缘。

亚里士多德的宇宙不需要虚无。但原子论者的宇宙需要——它需要一个能让粒子嬉戏于其中的东西，所以亚里士多德试图证伪他们的想法。他开始思考固体如何坠向地面。他注意到，固体在水之类致密介质中坠落的速度比在稀薄介质中慢得多。他还宣称，较重物体坠落的速度比较轻物体更快，想想从空中落下的石头和羽毛，这可是铁证。鉴于此，他坚定地提出，物体坠落的速度必然和一个简单的比数成正比：

$$\frac{\text{物体的重量}}{\text{介质的密度}}$$

这立刻给虚无带来了麻烦。因为它的密度是零，所以所有物体都应该以无限大的速度穿过其中，原子之间的空间会无限快地被填满。自然界绝不允许这种情况发生，因此也不可能允许虚无存在。当然，石头之所以坠落得比羽毛更快，不是因为它更重，而是因为受到了空气阻力的影响。这是亚里士多德逻辑的弱点，但这不重要——木已成舟。对亚里士多德和他的追随者来说，不存在什么虚无。因此，无限和零自然也不存在。

这些理念为何可以屹立多年？亚里士多德的思想对中世纪的欧洲学者为什

么有那么大的吸引力？这源于他意识形态三件套的最后一部分：他证明了上帝的存在。这套论证始于天球，它由名为以太的第五种元素构成。不同于地上的4种元素，以太不能改变形式，也就是它不会被篡改。以太层从地层开始向外延伸，每一层都以不同的速度旋转。月球、太阳，每一颗行星和漫游的恒星都有各自专属的以太层。最外面包裹这一切的是永恒的黑暗层，上面点缀着闪烁的星光。这些光来自固定在上面的恒星，它们整齐如一地在物质世界的边缘移动。但这种运动来自哪里？谁在指挥天上的这支“管弦乐队”？亚里士多德指出，要让某件物体运动，必然有另一件物体导致它运动。例如，你可以想象每一层球面都被更大的那层邻居推动：月层被水星层推动，水星层被金星层推动，以此类推。但要是这样的话，最外层的恒星又是怎么回事呢？谁推动了它们？亚里士多德宣称，这种运动来自物质世界外部，来自“第一推动者”，换句话说，来自上帝。

随着基督教横扫西方世界，我们很容易看出它为什么会被这套哲学吸引。虽然亚里士多德证明的上帝的存在与宗教无关，但像圣托马斯·阿奎那（St Thomas Aquinas）这样的基督徒很愿意把它当成对自身信念的证明。他们接受亚里士多德的宇宙，并深信支持原子论者就等于否认上帝的存在。因此，他们否认虚无，也否认零。

但零的故事还在继续。和太阳一样，它总会在东方升起。也许我们真正应该说的是，“空”（śūnya）总会在东方升起。这个词是梵文里的“零”，但它还有一层意思，是“虚无”。不同于恐惧异端的基督徒，佛教徒会拥抱虚无——这是他们精神的核心。空是无中之无。佛教徒会借助冥想的力量在虚无中寻找自身的解脱。类似的理念在其他东方宗教里也可以找到，如印度教和耆那教。

有人说，零是在亚历山大征服后的岁月里从古巴比伦传入印度的。也有人说，它是从印度本土的文化中，从空的种子里生长起来的。我们无从知晓。我们所知道的是，印度为我们的“零”奠定了根基。我们看到这个符号从这里开始世代相传，最终演变成今天我们看到的这个字符。但更重要的是，在印度，零终于获得了自由。

在第一个千年中期的某个时期，印度人改用了一套新的数字系统，和我们现在使用的这套十分相似。和古巴比伦人一样，他们巧妙地利用了位置，但这是一套十进制系统，而不是六十进制。由于欺诈的存在，我们很难弄清这种转变发生的确切时间。早期的文档大多是法律文件，证明某块土地属于某人。由于后世的人会借助这些文件证明历史上土地的所有权，所以文件上的日期常常被篡改。

鉴于此，有人声称印度数字直到公元9世纪才出现。假如有日期表明它们出现的时间比这更早，他们就会说这些文件被篡改过，不足为信。这种偏执观点的始作俑者是乔治·R.凯耶（George R.Kaye）——20世纪初一位有影响力的英国学者和东方学家。凯耶有一个危险的企图。他诋毁印度，决心在数学领域建立欧洲的霸主地位。只要否认了印度的早期文档，他就能证明现代数字系统不是印度的发明，而是从希腊或者阿拉伯传入印度的。可悲的是，凯耶从英国学者群体中找到了足够的盟友来支持他的观点，他们中的很多人任由反东方的偏见蒙蔽了自己的学术判断。

凯耶的观点受到了广泛质疑。虽然我们对一些文件保持警惕是正确的，但所有文档的日期都是错的不太可能。大部分学者现在都认同，我们的现代数字系统在公元5世纪就已经在印度出现，其中包括零。我们可以在一些古老的桦树皮［1881年一个农民在巴克沙利村（今巴基斯坦境内）发现］上看到它的雏形。树皮上记载了数学文本（计算平方根和负数的方法）和一套数字，其中一部分直到今天仍可辨认出来：

或 或 或

1 2 3 4 5 6 7 8 9 0

巴克沙利村发现的手稿上的数字列表

零用一个点表示，它是今天我们这套数字里零的直接祖先。这份文稿的年代争议很大。基于自己的偏见，凯耶认为它不可能早于12世纪，但它显然比这一时间更早。对文本的分析表明，它可能是一份时间可以追溯至公元3世纪的更古老的作品的副本。这份手稿目前藏于牛津大学博德利图书馆，人们从手稿上采集了3份样本进行碳年代测定，希望能解决这场争论。尽管人们想尽了办法，但结果表明，这些样本分别属于3个不同的历史时期：公元224—383年、公元680—779年，以及公元885—993年。[5]

伟大的印度数学家兼天文学家婆罗摩笈多最终赋予了零自由。公元628年，他写下《婆罗摩历算书》，“正确确立的梵天教义”。当时他正在研究负数，在这些数字的起点，他看到了空。他开始思考加减乘除的意义。既然3–4是一个有意义的数字，3–3为什么就不是呢？在婆罗摩笈多眼里，零是一个真正的数字，它不仅仅是一个占位符，还是数学游戏中的一个合格玩家。规则很简单：取任何数字，加上或减去零，结果仍是原来的数。如果你用它乘以零，结果是零，而要是把零当成除数……也许有的事就没有那么简单了。

当婆罗摩笈多试图把这个新数字当成除数时，他走上了歧途。例如，他宣称零除以零等于零，但这不一定是真的。要弄清为什么，不妨设想有一对同卵双胞胎。他们各自吃了一粒缩小药，然后突然开始变小。一瞬间他们的身高变成了原来的一半，然后再次减半，如此重复，直到缩小到零。由于这两个人缩小的速度完全相同，所以他们的身高之比始终是1。这个比值恒定不变，所以在无限远的未来，当这两个人都缩小到零时，他们的身高之比必然还是1。这必然意味着零除以零等于1，对吧？也不一定对。万一同时吞下缩小药的是一个巨人和一个侏儒呢？巨人最开始比侏儒高10倍，由于他们俩缩小的速度相同，所以他们的身高之比也应该保持不变。这个初始比值是10。后面的步骤和前面的例子一样，最后你可能得出结论：零除以零等于10。但我们刚才不是证明了它等于1吗？事实上，零除以零可以等于任何数。它可能是0、1、10、TREE（3），甚至无限。以零为除数本身的定义就有问题。你可以取两个非常小的数字的比值来研究它们越来越小时比值的极限。这在数学层面完全合理，但正如我们刚才看到的那样，最后的答案总是取决于你如何接近这个极限。零除以零没有意义，除非你先解释这两个零来自哪里。分子和分母趋近于零的速率之比是多少？

当讨论1除以零的时候，婆罗摩笈多放弃了。不出所料。正如另一位印度奇才婆什迦罗在12世纪所写的，任何数除以零恒等于“khahara”——无限，这个结果像永恒至高无上的毗湿奴一样不可动摇。800年后，以零为除数将击败强大的美军。1997年9月21日，有一个零潜伏在美国“约克城号”军舰的计算机系统深处，这艘万吨级的导弹巡洋舰部署在弗吉尼亚州的查尔斯角海岸外。只做了一次除法，这个零就摧毁了整个网络，失去驱动力的军舰陷入瘫痪。以吹哨人自居的大西洋舰队工程师托尼·迪吉奥吉奥（Tony DiGiorgio）表示，军方不得不把“约克城号”拖到诺福克海军基地，它在那里休眠了两天。虽然大西洋舰队官方否认了这一说法，但他们承认一次以零为除数的计算的确让这艘军舰在水里瘫痪了近3个小时。零或许只是一个数字，正如婆罗摩笈多所意识到的那样，但无论如何，千万别用它当除数，尤其是当你即将迎战敌人的时候。

现在，零获得了自由，它准备探索这个世界了。公元5世纪初，也就是婆罗摩笈多刚完成他那本著作时，先知穆罕默德正吩咐他的追随者做好去麦加朝圣的准备。当时伊斯兰教正开始在中东传播。在接下来的几百年里，它继续扩张，膨胀成了一个广阔而强大的帝国，从西方到东方。它的活力源自贸易的血脉，沿着商路流淌的不仅仅是货物，还有各种理念——宗教当然是其中之一，但除此以外，还有数学。

巴格达的“智慧之家”矗立在这个智性世界的正中央。伊斯兰哈里发领地的统治者已经认识到了知识的重要性，他们派遣学者前往帝国最遥远的角落搜集各式文本。哈里发马蒙（Al-Ma'mun）尤其重视这件事，作为阿巴斯王朝最博学的一位哈里发，他统治的时期是公元9世纪初。正是在他的统治下，“智慧之家”发展成为有史以来全世界最大的学习中心。其中一名学者是才华横溢的波斯数学家穆罕默德·本·穆萨·花剌子模（Muhammad ibn Mūsôal-Khwārizmī）。花剌子模以“还原”（Al-jabr）而闻名，这是一套解方程的数学技术，“代数”（algebra）这个词就源于它。这是数学史上最伟大的论述之一。古希腊人对几何的痴迷被一种形式巧妙的数学还原取代。问题变成了方程，答案变成了这些方程的解，代数的魔法将这一切联系在一起。

到了花剌子模的年代，印度人已经不再用点来代表零，而是用圆圈。大约50年前的773年，印度信德省对哈里发曼苏尔的宫廷进行了一次外交访问后，阿拉伯人掌握了零和其他印度数字。信德的使节带来了一本婆罗摩笈多的书，作为礼物送给哈里发。几十年后，花剌子模刚开始研读这本书时就立刻意识到了它的重要性。他开始拆解印度算术的规则，将零纳入其中，并发展出了连加、减法、乘法和除法的算法。事实上，“算法”（algorithm）这个词就来自“algorismus”，这是花剌子模名字的拉丁变体。尽管今天的数字起源于印度，但花剌子模的影响力如此巨大，以至于如今人们往往将这些数称为“阿拉伯数字”。他将一块未经切割的印度宝石打磨抛光，然后高高举起，让它在整个伊斯兰世界闪闪发亮，并最终照亮伊斯兰世界以外的地方。

花剌子模用“ifr”来描述零。英语里现在的零（zero）也源于此。“ifr”是对“空”的直译——违背亚里士多德所谓的“虚无或空虚”。那些穆斯林当然知道亚里士多德，也知道他如何证明了上帝的存在。但为什么他们没有否认ifr，没有像西方人那样给零定罪呢？事实上，正是他们中的一些人开始质疑亚里士多德。10世纪初，一个新的伊斯兰神学学派开始形成，创始人是逊尼派教徒艾

瓜廖尔恰图布吉神庙里的一处铭文，其中数字“270”清晰可见，
这座神庙位于德里以南大约250英里，其历史可追溯到公元9世纪

什尔里（Al-Ash'arī），他反对亚里士多德，却青睐后者的死敌——原子论者。因为原子论契合他的偶因论理念，这是一种激进的尝试，试图将上帝的全能强加于自然界的一切。偶因论宣称，所有事件都可归因于上帝，从一个弹跳的球到一个人的思想。时间被拆解成一系列偶然——其中每一个都是上帝的意志，而作为这些意外的结果，物质被拆解成原子。在每一个离散的时刻，新的意外会因上帝的意志而发生，原子也根据这些意外排列自身。从某种角度来说，这种哲学和量子力学有所呼应。原子的运动不是确定的。对艾什尔里派的信徒来说，它取决于上帝的意志；而在量子理论中，它取决于测量。

在公元8世纪初的短短7年内，倭马亚王朝无情地横扫了伊比利亚半岛。他们建立了安达卢斯王国，开辟了一条将阿拉伯文化传入西欧的通道。其实，这从来都不是一条容易跨越的边界。基督教世界和伊斯兰世界常年处于交战的状态——从778年查理曼大帝进攻西班牙北部到11、12和13世纪的十字军东征。

在这个时期的大部分时间里，基督徒仍然使用罗马数字，对异端的零不感兴趣。他们忠于亚里士多德，忠于他对零的否认和对上帝存在的证明。零会挑战这一切，挑战他们的信仰。

12世纪末，风向开始变了。当时比萨的海关官员古列尔莫·巴纳齐奥（Guglielmo Bonaccio）被派遣到阿尔及利亚的地中海城镇贝贾亚。这位官员决定带上自己的儿子列奥纳多（Leonardo）一同前往，因为那时的阿拉伯世界是一个智性的熔炉，就算没有别的收获，他的儿子最起码也可以掌握使用算盘的技能。不过，列奥纳多学到了更多。他爱上了阿拉伯数学和印度数字，这桩风流韵事将使他青史留名。你可能知道他的另一个名字：斐波拉契。

他以这个名字蜚声世界完全出于意外。列奥纳多在自己的作品上签名“filius Bonacci”，意思是“巴纳齐奥之子”，后来的学者误以为斐波拉契是个姓氏。不过他活着的时候，从未被叫过这个名字，人们通常叫他“俾格莱”（Bigollo），可能是“旅行者”的意思。这是个恰当的昵称，因为斐波拉契去过很多地方——他的足迹遍及西西里、希腊、叙利亚和埃及——四处搜集知识。13世纪初，斐波拉契大概30岁时，他决定安顿下来，回到比萨创作一部著作。两年后，也就是1202年，《计算之书》出版。这本专著介绍了他在阿拉伯世界学到的数学知识：代数和算法、与贸易相关的数学，以及关于他如此钦佩的了不起的印度数字。在第一章的开头，他写道：

> 印度人有9个数字
>
> 9，8，7，6，5，4，3，2，1
>
> 用这9个数字加上符号“o”（阿拉伯人所说的ifr），你可以写出任何数字。

请注意这里的区别对待。斐波拉契将零描述为一个“符号”，以区别其他

9个“数字”。当然，他肯定知道婆罗摩笈多的工作——对零的解放，但他无法说服自己将零和其他9个印度数字平等地放在一起。这实在太颠覆了。哪怕明智如斐波拉契，他显然仍对这个数字感到紧张。不过，这都不重要。因为正是在这一刻，零和其他印度数字突破了防线，进入了基督教世界。

斐波拉契的著作主要介绍的是与贸易相关的数学，利用东方的算法来计算收益和利息，或者换算货币。尽管有这些显而易见的优势，欧洲商人接受它们的速度依然很慢。很多人还是更愿意用罗马数字，借助算盘或者一种由珠子和鹅卵石做成的算板来完成运算。坚持使用老办法的**算盘用户**和拥抱东方数学计算能力的**算法使用者**之间展开了一场竞赛。

普通人不相信这套来自东方的外路货，官方也不相信。1299年，佛罗伦萨当局仍禁止使用印度数字，以预防欺诈。毕竟，你可以轻而易举地把“0”改成“6”或者“9”。但禁令没能阻止算法使用者。他们继续私下使用印度数字，在计算时召唤花剌子模的力量。起初，他们被斥为基督教的叛徒，说他们花在算法上的时间比祈祷还多。但和以前一样，迫于商业压力，当局做出了让步。零和其他印度数字实在过于强大，不容忽视。它们注定会发展壮大。

就连教会似乎都做好了迎接变革的准备。13世纪，巴黎主教发出一系列谴责，列出了诸多可能导致学生被逐出教会的异端教义。其中包括亚里士多德的言论，当初正是他凭借对上帝的证明启迪了圣托马斯·阿奎那等人。就像几个世纪前的穆斯林一样，主教们在亚里士多德的思想中看到了对上帝全能的挑战。在1277年的谴责令中，埃蒂安·坦皮耶（Étienne Tempier）主教考虑了推动天堂的问题。亚里士多德曾说过，天体永远不可能做直线运动，因为这会留下一个真空，里面充斥着他断然拒绝的虚无。对坦皮耶来说，这显然是异端邪说。上帝想做什么，都能做到。祂可以创造真空。亚里士多德敢反对，他算老几？！

虽然亚里士多德对基督教哲学的影响仍十分强大，但已经开始动摇。如果基督教徒能接受虚无，他们就能接受零。但真正做出改变、接受零的并不是巴黎的主教，而是会计师，他们发明了复式记账法。

在某种程度上，这是零历史的一个平淡无奇的结局，但它的确就是这样赢的。由于贸易越来越复杂，会计师引入了复式记账法。中世纪最古老的使用记录来自1340年热那亚共和国（意大利古代邦国）的国库。这套系统简单但巧妙。你用一行对借项进行加总，另一行加总所有贷项，如果一切正常，那么两行之间的差额就是零。该系统充分发挥了算法使用者的优势，他们的正数和负数在被解放的零两侧达成了平衡。1494年，被誉为“会计学之父”的方济各会修士卢卡·帕乔利（Luca Pacioli）在他那本传奇的应用数学教科书中总结了这个方法。他赋予了各项一个数值——贷项、借项，甚至包括平衡值零。从此以后，任何人再提出任何争议都是无理取闹。很显然，零获得了胜利，不是直接与宗教理念暴力对抗，而是借助商人对账目平衡的需求暗度陈仓。

零是对称

什么是零？我们的祖先说零是虚无——什么都没有，对西方人来说，这是诅咒，因为它意味着上帝的缺席。但在东方，这是一种祝福，因为它有一种无言的完美。你也许会说，零只是一个数字，就像1、2或者葛立恒数那样。但我接下来不得不问：什么是数字？在古苏美尔人赋予数字自由之前，人们一直认为它们总是依附于某种外物而存在：5根面包、5条鱼、5罐油。直到苏美尔人在每个这样的集合中发现一个共同的线索——自由的数字5，才完成一个突破。数字和被计数物品之间的纽带很难被打破。计算面包的5和计算鱼的5真的是一回事吗？

这个问题在19世纪末才真正凸显出来，当时一些数学家开始思考物品的集合，如陷入困境的德国数学家格奥尔格·康托尔（Georg Cantor）。正如我们即将在“无限”一章中看到的那样，集合论始于康托尔对无限的虔诚追求，他试图触摸无限高的天堂。但第一个用集合来思考0、1、2、3等普通数字（我们通常称之为“自然数”）的是另一个德国人，戈特洛布·弗雷格（Gottlob Frege）。

说到5根面包和5条鱼，这两个集合之间显然有一个非常简单的关系：每根面包都能和一条鱼配对，每条鱼也能和一根面包配对。这种整齐的排列正是数学家们所说的“一对一映射”（又叫“双射”）。我们也能在5根面包和5罐油（或者5位美国总统，抑或一个男子组合里的5位流行歌手）之间找到一对一映射。所有这些拥有5个元素的集合之间都有联系。如果我们想用集合论来描述数字5，我们应该用其中的哪个集合呢？弗雷格觉得这些集合都不够特殊。他提出，要描述数字5，5个美国总统没有任何理由优于5根面包或者其他任何一个拥有5个元素的集合。为了公平起见，他宣布数字5应该由所有这些集合共同定义。换句话说，它是所有拥有5个元素的集合组成的集合！

你甚至能在这套形式系统里找到零。它是所有不包含任何元素的集合组成的集合。什么是不包含任何元素的集合？这样的集合只有一个，就是空集！这是个完全能够自洽的想法，比如说我们可以把空集定义为既是平方数又是质数的数集合，或者既是猫又是狗的动物集合。

弗雷格用这种新的集合论语言发展出一套算法的基础，但就在他的著作第二卷出版之际，一颗“炸弹”落到了他家。这颗“炸弹”其实是一封信，来自英国哲学家兼博学家伯特兰·罗素（Bertrand Russell）。和罗素的其他所有作品一样，这封信里洋溢着他锋芒毕露的才华，只需引爆一次就足以摧毁弗雷格全部的工作。按照弗雷格的想法，你总是可以讨论拥有某种特征的所有集合组成的集合。所以他才会心安理得地用所有拥有5个元素的集合来描述数字5，或者用所有拥有10个元素的集合来描述数字10。但用这么天真烂漫的方式来定义比较大的集合是一件非常危险的事。罗素问道："所有不包含自身的集合组成的集合又该是什么样呢？"

为了让你明白罗素真正想说的是什么，请容我向你介绍一位我认识的理发师，名叫朱塞佩。朱塞佩的生意做得很好，他给所有不自己剃胡子的男人剃胡子。我第一次知道这条规则时就开始琢磨：谁给朱塞佩剃胡子呢？也许是他自己。不，我想，这不对，因为他只给那些不自己剃胡子的男人剃胡子。好吧，所以这必然意味着他不自己剃胡子。这也不对。如果他不自己剃胡子，朱塞佩就必须给他剃胡子。

但他就是朱塞佩！

罗素向弗雷格提的问题里藏着一个非常简单的隐患。尽管他极大地破坏了弗雷格的理论，但罗素实际上是想尽可能地绕开这个悖论，复兴他的一部分理念。他思考数字的方式其实和弗雷格差不多，数字相当于给定尺度的所有集合的集合。他只是无法将这些集合本身定义为独立的集合。结果我们发现，要用集合来定义自然数，其实另有一种简单经济得多的方法，而该方法尤其依赖于一个数——零。

我们该怎么用零来定义一个集合呢？这个问题其实已经有了答案。显而易见的选项是空集——不包含任何元素的集合。我们不妨想象一个空盒子。要想产生其他数字，我们需要的是里面有东西的盒子，比如要定义数字1，我们需要往盒子里放1件物品。应该选择什么物品呢？在这个阶段，我们手头只有0和空盒。所以我们或许可以在这个新盒子里放一个空盒子，然后把这整套东西定义为"1"。用集合论的语言来说，1是包含空集的集合。那么2呢？要为数字2搭建一个盒子，它里面应该包含2件不同的物品。现在我们手头正好有两样东西，即分别被定义为"0"和"1"的两个盒子。我们只需要把这两个盒子都放

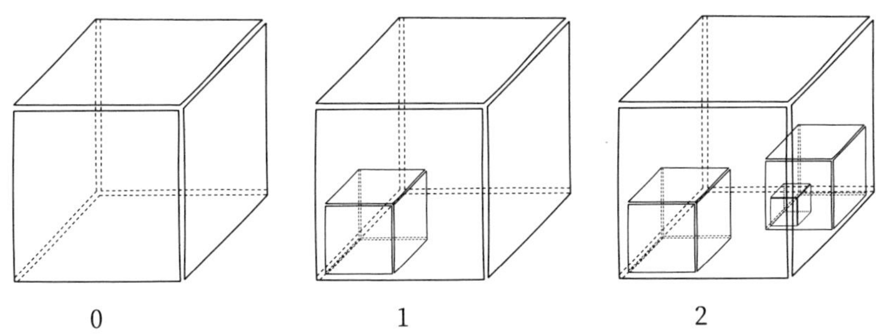

构建自然数：0是空集，如上图所示的空盒子；1是包含了一个空盒的盒子；2是包含了0和1的盒子；以此类推

进新盒子里，这整套系统就是“2”了。换句话说，2是包含了集合0和集合1的集合。

我们可以以此类推：3是包含了0、1和2的集合。4是包含了0、1、2和3的集合。如此继续，一路超过TREE（3）和TREE[TREE（3）]，在每个自然数和它自身的特征集合之间建立映射。像约翰·冯·诺依曼（John von Neumann）和恩斯特·策梅洛（Ernst Zermelo）这样的数学家看到，数字和算法的根基深藏在这些动态的集合里。0已经变成了空集——不包含任何元素的集合。正是从这颗种子开始，我们培育出了自然数的大树。

我们可以在这个不可思议的抽象系统里找到0，但它在现实中真的存在吗？人们对此莫衷一是。柏拉图主义者提出，零和其他所有数字一样真实存在，但只存在于抽象意义上，独立于空间和时间。唯名论者的观点更务实。他们认为，数字存在的唯一意义就是给我们在现实世界里看到的东西——面包、鱼、油罐——计数，所以他们不承认有独立的数字。虚构主义者索性不承认数字本身的存在！就我个人而言，我相信数字。我在空集的抽象中看到了0，而在这个空集中，我看到了对称。

为什么？请容许我解释一下，什么是“空”。

我们需要把“空”和“无”区分开来。“无”（Nothing）——首字母是大写的N——是一个绝对概念，理解起来要困难得多。我们不应把“无”视作某种只要把东西挪走就能创造出来的东西——无论挪走的是苹果、橘子还是空气中的分子，甚至物理定律本身。我们可以创造出真空，但永远无法创造无。真正的无无法从任何地方获取，也不可能成为任何东西。你不能对它做任何动作。如果它存在——很难看出它怎么会存在，我们和它之间必然没有任何关系。

但在这里我们感兴趣的不是无，而是更弱的“空”（nothing），首字母是小写的n。它和我们有关系——我们可以通过把东西挪走来达成空，我们也正是通过这种方式把空和0的对称联系了起来。例如，如果你有一堆苹果，你可以把它们一个个挪走，直到最后剩下0个苹果。你可以用同样的方式处理橘子或空气中的分子，甚至包括恐龙骨头。这种较弱版本的空是相对的而不是绝对的。但对我们来说重要的是，0个苹果和0个橘子没有任何区别。它们都被定义为空集，也就是空。从某种角度来看，你可以说，0或者空是一种即使你改变单位它也不会发生变化的东西：0个苹果、0个橘子、0块恐龙骨头——我们无法说出它们之间有什么区别。数量为0的时候，所有东西都一样。换句话说，0是对称——无的对称。

0和对称之间的这种关系绝不仅仅存在于数学和哲学层面。它铭刻在宇宙的经纬间，支撑着这个宇宙的物理定律，主宰着基本粒子的拉扯。正如我们即将看到的那样，能量之所以既不能被创造出来也不能被毁灭，光之所以会以光速行进，原因全都可以归结于它。也许20世纪最伟大的发现是，我们的宇宙中充斥着海量的对称。这是一个充满0的宇宙。

找到零

2020年春，为了控制新冠病毒的蔓延，英国政府宣布全国封锁，我的妻子和我在家轮流教导两个女儿。大部分时候我们会忽略学校的课程计划，自由发挥。我的妻子教她们自制了一个生物球，好让她们研究生态系统，而我则会帮她们在Scratch平台上用编程语言写傻乎乎的电子游戏。当然，我们不能偏离课程太远，有时候我们需要快速浏览一下老师发来的材料。就是在一次这样做的时候，我的小女儿和我开始研究对称。

我向她展示各种图形，并让她找出这些图形的对称轴。例如，如果是正方形，她需要画出对角线和对边中点的连线。我决定问问她，在这个图形里，她能不能看出别的什么对称。她在学校里只学过反射对称，所以起初她很犹豫。我给了一些温馨提示之后，她开始以中点为圆心旋转正方形，转了四分之一圈（90度）后，她意识到，这个正方形看起来和开始时一模一样。我们又用五边形玩了这个游戏，转了五分之一圈（72度）；六边形转了六分之一圈（60度）。玩到这里，我的艺术才能有点跟不上了，但她已经明白了。这些形状各有一种特殊的旋转对称，这取决于旋转的角度。这种对称和反射对称都是**离散**的，需要特定的步骤才能让形状保持不变。

这种特性可能是自然本身的一部分。要拆解这种自然的离散对称，我们需要深入微观王国，寻找与之对应的零。将所有粒子和它的反粒子交换，这可能就是一种对称，反之亦然。自然界里存在这样的对称吗？如果存在，它背后肯定有一个零——那就是宇宙中粒子与反粒子数量的差值。但实际上，这二者的数量之差不等于零——我们看到的粒子差不多有10^{80}个，反粒子却寥寥无几。这实在是走运极了。如果粒子和反粒子数量相等，那么它们就会在大爆炸后立即互相湮灭，留下一大堆辐射和一个死去的宇宙。我们仍不清楚宇宙以何种方式赐予了我们这样的幸运，以及它为什么打破了物质和反物质之间这种自杀式的对称。

和女儿在封锁期间的对称课堂上讨论了正方形和六边形的离散对称以后，

我画了一个圆，并问她：这个圆需要旋转多少度才能保持不变？当然，答案是你想转多少度就转多少度。我们不再像面对其他形状时那样受限于90度、72度或者60度的倍数。你可以连续不断地转动一个圆，让它绕圆心旋转任意角度，而它总是会保持原状。这意味着我们得到了一种连续的对称，而不是离散的。在自然界里，连续的对称支撑着一些最重要的物理原理。

例如，由牛顿在差不多400年前提出且沿用至今的那几条物理定律。未来400年甚至1 000年后，它们依然会成立，只不过那时候研究这些定律的可能是未来由计算机生成的智能科学家。虽然随着时间的流逝，大自然会自由演化，但人们认为，基本的物理定律不会改变。这是一种连续的对称。你可以在尤利乌斯·冯·梅耶的放血顿悟中找到与之对应的零。

你也许还记得这个人，他在“古戈尔”一节中出现过。冯·梅耶是一位随船医生，他研究了热带暖阳下水手血液的颜色，偶然发现能量既不能被创造，也不能被摧毁——它始终守恒。但能量为什么会守恒呢？这既不是巧合，也不是什么上天的安排，而是源于哪怕时间流逝，物理定律也始终保持不变。能量守恒的原因藏在时间的连续对称中。

为了直观地理解这为什么是真的，我们不妨想想，如果事情有所不同，物理定律随着时间的推移而改变，会发生什么。例如，如果引力在一夜间变强了，我们就能轻而易举地凭空创造能量。你只需要把这本书从地板上捡起来，稳稳当当地放到一个架子上，让它在那儿待一夜就好。捡书的时候你做了功，传递了一些能量，然后这部分能量会以重力势能的形式被储存起来。第二天一早，当你感觉身体变重了一点时，这本书储藏的势能也变多了，因为引力变强了。如果你让它重新掉到地板上，它就会释放出这些能量，其数值大于你昨天传递给它的能量。干得漂亮——你凭空创造出了能量，这都得归功于随时间而变化的物理定律。反过来说，在我们的宇宙中，物理定律看起来总是老样子，所以能量既不能被创造，也不能被摧毁。它始终守恒。

有连续对称的地方就有相应的守恒定律。这里还有个例子：人们认为，你在空间中移动的时候，基础的物理定律始终保持不变。无论是在你家还是在邻居家，甚至在半人马座海岸边某个外星人的家里，这些定律总是一样的。这种对称直接衍生出了动量守恒。遵循同样的路线，旋转宇宙的物理定律保持不变，通过这个事实可以推出角动量守恒。除了上述例子，其他每个连续对称都有相应的零。也就是能量、动量、角动量或者其他什么量的变化始终守恒。

对称、守恒和零之间的这种深刻联系是研究对称的专家埃米·诺特（Emmy Noether）发现的。爱因斯坦盛赞埃米是一个“数学天才”，其他人则说她的学术成就与居里夫人不相上下。尽管埃米如此才华横溢，但她一辈子都在和周围的偏见做斗争。起初，他们攻击她的女性身份，后来又说她是犹太人。19世纪末，埃米在一个学术氛围浓厚的德国家庭长大。像她这样出身于体面中产阶级家庭的女孩，并且上过女子修身学校，人们总觉得她应该追求艺术方面的兴趣。但埃米拒绝了这条路线，她开始在埃尔朗根－纽伦堡大学学习数学和语言，她父亲是这所学校的一名教授。作为一位女性，她无法合法注册入学。她能不能上课全凭老师决定，而且只能旁听。埃米是当时在埃尔朗根－纽伦堡大学学习的两名女学生之一，而该校的男学生有将近1 000名。

哪怕在她获得博士学位并开始在数学研究院教书以后，她仍被当成教职员工里的二等公民，既没有头衔，也没有薪水。但她的才华引起了众人的注意。大卫·希尔伯特（David Hilbert）和菲利克斯·克莱因（Felix Klein）想尽办法把她请到了哥廷根大学。他们面临阻力，很多同事质疑道：“我们的士兵回来上大学，却发现自己得听一个女人上课，他们会怎么想？”但希尔伯特和克莱因获得了最终的胜利。1913年，埃米搬到哥廷根。当然，她还是没有薪水，而且她只能以希尔伯特的名义授课。正是在哥廷根大学，她开始看到对称和自然守恒定律之间的相互作用。由于卑微的学术地位，她不能向皇家科学学会递交自己的论文，于是菲利克斯·克莱因替她提交了研究成果。

第一次世界大战结束后，德国社会慢慢有了变化，尤其是对女性来说。20世纪20年代初，埃米在大学里拿到了一笔微薄的薪水。虽然她在哥廷根大学以外的地方得到了更多的认可，但她始终未入选科学院，甚至没被提升为正教授。在获得第一份薪水的10年后，随着纳粹控制德国，她和其他犹太人以及“政治嫌疑”学者一起被开除了职务。埃米逃到了美国，先后任职于宾夕法尼亚的布林莫尔学院和普林斯顿大学。她在抵达美国两年后死于肿瘤。诺特家族的悲剧不止这一个。当时埃米的弟弟弗里茨也逃离了纳粹的魔掌，在苏联托木斯克国立大学当数学教授。

埃米·诺特的理念主宰着20世纪的基础物理学，理解自然的任务也随之变成了理解自然界的对称和守恒定律。通过摩擦一块玻璃与聚酯纤维毛衣，你就能看到一个真正重要的例子。毫无疑问，这会产生静电，玻璃上的一部分电子被剥夺，附着到毛衣上。现在这块玻璃携带了一些正电荷，毛衣则携带了负电荷。然而，二者形成了完美的平衡，所以总电荷依然是零。这都得归功于一个事实：电荷既不能被创造，也不能被摧毁。根据埃米的理论，这条守恒定律必然来自一种连续的对称。那么，这种对称是什么呢？于是我们发现了带电粒子（如电子和正电子）理论，以及一块内在的“表盘”。这套理论不过是一个标签，告诉我们讨论带电粒子行为所需要的语言。这种语言既不是英语，也不是西班牙语，而是描述复杂自旋量的数学语言。无论它是什么，我们在这里不会讨论细节。你只需要知道，随着“表盘”的旋转，自旋量也会随之转动，物理学通过这种方式保持不变。归根结底，正是这块内在表盘的连续对称保证了电荷守恒。

其实电磁的对称比我们刚才描述的强大得多。要弄清为什么，我们需要把宇宙放进一个盒子里，想想你能用什么方式保证电荷守恒。例如，带电粒子是否有可能从你的鼻子底下突然消失，然后立即在马路对面重新出现？虽然这听起来很疯狂，但如果只考虑电荷守恒，完全没问题。毕竟，带电粒子瞬间跳跃了——但它从未真正离开过宇宙。然而，这一刻我们想起了爱因斯坦和“1.000 000 000 000 000 858”那一节的主旨，于是我们知道带电粒子不能超越光速无限快地在空间中跳跃。为了不违反相对论，结果我们发现，无论在空间和时间中的哪一个点，电荷必然在局部层面守恒。换句话说，无论是在你的鼻子底下还是在空间中其他任意某个地方，整体的电荷不能瞬间改变。相应的对称也升级成了局部对称。我们讨论的不再是一个表盘适用于整个宇宙，而是有无数表盘散落在时空中的每一个点上，它们可能指向任何方向，但并非不受束缚。

这种局部化的加强版对称被称为“规范对称”。要理解它意味着什么，我希望你把我这条街想象成宇宙，每幢房子分别对应空间中的一个点。我家的房子里有我、我的妻子和我们的两个女儿，我们左边的邻居是盖里和琳妮，右边是皮特和斯蒂芬，再远一点儿是路浦丘和莉莉娅，伊安和苏住在街对面，如此等等。大家都很爱社交，经常能看到有邻居隔着花园栅栏聊天。

假设每幢房子各有一块语言表盘。现在所有表盘都指向“英语”，所以大家都说英语。这样交流起来就很轻松。假如我的妻子决定组织一场派对，她可以用英语告诉史蒂芬，然后他再告诉莉莉娅，说的也是英语，以此类推。这个消息很快传遍了整条街。但要是这些表盘开始持续旋转，从英语转到美式英语，然后是其他语言，最后全都指向法语，会发生什么？现在所有人都开始说法语。但这是个问题吗？当然不是。如果我的妻子想再组织一场派对，她可以用法语告诉史蒂芬，然后他再用法语告诉莉莉娅，以此类推。消息再次传遍整条街。事实上，你甚至可以说，这条消息是守恒的，多亏了表盘的对称。

但我们也说过规范对称比这更好。它是局部化的加强版，这意味着不同的表盘不需要同时转动。也许我们的表盘指着法语，盖里和琳妮的指向德语，而皮特和斯蒂芬说的是斯瓦希里语。最后，这条街上的每个人都说着一种不同的语言——这是否意味着我的妻子在组织下一场派对时会很艰难呢？并不会，大自然找到了一种巧妙的适应方式——规范场论。它给每一家提供一本定制词典，帮助大家和紧挨的邻居交流。我们的词典可以把法语翻译成德语或者斯瓦希里语，这样我们就可以跟盖里和琳妮、皮特和斯蒂芬交流了。举办派对的消息依然能传遍整条街。在我们这个街道宇宙中，任何地方的任何人都可以随心所欲地把自己的表盘拨到任意一种语言，因为自然会为他们所有人提供合适的词典。物理学家喜欢把这些词典称为“联络”或“规范场”。它们会帮助人们来回传递信息，这就是为什么我们认为规范场是自然的力。电磁领域的规范场是电磁场，对应的量子是光子——一种光粒子。它在带电粒子间辅助传递电磁信息。

现在我们有了这种加强版的漂亮的新对称，相应的零在哪里呢？原来它就藏在词典里。有一件事我们可以问：动摇规范场或词典，或者说以某种方式改变它，需要消耗多少能量？归根结底，越难动摇说明它越重。想一想，用同样的力摇晃老鼠尾巴和大象尾巴，结果会怎样。大象尾巴晃动的幅度会小得多，因为它重。从某种意义上说，规范场也一样。如果只用很少的能量就能改变它，我们就会知道它很轻，反之则很重。所以，它到底是轻是重？答案就在规范对称里。如果我的邻居决定重置自己的表盘，换成另一种新语言，会发生什么？我们知道，这不是问题。多亏了对称，他们可以完成这件事，而且不会引发任何物理学上的后果——应该不需要消耗任何能量。当然，实际上，自然会通过升级我们的词典来适应这种变化。换句话说，你必然能通过某些方式改变规范场，无须付出任何代价，也不消耗任何能量。这意味着规范场轻得不能再轻。它没有质量。这就是我们要找的零——规范场的质量和它相应的量子。多亏了电磁规范对称，光子没有质量，于是它不得不以光速行进。

看来大自然真的很爱对称，尤其是规范对称。规范对称带来了力。它们潜藏在我们对力的理解最核心的地方，包括引力、强核力和弱核力，当然还有电磁力。这个理念主宰了物理学近1个世纪。借助越来越强大的粒子加速器，我们对亚原子粒子的微观舞步探查得越来越深入，也看到了越来越多的对称。我们观察得越深入，大自然就变得越美——越对称。每一种新的对称都有相应的零。

古巴比伦人写下第一个零是为了让账目更清楚，更好地记录食物、牲畜、人和货物的数量。但“零”这个数字太有个性，它总是通往危险和刺激。在历史的洪流中，它会和恶魔共舞，与虚无和上帝的缺席融为一体。奇怪的是，一个长期被斥为异端的数字竟然存在于自然界本质最核心的地方。在数学领域，零是空集，是对称的化身，物理世界里也有它的身影。我们的宇宙里充满了零，对称的符号就隐藏在基础物理学的钟摆里，从光子消失的质量到电荷和能量的守恒。

正如我们在接下来的两章中即将看到的那样，自然界中还有其他一些小数字：比1小得多，但还没到0的数字。比如电子的质量——它不是零，但比所有其他重粒子（例如夸克或希格斯玻色子）的质量小得多。这暴露了一种对称，尽管它有些不完美，就像漂亮脸蛋上的一点瑕疵。但也有一些我们尚未理解的小数字，目前我们还没发现它们背后的对称。这些谜团关乎一个出乎意料的世界，关乎本应深藏不露的基本粒子，关乎一个你和我本不应该出生于其中的宇宙。

0.000 000 000 000 000 1

出乎意料的希格斯玻色子

2012年7月4日。全美国的家庭都在庆祝独立日，但真正激动人心的事情发生在瑞士和法国边界附近，勃朗峰脚下不远处的一个讲堂里。这个讲堂是欧洲核子研究中心最大的大厅，历史上那些规模最大、技术最先进的实验就是在该中心进行的。科学家们在这里建造了一台“大爆炸”机器，这台环形碰撞机能将亚原子粒子加速到接近光速，然后让它们撞到一起。他们的目标是将巨量能量压缩到极小的空间区域内，配上刚好足够的控制条件来记录所发生的事情，以这种方式窥探基础物理学的“钟表”。2012年夏天，他们在碰撞的余波中看到了一些重要的东西，而现在他们准备把这个发现告诉全世界。

那天的观众里有5位物理学巨匠，分别是汤姆·基博尔（Tom Kibble）、盖里·古拉尼（Gerry Guralnik）、卡尔·哈庚（Carl Hagen）、弗朗索瓦·恩格勒（François Englert）和彼得·希格斯（Peter Higgs）。在一个被对称主宰的世界里，这五位再加上他们的朋友兼同事罗伯特·布劳特（Robert Brout，于2011年去世），这个“六人帮”为我们理解质量源自何方做出了巨大的贡献。虽然当时他们的理论仍未得到实验性的验证，但已经得到了广泛的认可，而这是获得诺贝尔奖必不可少的先决条件，也是所有理论学家心目中无上的荣光。在美国独立日的那一天，一切都改变了，欧洲核子研究中心的研究小组向这5位智者和50万通过互联网观看直播的观众宣布了他们的实验结果。他们发现了一种新粒子，它的质量大约是125GeV。他们十分确定，这就是希格斯玻色子。

这个发现太值得庆贺了，无论是在理论层面还是实验领域。借助粒子碰撞机的伟力，欧洲核子研究中心重铸了一座焊接熔炉，就像婴儿期的宇宙那样，夸克、胶子和其他宇宙成分的碰撞最初就发生在那里。但是，2012年7月4日的欢庆背后隐藏着一个黑暗的秘密，有些事情令人不安，有些东西让观众中的理论学家暗自担忧。它就藏在下面这句话里：

> 他们发现了一种新粒子，它的质量大约是125GeV……

125GeV。简单地说，只要我们把单位转换一下，就可以得出这个质量大约是2.2×10^{-25}千克。[1]这差不多比仙女蜂轻10^{24}倍，这种微型蜂也是世界上最小的昆虫。当然，我们不应该把一个希格斯玻色子和一只由10^{24}个原子组成的仙女蜂放在一起比较，但即便如此，希格斯玻色子还是比人们预期的轻得多。大家都说，它实际上应该是一个重粒子，比电子或光子重得多。它的重量本应是微克级的。如果真是这样，它就和仙女蜂差不多。

我知道你在想什么：仙女蜂和希格斯玻色子有什么关系？答案是没有（至少没有直接的关系）。结果我们发现，仙女蜂的重量差不多相当于一个量子黑洞，这是引力允许存在的最小、最致密的物体。这只昆虫和量子黑洞的质量或许相去无几，但黑洞所占据的空间比仙女蜂小10^{30}倍。事实上，它将11微克的质量挤压到了一个直径为普朗克长度的球里，大约是1.6×10^{-35}米。正是在这个尺度上，引力开始撕裂空间和时间的经纬。这是一个小得超乎想象的长度，但对希格斯玻色子来说，它非常重要。如果将我们对物理学的理解一路推进到这么微观的层面，希格斯玻色子应该会受到量子力学那个喧嚣世界的影响，最终它会和量子引力正面交锋。我会在本节后文中解释具体的细节。现在，请试着接受希格斯玻色子的重量本应和仙女蜂差不多，也就是说，约等于一个量子黑洞的质量，但我们观察到的结果不是这样的。它的质量只有预期值的0.000 000 000 000 001倍，谁也不知道这是为什么。

在上一节中，我试图说服你，小数字需要一个解释。当你碰到0的时候，大自然是在用它的美——它的对称——逗弄你。毕竟，0有其完美之处。但一个不是0的小数字又意味着什么呢？例如0.000 000 000 000 000 1，它近乎完美，却差了一点儿。它的对称有点小瑕疵，就像一张左右完美对称的脸庞，只是左脸颊上多出来了一颗小小的雀斑。在物理世界中，除非有对称作祟，否则你不应看到过于大或过于小的数字。通常你看到的比例应该平平无奇，大约是1或者其他个位数。如果你真的看到了一些异乎寻常的数字，它背后很可能有一些异乎寻常的原因。

为了让你信服，你可以做一个小实验。请你的10位朋友分别在–1～1之间随机选择一个无理数。记住，无理数是一个不能用分数来表示的数字，所以你的朋友可能会选择这样一些数：$\frac{1}{\sqrt{2}}$、$\frac{\pi^2}{18}$或者$-\frac{1}{\sqrt{13}}$。

等他们选完以后，请把他们选出的所有数字加起来，然后再去掉所有符号。结果是什么？如果你得出的结果小于0.000 000 000 000 000 1，这显然异乎寻常。不知为何，他们选出来的数字全都互相抵消了。如果没有事先安排，这种小概率事件不太可能自然发生。你得到的答案不会接近0。它应该只是一个普通的数字，不太大，不太小，也没有任何特殊之处。

这套逻辑可以帮助我们选出最合适的科学模型。而要弄清它到底如何起效，我们应该回到16世纪初，那时候大部分人还认为，地球位于整个宇宙的中心。当时的天文观测结果和这种观点并不矛盾。亚历山大的托勒密（Ptolemy）创建的古老模型可以解释一切：这套模型由轨道和本轮构成，行星的环形轨道本身也在做环形运动。它的细节其实不重要，只需要记住根据这套模型，地球静止不动，其他所有行星以可观的速度运动。1543年，这种观点遭到了尼古拉·哥白尼的质疑。哥白尼生于波兰，是一位天主教教士，对数学和天文学有着浓厚的兴趣。受西塞罗（Cicero）和普鲁塔克（Plutarch）著作的启发，哥白尼提出，地球不是静止不动的——它应该自由地和所有其他行星一起运动。然后他提出了一套“日心说”模型，即以太阳为宇宙中心，地球卑微地绕着它运行。那个年代天文数据的精确度不足以证明或证伪这个颠覆性的新想法，所以大部分哲学家都听从了自己的直觉。哥白尼的理论看起来违背了常识，或者往坏了说，它挑战了《圣经》。哥白尼本人预料到了外界的这种反应。由于担心自己的研究必然遭到鄙夷，他将这个理论“雪藏”了几十年，直到生命快要走到尽头才将其发表。

与哥白尼同时代的人本应采取“数字越平凡的模型越可信”这种更开明的观点。按照“日心说”模型，所有行星绕太阳运行，它们的运动速度大致相同。水星最快，它的巡航速度大约是107 000英里/小时；其次是金星，巡航速度大约是78 000英里/小时；接下来是地球，巡航速度大约是67 000英里/小时；最后是火星，巡航速度约是54 000英里/小时，以此类推。虽然这些行星在远离太阳时会明显减速，但它们速度的比值都不怎么起眼——不太大，不太小，也不特别。托勒密的“地心说”却完全不这样。由于“地心说”假设地球相对于其他所有行星静止，所以它的速度与其他任意行星之比都是零。因此，“日心说”里有一个零——一个小得异乎寻常的数字，而自然界异乎寻常的数字背后通常有一个充分的理由。托勒密的支持者本应拷问一下这个零。地球为什么应该保持静止？在“日心说”模型中，我们可以说，太阳之所以静止不动，是因为它比行星重得多，所以它的惯性也大得多。但地球的惯性和金星或火星差不多。没什么理由假设地球静止不动，所以我们无法为托勒密的零找到合理的解释。就算天文数据无法判断托勒密和哥白尼孰是孰非，我们也更应该支持哥白尼。归根结底，他的模型足够贴合观测结果，也不依赖任何无法解释的异乎寻常的数字。

这种选择可信理论的标准被称为“自然性”。如果一套理论不包含任何无法解释或过于精确的结果，它就是自然的。你可以有几个小数字或者精确数字，但前提是你理解它们背后的物理学。如果没有这样的理解，就有可能遗漏了什么东西，或者这套理论从根本上就是错的，就像地心说宇宙观一样。当然，从某种程度上说，自然性只是一种美学方面的考量——它的优先级绝不应高于实验数据。但如果数据不足以指引我们，自然性似乎可以暂时充当一个副手。无论何时，只要看到一个无法解释或者不合理的小数字，我们就会开始努力思考它到底为什么会出现在这里。它背后的对称是什么？我们漏掉了什么新的物理学？

自然性的案例之所以令人信服，不仅仅是数学方面的原因，还有我们在自然界里经常看到它实际起效。例如，在上一节末尾，我们知道了光子的质量为什么近乎为零。这个零不是随便选出来的数字，而要归功于电磁力的规范对称——让它能够自由地在空间中的任意位置设置一个内在的“表盘”。核物理学中也有一个零，它藏在质子和中子的内部结构里。组成质子和中子的基本粒子夸克由胶子黏合在一起。胶子的质量也近乎零，这得归功于另一种规范对称，这次它和强核力有关，而不是电磁力。

但自然性不仅仅关乎零，也关乎那些小得不可思议的数字。和光子、胶子一样，电子不是完全没有重量，但它至少比我们原来的天真预期轻100万倍。这个小数字——百万分之一，甚至更小的因数——需要一个解释。我们还真有一个解释。电子之所以这么轻，也是因为对称。它不是真正的对称，否则电子应该完全没有重量。取而代之的是，它是一种近似的对称。我们不必细究这种对称到底是什么，只需要关注它做了什么：它阻止了电子变得太重。这是一件大好事。电子的重量只需增加3倍，就足以让氢原子失去平衡。化学和生物学都将不复存在，你和我也不会有降生的机会。

自然性最辉煌的胜利或许出现在1974年，斯坦福直线加速器中心和布鲁克黑文国家实验室的团队看到了一类新的夸克——粲夸克——存在的证据，这也被称为“十一月革命”。仅仅几个月前，在芝加哥附近的费米实验室，年轻的理论学家玛丽·嘉拉德（Mary Galliard）和本杰明·李（Benjamin Lee）一直在研究一种名叫k介子的高能粒子两个不同版本之间质量的差别。他们意识到要维护自然性的权威，就需要某种呼之欲出的新物理学。他们猜测，这种新物理学或许会以一类新夸克的面目出现，于是粲夸克就此登场，正好出现在自然性需要它的地方。

向前快进差不多40年，我们回到2012年美国独立日欧洲核子研究中心的大会。希格斯粒子登场，成为基本物理学诸多粒子中的一员，向我们诠释了宇宙以何种方式掩藏这么多看不见的对称。但正如我们已经看到的那样，这场大戏里有一些不自然的地方。希格斯粒子比预期的轻了10^{24}倍。我们如此欢欣鼓舞庆祝的理论里有一个极小的数字，或许小到了0.000 000 000 000 000 1的程度。大自然不会毫无理由地给出一个小数字。所以，这个数字为什么会出现？有什么新物理学能把我们从它手里救出来？这种新的对称到底是什么？

对1974年的嘉拉德和李来说，他们需要的新物理学呼之欲出，自然性最终得救。2012年欧洲核子研究中心的大会过去10年后，我们仍未理解希格斯玻色子为什么要用一个这么小的数字来逗弄我们。自然性应许的新物理学仍未现身。难道自然性最终失效了？我们是否注定要生活在一个出乎意料、本不应出现的宇宙中，却永远无法理解这是为什么？我们需要更深入地了解这种令人困扰的新粒子。事实上，我们需要更深入地了解所有粒子。

你在本节中将会遇到的所有粒子速览

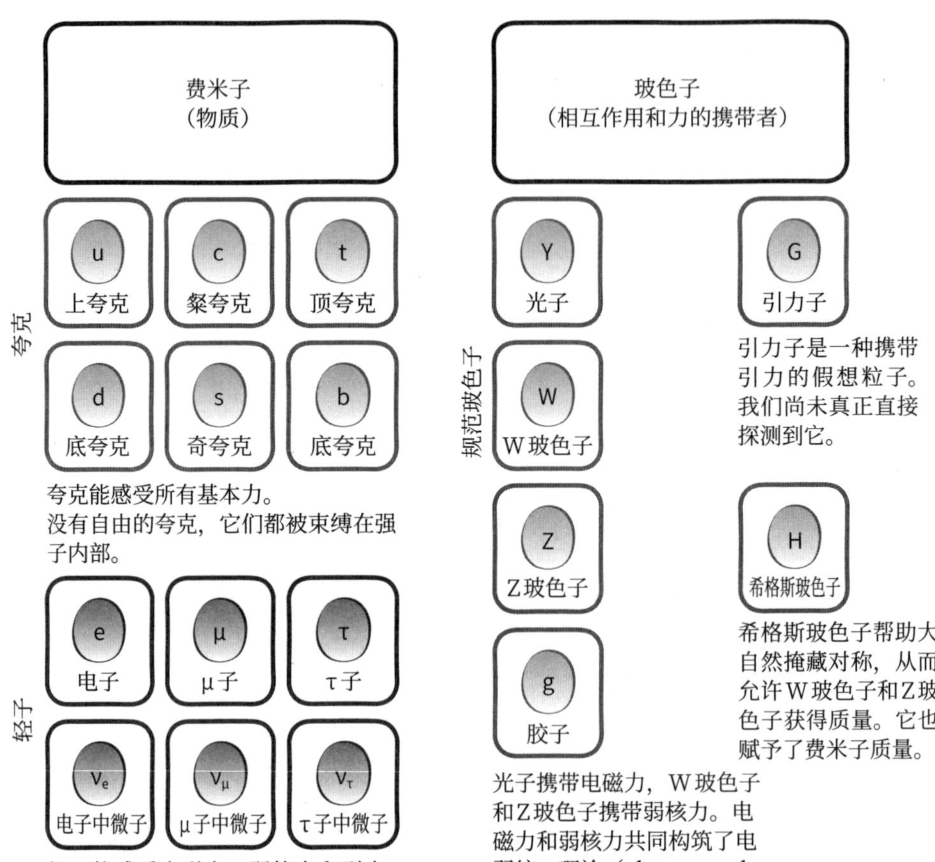

粒子细览

亚里士多德肯定讨厌希格斯玻色子。事实上，他肯定不喜欢所有基本粒子。他不会接受这个理念：万千宇宙实际上都由无数个这种极其微小的基本模块组成。他一定会和原子论者大战一场，与最早的粒子物理学家留基伯及其学生德谟克利特论战。因为后者宣称，所有物质都由宇宙真空中跳跃的、不可分割的细小碎片构成。据说，这些粒子（或者用他们更偏爱的术语“原子”）有各种各样不同的形状：有的凹下去，有的凸出来，有的长得像钩子，有的看起来像一只眼睛。他们认为这些粒子可以解释人类的感觉，比如苦味来自流过舌头上的带锯齿的粒子，甜味则来自更圆润的粒子。当然，现代粒子理论比这更复杂一些，但它符合原子论者的视角。物质的确由不可分割的细小碎片组成，只是现在我们称这些碎片为“夸克”和“轻子”。它们与彼此、与力的携带者翩翩起舞——后者是另一种粒子。这场“芭蕾表演”孕育了化学键和生物学创造生命的艺术。

你想象中的粒子是什么样的？我猜你大概不会把它想象成钩子或眼睛的模样，就像原子论者那样。也许你会把它想象成一撮尘埃或一抹花粉。这当然更接近事实，但在讨论希格斯玻色子、电子或者其他任何一种基本粒子的时候，我们实际所说的并不是这样的东西。要理解粒子到底是什么，我们首先需要聊一聊场。当我还是个孩子的时候，我心目中的“场”是一块可以踢足球的地方，但物理学中有其他类型的场，看不见的力就作用于其中。例如电磁场，它通过磁铁的吸力或狂暴的雷暴彰显这种看不见的力量。引力场，它控制着行星的运动，或者撕碎游荡得太靠近黑洞的恒星。此外，还有电场、夸克场，甚至希格斯场。其实场既不高级，也不神秘。它只是一张你能在时空中描摹的地图，在不同的位置有不同的值，比如你可以聊聊天气地图上的温度场，上面标出了英国必不可少的寒冷和意大利或西班牙的温暖。也可以聊聊标示气压的大气压强场或者星系的密度场，上面标出了恒星际气体的分布情况，以及那些更致密的天体，比如恒星和行星。电磁场只是这些地图中的另一种，这些地图在时空中的每一个点都标出了一堆数字，而电磁场的数字标明的是该位置的电磁背景强度。

当然，电磁场在某种程度上要优于其他场：它是一种基本场——你没法把它拆分开，以揭示潜在的结构。其他基本场包括电子场、希格斯场、上夸克场、下夸克场、Z玻色子场，当然还有引力场。这份名单可以一直往下列。其中一些基本场，如电子场，只在量子领域起效，它们被称为量子场。而其他的基本场，如电磁场和引力场，能作用于宏观尺度。稍后我们会解释这是怎么回事。无论是什么场，我们都可以把它看作一张定制地图、一系列遍布时空的数字，或者对相关物理效应的编码。例如，如果电子场到处都近乎零，你就可以确定，你不会找到任何电子。

粒子出现在这些场里的什么地方呢？正如我们在“葛立恒数”一节中看到的那样，粒子实际上是一种微小的振动——它是量子场里的量子涟漪。我们可以用海面来类比某个基本场的值，它的高度随着海浪上下荡漾。你可以想象一下，在海浪的最高处，有一个细小的涟漪——它就相当于一个粒子。不同场里的涟漪会产生不同的粒子。电子场里的涟漪带来了电子，电磁场里的涟漪产生的是光子，引力场带来引力子，上夸克场带来上夸克，以此类推。

粒子也可以用“实”或“虚”来描述——可以有实光子，也可以有虚光子。电子、夸克、胶子和其他所有基本粒子也是如此。这一切听起来比实际情况更奇妙。你可以将实粒子握在手中，如蜡烛释放的实光子，或者量子力学经典实验中穿过双缝的实电子。但虚粒子是抓不住的，不是因为它迷失在了某个虚拟现实游戏的以太中，而是因为它根本不是真正的粒子，只是其他粒子和其他场在一个场里引起的扰动。比如说，一个电子扰动了电磁场，另一个电子经过这里时就会感受到这种扰动，反之亦然。正是这种扰动让电子彼此排斥。你甚至可以把它想象成一个涟漪——一个光子，但从任何有意义的层面来说，它都不是真正的粒子。它是虚粒子。虚粒子的涟漪不会像实光子那样自动以光速行进，但也没有任何办法可以拦截它们。

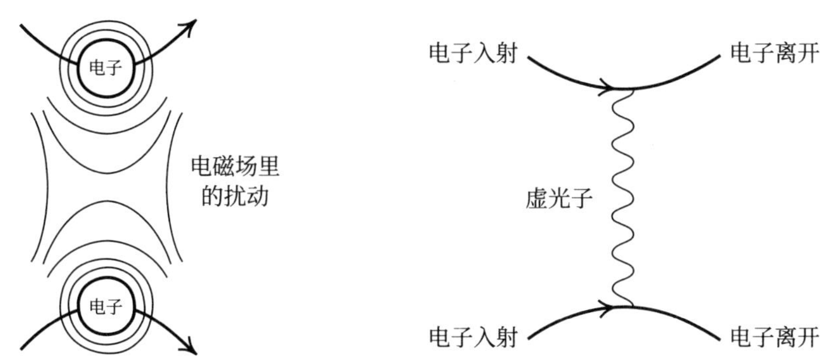

这两个电子在电磁场中引起了一场扰动，或者说涟漪，
这就是我们所说的虚粒子。左图详细地绘出了电磁场中的等值线；
而粒子物理学家画的示意图往往是右边这样的。不过，它们表达的意思
完全一样。后者就是所谓的“费曼图”，当然，它得名于理查德·费曼

虚粒子只是一种思考不同的场如何互相影响的便利方式。人们常说的一个类比是两个滑冰者互相扔球。抛球或接球的时候，他们不可避免地会被球往后推开一点，就像被另一个滑冰者排斥一样。这两个滑冰者就像感受到电磁斥力的电子，而球就是虚粒子，它将这种效应从一个滑冰者传递给另一个。这个类比不太适吸引力，但我们仍然可以将这种力视为在带电物体之间传递的虚粒子。

大部分粒子天生就能“自旋”。早在20世纪20年代初，德国物理学家奥托·斯特恩和瓦尔特·格拉赫开始用磁铁和银原子做实验以后，人们对它们的这种性质就已经有所察觉。自旋实际上是一种角动量，而角动量通常关乎旋转运动，就像乒乓球的自旋或者节庆日上的华尔兹舞者。想象乒乓球的自旋不是

什么难事，哪怕是量子乒乓球，但要想象自旋对基本粒子来说到底意味着什么，就没那么容易了。因为它们无限小。滑冰者在冰面上踮脚旋转时会收起手臂，这样他们就能转得快一点。这是因为他们的角动量守恒。角动量取决于两个因素：旋转的速度和展开的长度。胳膊收起来的时候，为了弥补臂展的损失，他们就得转得更快一点儿。对一个无限小的粒子来说，要让它拥有任何角动量，那它必须转得无限快。这显然不对，实际情况到底是怎样的呢？基本粒子近似数学意义上的点，对它们来说，所谓的“自旋”是一种内在属性，这种能力让它们表现得像在旋转一样，但实际上它们并不会以无限快的速度转个不停。不妨想想那些政客。他们的工作是表现得好像真心为你着想一样，但他们实际上做的是另一回事。

在这个限制条件的约束下，我们不妨把粒子想象成一个缩小到微观尺度的乒乓球。自旋特性不同的粒子在旋转时会表现出不同的行为。假设你在这颗乒乓球顶部画了一个笑脸。当你旋转球的时候，随着上面笑脸的自转，你的视角也会稳定的变化。只有在乒乓球转完一整圈以后，这个笑脸看起来才会和原来完全相同。光子和其他所谓“自旋为1”的粒子就是这样。要让它们回归初始量子态，你必须转完一整圈。要理解“自旋2”的引力子是怎么回事，我们需要在乒乓球相对的两侧画两个一模一样的笑脸。现在，当球旋转的时候，每转一圈原始图案会出现2次，第一次是转到180度时，第二次是360度时。“自旋2”的粒子每旋转一圈会有两次回到相同的量子态。“自旋3”的粒子回归3次，以此类推。

刚刚说的都是自旋为整数的粒子，也有自旋为半整数的粒子。那么，自旋1/2的粒子旋转时会发生什么？这个问题就有点难了。现在我希望你放下乒乓球，想象一只量子尺度的幽灵蛸（别名吸血鬼乌贼）。转完一整圈后，你大概觉得这只乌贼应该看起来和原来一样。但事实并非如此。这只乌贼把自己的内脏翻了出来。它发生了**翻转**。吸血鬼乌贼的确会这样做，但在量子力学的语言里，我们实际上要表达的是概率波的翻转——波峰变成了波谷，而波谷变成了波峰。自旋为半整数的粒子总会这样：转完一整圈以后，它们会从一种态变成相反的另一种态，就像从里到外翻转了一次！只有在转完第二圈后，它们才会恢复正常。

自旋让我们得以把粒子分成两个阵营。一边是自旋为整数的粒子——玻色子，它们负责携带自然界的所有力。光子是一种玻色子。它的自旋为1，并携带电磁力。自旋为1的粒子还有W玻色子、Z玻色子和胶子，它们携带核力。接下来是引力子——一种尚未探测到的、自旋为2的量子，据说它携带引力。光子这样的轻粒子携带的力能跨越非常遥远的距离。然而，重粒子携带的力衰减的速度要快得多，因此这些力作用的距离也更短，比如携带弱核力的W玻色子和Z玻色子。

那自旋为半整数的粒子呢，如电子和夸克？它们被称为**费米子**。费米子将实质赋予了宇宙。因为它们组成了物质。所有固态物体都由费米子组成，无论是恒星、行星还是硬糖果棒。这背后有一个很好的理由，费米子不喜欢被堆在同一个地方做完全相同的事情。事实上，任何量子系统都绝对禁止2个费米子处于完全相同的量子态。这被称为“泡利不相容原理”，以德国天才物理学家沃尔夫冈·泡利的名字命名，在接下来的几章里，我们还会和他打交道。泡利不相容原理起效的机制如下：假设有两个费米子漂浮在一杯茶里。如果你将它们互换，会发生什么？费米子是一种难对付的小东西。如果将它们互换，它们会翻转描述这杯茶的概率波——凸起的波峰会变成凹下去的波谷，反之亦然。吸血鬼乌贼翻转自己的大戏会重演。现在如果这两个费米子恰好一模一样，你这杯茶就有麻烦了。我说一模一样，是指它们的量子DNA完全相同，二者真正互为分身——相同的自旋、相同的能量、对英国脱欧的意见也相同等。如果你将它们互换，实际上什么都不会变。能有什么变化呢？毕竟它们互为分身。可我们刚刚说过，所有东西都会被翻转。如果翻转一道波，它却毫无变化，这说明这道波从一开始就没有任何波峰和波谷！不管望向哪里，这道波都应该绝对平坦，怯生生地匍匐在零这条线上。由于它实际上是一道概率波，所以这意味着概率为零。换句话说，一杯茶里不可能有两个完全相同的费米子。这不可能存在。吸血鬼乌贼把自己的内脏翻出来是为了吓跑掠食者。但如果它翻过来后看起来还是和原来一样，这种战术就会失败，这样的动物也不可能幸存下来。这就是泡利不相容原理。[2]

泡利是位既风趣又顽固的科学家。他在整个职业生涯中以完美主义著称，作为一位坚定不移的斗士，人们盛赞他是“物理学的良心”，而他对同侪的严厉批评简直令人恐惧。英国物理学家鲁道夫・佩尔斯（Rudolf Peierls）曾是泡利的助手，他在回忆录中记载了一些这样的批评。有一次，一位年轻且缺乏经验的物理学家请泡利点评他的论文。泡利知道这个研究有问题，但由于该论证逻辑混乱得让他实在不敢恭维，于是他宣称这项研究“连错都算不上”。从此以后，这个表达被刻在了理论物理学的词典里，专门用来描述糟糕的科学研究。不过说句公道话，他对更有名的同行也同样残酷。泡利和伟大的俄国物理学家列夫・朗道（Lev Landau）讨论了一个漫长的下午后，朗道问泡利有没有觉得他刚才说的都毫无道理。“噢，不！绝对不是，绝对不是，”这个德国人回答，“你刚才说得太混乱了，谁都说不清它到底有没有道理。”

玻色子没有类似的不相容原理。它们十分合群，很乐意在同样的量子态中挤成一团。事实上，正是出于这种爱凑热闹的特性，它们才会堆积起来，形成宏观的庞然巨兽。对电影《007》中那些热爱制造巨大激光设施、危及人类存亡的反派来说，这一点尤其重要。激光是大量实光子的集合，其中很多光子都处于同样的量子态，它们的相完全相同。我们在宏观层面看到的电磁波和引力波，实际上只是层层叠叠大量堆积的实光子和实引力子，并且只有玻色子才能这样做。

虽然大部分人对电磁力和引力都很熟悉，但另外两种基本力就没那么出名了，主要因为它们只作用于核物理学尺度，深藏在原子核内部。正如我们即将看到的那样，在这个世界里，夸克被胶子连接成串，在W玻色子或Z玻色子的帮助下互相转化。这场微观闹剧因无孔不入的希格斯玻色子而得以实现，它能释放出可怕的力量，从太阳孕育生命的温暖到核末日的恐怖。正如我在本节开头说的，亚里士多德及其早期的追随者绝不会欣赏这座由亚原子粒子组成的复杂“动物园”。不过，他的敌人德谟克利特和其他原子论者呢？我想他们应该会爱上它的。

无孔不入的希格斯玻色子

让我们深入原子内部。

你突然进入一个微型太阳系，电子如行星般绕着一个被称为“原子核”的微型“太阳”公转。当然，控制原子内部公转轨道的不是引力——就像真正的太阳系那样，而是电磁力。带负电的电子与带正电的原子核之间的电磁力大约比引力强10^{39}倍。原子核由质子和中子组成：质子赋予了它吸引电子所需的正电荷，而中子正如其名，它是电中性的。根据元素的不同，你有时会发现原子核里堆积着大量质子。虽然氢原子的原子核只有1个质子，但金原子核拥有79个质子。这给我们带来了第一个原子之谜：众所周知，正电荷会互相排斥，79个质子是如何挤在这么小的空间里的？必然有某种力量将中子和质子挤压在一起，它强大得足以克服电磁斥力。我们知道肯定不是引力，它太弱了。这必然是某种更强的力。

强核力

如果只考虑质子和中子，强核力的故事就会变得相对简单。但在第二次世界大战后的几十年里，人们发现，粒子物理学比人们曾经以为的更丰富，也更奇怪。科学家开始用照片捕捉闯入地球大气层的宇宙射线留下的轨迹。照片里有许多令人印象深刻的新粒子，其中很多追随着强核力的旋律舞动。有π介子和k介子、η介子和ρ介子、Λ重子和Ξ重子，所有这些粒子都属于一个更庞大的家族，如今人们称之为“强子”。对很多物理学家来说，追踪所有这些新发现实在令人筋疲力尽。据说泡利（他向来意见多多）就抱怨过：“要是早知道会这样，当年我就去研究植物学了。”

泡利或许对这些烦人的新发现大皱眉头，但来自下曼哈顿的年轻物理学家默里·盖尔曼（Murray Gell-Mann）却从中看出了眉目。盖尔曼和以色列物理学家尤瓦勒·内埃曼（Yuval Ne'eman）一起仔细检查了这些新粒子的特性，并将它们排列成以8或10种为一组的美丽图案，哪怕放在西班牙的阿尔罕布拉宫也毫不突兀。如此有规律的精妙之处绝不可能出于偶然——它的背后必然隐藏着某种结构。解开这个谜团的人包括盖尔曼和乔治·茨威格（George Zweig，这位出生在俄罗斯的年轻人不久前刚在美国加州理工大学拿到博士学位，导师是理查德·费曼）。

盖尔曼将它们命名为“夸克”，茨威格则称之为“扑克牌A”，事实上，他们说的是同一个东西。正是这些基本粒子组成了质子、中子、介子和其他所有强子。现在我们知道的夸克类型多达6种：上、下、奇、粲、顶和底。它们都是费米子，其中有的更重，携带着不同量的电荷以及其他量子特性，比如同位旋、粲数和奇异数。3个夸克组合在一起会形成所谓的“重子”，如质子或中子。而介子和π介子由两个夸克组成。不同的组合有不同的粒子特性，比如质子由2个上夸克和1个下夸克组成。每个上夸克拥有$+\frac{2}{3}$个电荷，下夸克则拥有$-\frac{1}{3}$个电荷，因此，质子携带了整整一个单位的正电荷。中子由2个下夸克和1个上夸克组成，所以它不带电。

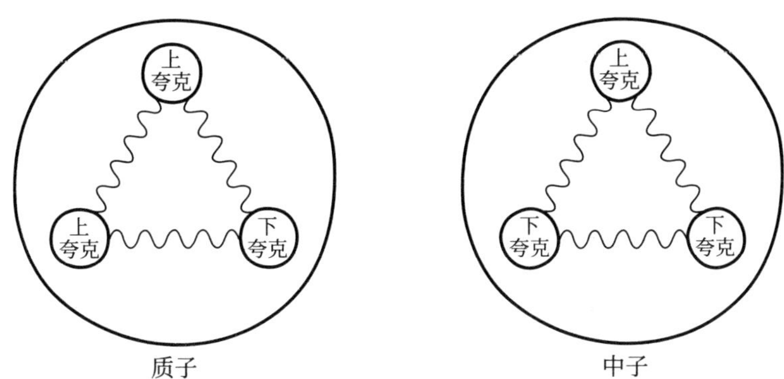

质子和中子的深层结构。它们由不同色的上夸克和下夸克组成，胶子将这些夸克黏合在一起

说到这里，泡利的魂魄应该会在你耳边窃窃私语。夸克是费米子。质子怎么能包含2个上夸克，或者换句话说，2个一模一样的费米子呢？这难道不违反不相容原理吗？如果这2个上夸克真的一模一样，当然违反了不相容原理，但它们并不完全相同。质子内部如果有一个上夸克是红色的，另一个必然是绿色或蓝色的。夸克的色和我们平时说的颜色没有任何关系，它只是一种标签，用于描述电荷的一种新类型。费曼尤其厌恶这种混淆，他宣称，“愚蠢的物理学家”肯定是“想不出什么好听的希腊词”来描述这种迷人的新特性了。

这也许是在嘲讽盖尔曼。两人在加州理工大学的办公室只隔了几扇门，关系非常糟糕。费曼常常取笑盖尔曼对命名的痴迷。他曾经讲过一个可信度不高的故事，说某个星期五，盖尔曼愁眉苦脸地来找他，因为他实在想不出该给自己正在研究的新粒子起个什么好名字。费曼刻薄地回答道：“要么就叫呱克好啦。”接下来的星期一，盖尔曼又兴高采烈地来找费曼，说他在詹姆斯·乔伊斯的小说《芬尼根守灵夜》中读到了一句话：“给穆萨·马克3个夸克。”所以，不是费曼建议的“呱克”，而是“夸克”。

费曼也许不喜欢盖尔曼，但毫无疑问，他非常尊重这位同事。2010年，我有幸参加了盖尔曼的80岁生日庆典。这场庆典在新加坡举行，现场众星云集，至少在我这个物理迷眼里是这样的。除了盖尔曼本人，出席庆典的还有另外三位诺贝尔奖得主：杰拉德·特·胡夫特，我们在“TREE(3)”一节里提到过他；盖尔曼的学生肯尼斯·威尔逊（Kenneth Wilson）；还有中国物理学家杨振宁。乔治·茨威格也在场。尽管周围全是近年来最露锋芒的物理学家，但盖尔曼仍然脱颖而出。他浑身散发着一种我平生仅见过一次的自信与智慧。我承认，我有点儿像追星族。当时，盖尔曼是黄金一代物理学家中硕果仅存的一位。正是这个人在加州理工大学和费曼唇枪舌剑，40岁就拿到了诺贝尔奖，而在接下来的职业生涯里，他的成就甚至足以轻松地再拿两三个诺贝尔奖。盖尔曼的智慧远超常人。哪怕到了90岁，他仍能流利背诵《大英百科全书》。此外，他还是一位娴熟的语言学家，能流利使用至少13种语言。

盖尔曼的夸克，或者说“呱克”，和另一类名为轻子的费米子一起组成了所有物质。轻子包括电子、比它重一点的表亲渺子和陶子，以及名字很好听的中微子（很快我们就将在讨论弱核力时认识它）。虽然轻子和夸克有许多相似之处，但它们也有很大区别，而且是在很重要的方面。轻子不受强核力影响，它们完全无法感受到它；但夸克被强核力束缚，强核力将它们凝聚在一起，永远地禁锢在强子内部。不同于轻子，夸克永远不可能获得自由。这是禁闭的诅咒。禁闭意味着你永远不可能找到一个夸克独自在宇宙中游荡。它总是和其他夸克一起被锁在质子、中子或其他某种强粒子的牢房里。这些锁链由胶子组成，这种“监禁”粒子是强核力的携带者。

胶子不仅仅会禁锢夸克，它们还会互相禁锢。胶子会像拉扯夸克一样互相拉扯、挤压力线，最后把它们全都禁锢起来。这就是为什么我们在宏观生活中看不到强核力。尽管胶子没有质量，但禁闭也会将强核力束缚在原子核内部。我们仍不太了解具体的过程。这也是克雷数学研究所的一个可以提供100万美元奖金的问题，所以要是你能解决它，你就会变成富翁。

当然，我们如今知道的这些都是盖尔曼和他的合作者在20世纪70年代初拼凑出来的。他们说夸克和胶子有“色”，所以这套理论被称为“量子色动力学”。这门学科的种子早在几十年前就已播下，当时杨振宁（盖尔曼80岁生日庆典的参加者之一）和他的美国合作者罗伯特·米尔斯提出了一个奇特的电磁理论，如今人们称之为“杨－米尔斯理论”。这套新理论包含了它自己的力载体，一种新的规范玻色子，也许你可以把它理解成光子的表亲，只是它更复杂，被误解得也更多。杨振宁在普林斯顿聊起它的时候，泡利反复问他这种设想中的新粒子的质量。对泡利来说，这个问题十分关键，因为人们从未见过这样的粒子。杨振宁也不知道答案，由于泡利的攻势实在太过猛烈，他在自己主讲的研讨会进行到一半的时候坐下来想了好一会儿。这实在很丢人，后来泡利没再发言，但第二天，他给杨振宁写了一张字条，说自己的行为让他们俩以后没法再交流了。对于泡利的问题，现在我们知道答案了。多亏了这里涉及的对称，杨振宁设想的携带力的粒子没有质量。盖尔曼稍稍调整了一下这种对称，但粒子的质量没有变，他将这种新粒子确定为胶子，它是连接质子、中子和原子核的纽带。它是强核力的携带者。

弱核力

我的朋友“大聪明”曾开玩笑说，如果他将来有3个孩子，出于对科学的兴趣，他可以做一个实验，给第一个孩子起名叫“了不起”，第二个叫“棒极了”，最后一个叫“垃圾”，然后看看他们会长成什么样。后来他真有了3个孩子，但幸运的是，他的妻子阻止了他的这个计划。这个故事总让我想起弱核力和它不幸的地位，因为它同伴的名字都比它好听得多，像引力、强核力和电磁力。具有讽刺意味的是，弱核力甚至不是四种基本力里最弱的。这个耻辱的头衔属于引力，它比其他力弱10^{24}以上。

当然，弱核力没有强核力那么强，甚至不如电磁力，但别急着失望。它是亚原子世界里的阳光。我是说真的——正是因为弱核力的存在，太阳才能释放出孕育生命的光芒。当两个氢原子核在日核里被挤到一起时，这两个质子中可能有一个会变成中子，从而创造出一种更重的氢，名叫“氘”。这是核聚变过程的第一步，正是这个过程让太阳得以产生这么多能量。正如我们即将看到的那样，弱核力让质子和中子得以互相转化。它就是放射性之力。

就像物理学里常见的那样，这一切都始于一个谜团。第一次世界大战前夕，英国年轻的物理学家詹姆斯·查德威克前往柏林与汉斯·盖革（Hans Geiger）共事。此前不久，盖革刚刚发明了著名的盖革计数器，查德威克用它来测量一种被称为“β衰变”的核过程释放的辐射光谱。当时人们认为，一个重原子核释放出一个电子，就会发生β衰变。和量子世界里的所有事一样，原子核在衰变发生前后的能量应该分别是一个非常精确的值。要确保能量守恒，就像所有人所预期的那样，衰变释放出的电子能量也应该是一个很精确的值。但结果并非如此。查德威克发现，这种衰变释放的电子可以携带任意能量——它们的分布是连续的。β衰变似乎违反了能量既不能被创造也不能被摧毁的规则。这个结果让物理学陷入了混乱。就连伟大的尼尔斯·玻尔都准备放弃能量守恒，放弃很久以前尤利乌斯·冯·梅耶在检查水手的血液时做出的突破。而在战争爆发后，查德威克被关进了德国一个非军方的拘留营。不过，看守他的德国卫兵允许他建了一个实验室，并为其提供放射性的牙膏来做实验。

查德威克的谜团将由另一个德国人解开。1930年12月，泡利给在蒂宾根举行的一场会议的参与者写了封非同寻常的信。泡利无法出席，因为他要去苏黎世参加一场舞会。不管怎样，他的杰出贡献确保了这次会议在物理学史上的地位。泡利的信省略了无聊的开头介绍，他直接写道："亲爱的放射性女士和先生们。"接着他提出了一个了不起的猜想，即不起眼的小中子可以解决β衰变的问题。他的想法是，中子可以和电子一起被辐射出去，查德威克的实验里缺失的能量是被它们带走了。泡利所说的中子不是原子核里跟质子混在一起的那种。两年后，查德威克就会发现这种特殊的中子，它比泡利假想的那种粒子重得多。而泡利设想的正是我们如今所说的中微子——一种小而轻的电中性粒子。

1933年，泡利在布鲁塞尔的一场会议上提到了他的小中子，这给"费米子之父"恩里科·费米（Enrico Fermi）留下了深刻的印象。费米回到罗马，决心把泡利设想的细节拼凑起来。他意识到，原子核在β衰变中释放出的电子不是现成的。这个过程里有一些全新的东西。原子核内的一个电子在一种新的未知力的作用下发生了衰变——现在我们知道这种力是弱核力。这种衰变会产生一个质子、一个电子和一个（泡利提出的）中微子。从技术上说，它是一个反中微子，我们先不考虑这个。你不应该把中子设想成质子、电子和中微子的组合，然后分裂成这三者。它的的确确变成了这3种微粒，就像亚原子层面的变形怪。一旦完成了这样的转变，由此产生的质子就会让原子核的原子数变大，推动它在元素周期表上向前走一格。与此同时，衰变生成的中子和中微子会以辐射的形式被释放出去。费米的新力——这场放射性大戏的原动力——作用距离无限小，就好像它是由一种质量无穷大的粒子传递的。这就是我们如今所说的"接触力"：中子在时间和空间中的某个位置"亲吻"了这些新粒子——质子、电子和中微子。费米把他的研究成果整理成文并投稿给《自然》杂志，但被拒绝了，因为这些内容距离物理现实太遥远了。后来《自然》杂志承认，这是他们编辑史上最错误的决定之一。当时被拒稿的费米深受打击，他决定远离理论物理学一段时间。他专心搞了一阵子实验，并于20世纪30年代末获得了诺贝尔奖。费米提出了一种让中子减速的方式，使它们能够更准确地轰击原子核，使之破碎。他意识到这种方法有汲取巨量原子能的潜力，这为工业级的核能应用铺平了道路。

找到中微子并非易事。问题在于，它们几乎没有质量，也不带电，所以很难产生太大的影响。这也不是坏事，因为就在此时此刻，每秒大约有100万亿个中微子正在穿过你的身体。正是因为中微子这种“隐身”的能力，人们直到1956年才在实验中发现它，这时距离泡利和费米最初的设想已经过去了20多年。当收到关于发现中微子的电报时，泡利故作睿智地回答道：“懂得等待的人总能如愿以偿。”

在中微子被发现6个月后，另一个更了不起的实验动摇了整个物理学界。负责这个实验的科学家是吴健雄，她更广为人知的称呼是“吴女士”。吴健雄出生于中国长江口附近的浏河镇，她的父母分别是老师和工程师，他们热忱地鼓励她发展学术方面的兴趣。这种积极的家庭氛围让她在求学路上大放异彩。正如她后来在接受《新闻周刊》杂志的采访中所说：“中国社会评价女性的唯一标准是她的美德。男性鼓励她们获得成功，在这个过程中，她们不必为此改变自己的女性特质。”可是当她1936年前往美国密歇根大学攻读博士学位时，却看到了另一种完全不同的视角。

女学生不允许从正门进入新的学生中心——她们只能从侧门溜进去。吴健雄对此深感震惊，于是她决定去西海岸的加州大学伯克利分校求学，因为那里的氛围更开放。但即便在那里，她仍不得不面对一个事实，即人们心目中的科学家不应该是她这样的。吴健雄长得美丽而娇小——《奥克兰论坛报》报道称，她看起来更像一位女演员，而不是科学家。尽管面临这样的偏见，她仍以核物理学家的身份获得了崇高的声望。很快，人们就将她和玛丽·居里（Marie Curie）相提并论，这位波兰化学家是第一个揭示放射性秘密的人，也是吴健雄最钦佩的人之一。

20世纪50年代中期，吴健雄在她华盛顿特区的低温实验室里做了关于β衰变的实验。她的两位中国同胞——理论学家杨振宁和李政道，建议她寻找一些意想不到的东西，比如问问宇宙能否区分左右。不妨想象一个镜像宇宙，在那里，所有的空间方向都是反的，包括上下、左右和前后。物理学的表现会不一样吗？当时大部分人并不这样认为。毕竟，哪怕颠倒方向，电子依然会被质子吸引，同时被其他电子排斥。地球依然会绕太阳在椭圆形轨道上公转。死亡和税收依然存在。但当吴健雄进行杨振宁和李政道建议的实验时，她发现β衰变释放的电子总是左手性的。面朝运动方向时，左手性的电子似乎总是逆时针旋转，而右手性的电子则顺时针旋转。[3]吴健雄的结果证明，我们的宇宙能区分左和右、顺时针和逆时针。也就是说，如果你进入镜像世界，那里的物理学会有不一样的表现。这并不是说那里的一切都不一样，引力、电磁力和强核力还是会保持原状。但弱核力呢？就是另一回事了。

杨振宁和李政道很快因这一发现而获得了诺贝尔奖，但吴健雄的贡献令人费解地被忽略了。两位理论学家承认这个决定不妥，后来他们多次为她提名，但都没有成功。吴健雄的突破性实验证明了左手性和右手性是有区别的，这意味着费米的理论需要一些关注。哈佛大学物理学家罗伯特·马沙克（Robert Marshak）和他的印度学生乔治·苏德尔辛（George Sudarshan）为弱核力炮制了一份通用的配方，人们称之为“V-A理论”。它的核心和费米的想法十分相似，但对镜像的处理有所不同。而且它不仅适用于涉及电子的衰变，同样适用于它们更重的表亲——渺子。毫无疑问，尽管最先提出这套理论的是马沙克和苏德尔辛，但大部分功劳却落到了加州理工学院那对奇怪的组合头上。费曼和盖尔曼几乎在同一时间提出了类似的理论，只是他们发表的时间稍早一些，而且他们也比哈佛大学的这两位朋友嗓门更大一点儿。这场争斗的影响十分恶劣。费曼在美国物理学会就他们的研究做了一场极具个人风格的演讲之后，马沙克抢过话筒并大喊道："是我先发现的！我先发现的！"费曼则不动声色地回答道："我只知道笑到最后的是我。"

和费米理论一样，在V-A理论中，这种力作用于无限短的距离，粒子在一个点上互相亲吻。但我们知道，实际上力不是这样起作用的——它总得有个载体。那么，既然实验已经如此成功，V-A理论为什么还是正确的呢？不妨设想好莱坞的一个"时髦精"朝朋友送去一个飞吻，他们的嘴唇并未真正接触。如果这位时髦精喜欢靠得比别人更近，那么从远处看去，他们也许就像真正亲到了一样。V-A理论差不多就是这样。粒子看上去像是发生了接触，但实际上只是因为携带者传递力的距离不是很远——因为它很重。

所以这种携带力的沉重粒子到底是什么？结果我们发现，实际上有3种粒子可以携带弱核力，它们都很重，而且自旋都为1。其中两种——W玻色子——实际上在V-A理论问世之前就已经被美国物理学家朱利安·施温格发现。施温格和费曼是同一代人，作为理论物理学领域的巨匠，两人经常被学界放在一起比较。费曼活泼好动，直觉敏锐，而施温格心思细腻，做事谨慎。按照费米的理论，中子通过释放出一个电子和一个反中微子而变成质子。施温格想把他的新粒子硬塞进这个过程中，像电灯泡一样阻止这4种粒子亲吻。换句话说，他想让中子在变成质子时先释放出一个带负电的W玻色子，如下图所示。其余过程涉及一个带正电的W玻色子，所以他总共有两个W玻色子。

虽然它们的步伐略有区别，但电磁力和弱核力似乎在同一间舞厅里起舞。从某些角度来说，这是电荷的舞步。一方面，电磁力推动电荷在空间中移动，电子排斥电子，但吸引质子。另一方面，弱核力可以改变电荷——它能让像中

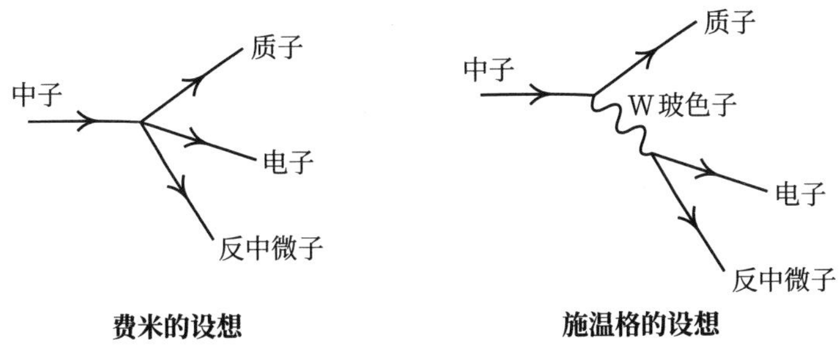

中子衰变示意图。左边是费米的设想，中子立即衰变成3种其他粒子。右边是施温格的版本，沉重的W玻色子挤进了这个过程中

子这样的电中性粒子变成带正电的质子。这也意味着携带弱核力的粒子**自身带电**——它们会受到电磁力的影响！电磁力和弱核力会不会是同一枚硬币不同的两面？W玻色子和光子能不能打包到一起，让自然界的两种基本力融合成一种统一的力？

显然，施温格认为可以。他试图将这两种力“缝合”起来。这就像一位艺术家试图将阿尔罕布拉宫墙上的图案缝合到一起，但正如我们在上一章开头已经看到的那样，对称各有其特质。要想保持它们的特质，你就不能简单地把图案缝合起来。这就是为什么古代伊斯兰宫殿墙壁和地板上的图案一共只有17种。也正是出于这个原因，施温格不能把一个光子和一对玻色子缝合到一起。最后他发现，这太不平衡了——其中一种玻色子（光子）是电中性的，另外两种却带电。要组成合理的图案——保持对称，就需要另一种电中性玻色子。它就是我们如今所说的“Z玻色子”。一个来自布朗克斯名叫谢尔顿·格拉肖（Sheldon Glashow）的年轻人发现了这一缺失成分。格拉肖是施温格的博士生，但从他论文的注释来看，和盖尔曼的交流显然也对他有所启迪。

事情拼凑到了一起——字面意义上的。弱核力和电磁力被统一成了一种力，由4种玻色子携带：光子、成对的W玻色子，以及Z玻色子。光子负责电磁力，W玻色子和Z玻色子负责弱核力。和强核力一样，它们的基本结构与杨振宁和米尔斯10年前提出的基本相同——当时正是这个提议让泡利在普林斯顿的研讨会上深感失望。格拉肖打开了通往电磁力和弱核力统一理论的大门。在那个10年即将结束的时候，格拉肖在布朗克斯高中念书时的朋友史蒂文·温伯格（Steven Weinberg）最终将这套理论完整地拼凑了出来，它就是所谓的“电弱统一理论”。起初它没有得到人们的重视，但几年后，荷兰理论物理学家杰拉德·特·胡夫特及其顾问蒂尼·韦尔特曼（Tini Veltman）证明了这套理论在数学层面非常合理，从此以后，它青云直上。电磁力和弱核力的统一在物理学中的地位相当于柏林墙倒塌。从此以后，两套理论合二为一，统一成了一套更有力、更基本的理论。当然，物理学领域并不是第一次发生这样的事情，比如麦克斯韦曾将电和磁统一起来，或者更早以前，牛顿将行星的运动和坠落的苹果联系在了一起。电弱统一理论在历史上的地位不亚于麦克斯韦和牛顿的辉煌成就。它真的非常非常了不起。

1973年，温伯格从麻省理工学院跳槽去了不远处的哈佛大学，并接替了施温格刚腾出来的办公室。施温格在那里留下了一双鞋，温伯格觉得这是一种挑衅：你觉得自己配得上吗？我毫不怀疑，他配得上。同年，欧洲核子研究中心的加尔加梅勒气泡室（这个名字很好听）找到了一种中性粒子携带弱核力的证据，它正是温伯格的电弱统一理论所预测的Z玻色子。顺理成章，温伯格和格拉肖像施温格一样踏入了诺贝尔奖得主的万神殿。

来自布朗克斯的两个年轻人——温伯格和格拉肖——在对称的指引下走到了这里，但电磁统一理论中存在一些令人不安的东西。我告诉过你，W玻色子和Z玻色子都很重。它们必须这么重，因为弱核力只能作用于极短的距离——差不多是10^{-18}，或者说约等于质子直径的百分之一。这看起来可能没什么问题，但在上一章里我们还了解到，对称是零，对力来说，这使得携带它的粒子质量近乎零。如果我们的宇宙真由对称主导，像W玻色子和Z玻色子这样的重量级粒子为什么还有存在的空间？它们的质量为什么不是近乎零，就像对称所要求的那样？

这时候就该希格斯玻色子登场了。

希格斯玻色子

一个希格斯玻色子走进一间教堂。

“你来这里干什么？”牧师问道。

“我来赋予质量。”希格斯玻色子回答。

对不起，我知道这个笑话很蹩脚。但它背后的物理学原理呢？你可能听说过希格斯玻色子赋予了宇宙质量。呃，这也不对。你手边的书，或者贾斯汀·比伯，甚至在泥巴里扭动的一条蠕虫。这些东西都沉甸甸的——都有质量，但质量来自哪里？希格斯玻色子对质量的贡献微不足道，确切地说，小于百分之一。多亏了爱因斯坦充满诗意的质能等效方程，周围你能看到的所有东西的质量都来自能量。这些能量储存在核物理的纽带里，储存在凝结质子和中子的胶子链中。如果体重秤的读数比你理想中重了几千克，那就怪胶子，怪能量，怪周五晚上那顿土耳其烤肉，但就是别怪希格斯玻色子。

听着，刚才我说的关于书、比伯和蠕虫的事都是真的。但如果我们感兴趣的是基本粒子，比如W玻色子和Z玻色子，或者夸克和轻子，那么事情就有点不一样了。我们知道对称是零，对力的携带者来说，对称意味着它不能有质量。所以光子和胶子都没有质量。而对W玻色子和Z玻色子这样的重量级选手来说，我们必须干掉对称。

格拉肖深知这一点。对称曾指引过他，但计算结束时，他摧毁了对称，并将它砸成了碎片。还有另一条路，一条更温和的路。要赋予W玻色子和Z玻色子质量，你不必摧毁格拉肖的对称——只需把它藏起来就好。通过一种名为“自发对称性破缺”的过程，对称被隐藏了起来。这是个糟糕的名字，因为对称从来没有被真正破坏，它只是被藏了起来。不过，我们不必细究语义学，接下来听我讲个童话故事。

很久以前，有一位公主，名叫长发公主，因为她有一头美丽的金色长发。她被一个邪恶的女巫关在森林中的一座塔里。一天，一位物理学家从这里经过，他看到了长发公主。“她真是我实验的合适人选。”他想。于是他把长发公主带到了外太空。在远离地球引力的真空中，他注意到，长发公主的金发向四面八方均匀地伸展着。而这正是他等待已久的时刻。他让她转来转去，可无论转到什么角度，她的头发始终均匀地分布在所有方向上。大自然以这种方式告诉他，物理定律根本不在乎旋转——它们具有旋转对称的特性。不久后，他把长发公主带回地球，重复了这个实验。对称消失了。当他转动公主的身体时，她的头发发生了变化，总是垂向地面。当然，随着时间的推移，他渐渐明白过来，原来的对称并未真正消失——它背后的定律实际上并不在乎旋转。但这种对称被藏了起来，因为地球的引力场会向下拉扯长发公主的头发。在这个故事里，对

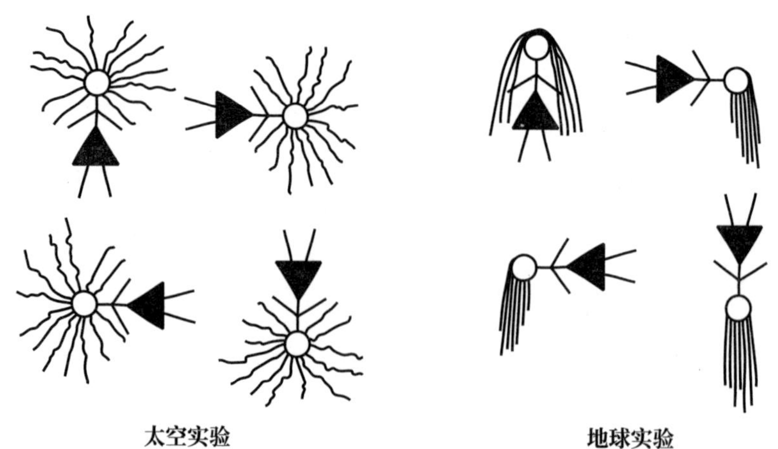

在外太空和地球上旋转的长发公主

称在真空空间中清晰可见，但在地球的引力场里却隐匿了起来。

20世纪60年代初，聪明但保守的日本物理学家南部阳一郎发现，这个游戏也可以反过来玩，即有时候把对称隐藏起来的可能正是真空本身。将近50年后，他的洞见将引领他前往斯德哥尔摩，并让他获得了诺贝尔奖。在大部分人的想象中，真空是一个荒凉而空旷的空间，没有任何场。很多时候，情况通常的确如此，但正如南部所意识到的那样，有时候也不一定是这样的。根据定义，真空是所有量子态中最松弛的，因为它的能量最低。不妨想象一场狂野的家庭派对，每个人都在跳舞，屋子里充满了能量和激情。这显然不是一种很松弛的状态，所以你不能说它是真空。过了一会儿，大家都喝得烂醉如泥，整幢房子进入了一种低能量状态。你甚至可以把所有人都扔出去，进一步降低能量。你还可以搬走所有家具，连空气都可以抽走。你还可以清空所有量子场。也许这样就能得到真空。是也许，但南部阳一郎和他的意大利合作者乔瓦尼·约纳－拉西尼奥的研究表明，有时你还能进一步降低能量。在他们那个巧妙的质子和中子模型中，真空中并不是完全没有场。它们充满了整个空间，并以某种方式隐藏了某些对称。

南部阳一郎和约纳－拉西尼奥的模型或许只是个原型，但如果你真想知道真空如何隐藏对称，我们可以思考一个更简单的模型，比如涉及希格斯玻色子的模型。我们可以通过一瓶酒获得一幅直观的画面。首先你必须把瓶子倒空（这是我最喜欢的部分），然后请看看瓶底。你会注意到，瓶底的玻璃形状就像一片丛林和一座城堡——中间是一座“小山丘”，周围环绕着一条小小的“护城河”。如果你把酒瓶竖着放在桌上旋转，情况不会发生变化，因为它是旋转对称的。现在，请从软木塞上掰一小块扔进去。它多半会落在“护城河”里，而不是“小山丘”上。接下来，你可以和刚才一样轻轻旋转酒瓶，如果碎木块在“山丘”上，没有掉进河里，那么刚才的对称依然存在。我想，它实际上很可能

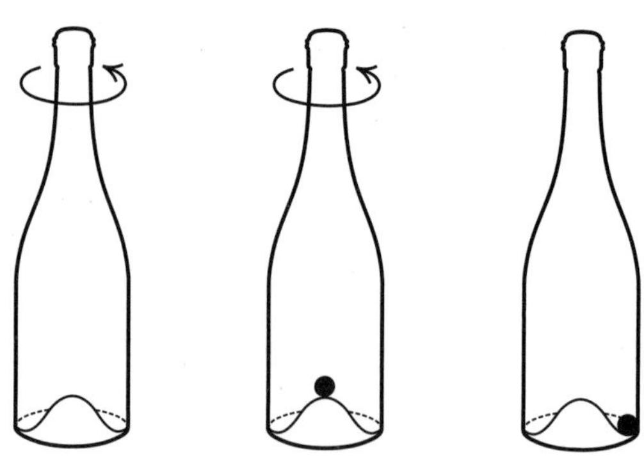

一瓶酒的自发对称性破缺

会落在“护城河”里的某个地方。如果情况是这样的，对称就会被破坏。旋转酒瓶，碎木块会随之旋转，你看到的画面也会改变。而碎木块选择待在“护城河”里，看起来似乎破坏了对称。

这块木头就像希格斯场，酒瓶就是它所谓的“势”，就像电势或引力势——它决定了当你注入或汲取能量的时候，希格斯场会如何变化。通过测量碎木块与瓶底中心轴之间的距离，我们可以读出这个希格斯场的尺寸。换句话说，如果碎木块位于“小山丘”顶部，那么希格斯场为零。如果它出现在“护城河”里的某处，希格斯场就非零。在这幅画面中，我们也可以读出储存在这个场质量中的能量，它正好等于碎木块距离桌面的高度。这意味着碎木块在“护城河”里是能量最低的状态。不出所料，希格斯场在真空中一个自身值为零的地方停留下来，对称似乎被破坏了。

只不过它没有被真的破坏，而是被藏了起来。

为了揭示这种隐藏的对称，我们需要找出一个零。记住，粒子只是真空中的晃动。在这个例子中，它是碎木块的晃动。晃动碎木块的方式有两种，即你可以通过晃动让它离开“护城河”，也可以让它沿着“护城河”移动。如果碎木块离开了“护城河”，它相对于瓶底的高度就会增加。碎木块的高度会告诉我们储存在这个场质量中的能量，所以这种晃动涉及的是有质量的粒子。如果把碎木块换成真正的希格斯玻色子，这就是我们在欧洲核子研究中心隧道里碰撞质子最终得到的重粒子。但如果你让碎木块沿着护城河移动，它的高度就不会发生变化。这意味着我们没有给这个场的质量注入能量，所以这种晃动对应无质量的粒子。综上所述，我们看到晃动的谱系里包含着两种不同类型的粒子：其中一种有质量；另一种质量近乎零。这近乎零的质量正是隐藏的对称重新找到了属于它的零!

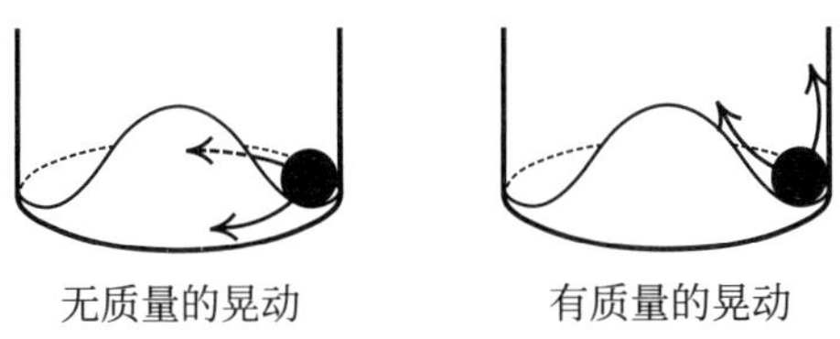

无质量的晃动　　有质量的晃动

1962年，剑桥学者杰弗里·戈德斯通（Jeffrey Goldstone）与史蒂文·温伯格及巴基斯坦物理学家阿卜杜勒·萨拉姆（Abdus Salam）合作证明了，只要你试图隐藏真空中的对称，这种对称总会反扑回来，所以你必然会找到一个无质量的玻色子。这就是著名的“戈德斯通定理”，它简直是一场灾难。自发对称性破缺的关键在于产生一个**有质量**的玻色子，如W玻色子或Z玻色子，而不是像戈德斯通定理所揭示的那样，产生无质量的玻色子。

粒子物理学家本来已经准备投降，却得到了意料之外的支持。该支持来自美国一位不太在乎单个粒子微观舞步的凝聚态物理学家。但用那位物理学家自己的话来说，菲尔·安德森（Phil Anderson）也是个“有想法的讨厌鬼”，因为研究超导体的经历让他对隐藏的对称颇有心得。在他看来，大家需要记住的是，W玻色子和Z玻色子都是**规范场**，这种有问题的对称也是**规范**对称。正如我们在上一节中看到的那样，这意味着你可以将这种对称应用于时空中的任意一点。当这种对称大大方方地袒露在外的时候，我们知道，对应的规范玻色子必然没有质量。但如果它被隐藏了起来，那么对应的规范玻色子应该可以获得质量。

除了有无重量，安德森还指出了有质量和无质量的规范玻色子之间的一个关键区别，即它们起效的组件数量不同。无质量的规范玻色子只有两个组件，就像光子的两种极性，而有质量的规范玻色子恰好有3个组件。安德森想知道，多出来的这个组件是否来自戈德斯通所预测的那个“消失”粒子。在现实世界里，对称被破坏并不意味着戈德斯通玻色子不存在。它们就在那里，只是不知怎的被有质量的W玻色子和Z玻色子给吸收了，成为后者的一部分，并隐藏在其内部，这就是“多出来的”第三个组件。

安德森没有提供任何细节。他的论证来自直觉，只适用于不必考虑爱因斯坦和相对性的简单世界。很多粒子物理学家认为，爱因斯坦的理论会成为安德森理论的绊脚石，因为如果充分考虑相对性的影响，他的整套论证将会彻底崩塌。

最后的突破来自3篇重量级论文，1964年6月到10月，这3篇文章先后发表在著名学术期刊《物理评论快报》（*Physical Review Letters*，PRL）上。这几篇论文出自6位智者之手——罗伯特·布劳特和弗朗索瓦·恩格勒、彼得·希格斯和杰拉德·古拉尼，以及卡尔·哈庚和汤姆·基博尔——他们中的5人将在近半个世纪后聚集在欧洲核子研究中心，等待自己的研究被证实。具体的细节和安德森所希望的相差不大，但这次他们考虑了相对性。一旦希格斯场像碎木块掉进空酒瓶一样坠入真空，对称就会被破坏。希格斯场会赋予规范玻色子质量，戈德斯通和他讨厌的玻色子无力阻止这个过程。人们常说规范玻色子“吃掉”了戈德斯通玻色子。这听起来像是玻色子的同类相食，但实际上，它正是通过这种方式获得了质量。戈德斯通的粒子被规范玻色子吞噬，赋予了后者获得质量所需的额外组件。

其中，比利时理论物理学家布劳特和恩格勒的论文发表得最早，但他们没有听说过安德森的理论。从某种意义上说，这里涉及两个故事：一个关乎规范场；另一个关乎打破对称的场。布劳特和恩格勒主要研究的是规范场。而来自英国东北部的彼得·希格斯专注于研究对称的破坏者，即我们如今所说的希格斯场。他证明了这种对称破坏者如何分裂成两个部分：其中一部分被规范场吞噬，赋予后者质量；另一部分本身就是一个有质量的粒子，就像从酒瓶底部被晃到上面的碎木块。事实上，欧洲核子研究中心发现的粒子——大家叫它“希格斯玻色子”，而不是希格斯场——正发生这种晃动。最初，希格斯把他的论文寄给了《物理快报》杂志——此前他曾在上面发表过论文，但这次遭到了拒绝。“我们没法保证很快发表它。”他们回答。希格斯接着将其寄给了《物理评论快报》，并得到了南部阳一郎的审读。这次，它没有被拒稿。

与此同时，卡尔·哈庚前往伦敦拜访他在麻省理工学院的老朋友杰拉德·古拉尼。当时古拉尼在帝国理工学院做博士后，汤姆·基博尔刚刚成为那所学校的老师。哈庚的来访促使他们开始认真审视戈德斯通定理：如何避开该死的戈德斯通玻色子并把对称隐藏起来。就在古拉尼和哈庚正打算把他们的解决方案稿投给学术期刊的时候，基博尔走了进来，手里挥舞着布劳特和恩格勒的新论文，以及彼得·希格斯的那篇论文。仔细研究之后，他们认为自己的研究并没被人抢先一步。这两篇论文都没有拆解戈德斯通定理，也没有考虑到量子的部分。

起初，没人关心这几篇论文，但基博尔特别努力地推进。他拆解了更多细节，到1967年，他已经为温伯格提供了将电磁力和弱核力统一起来的所有必要条件。温伯格发现，他需要将质量赋予这3种规范场——两种W玻色子和一种Z玻色子，这意味着他需要一种至少拥有4个组件的更奇异的玻色子。其中3个组件会被吞噬，赋予那3种规范场质量，第四个则会被遗留下来。它就是有质量的希格斯玻色子，这一发现于2012年7月4日被发表。

次年，也就是2012年诺贝尔奖揭晓前夕，很多人都觉得这次的奖应该会颁给1964年那几篇论文的作者。毕竟，6位智者中有5位还活着——只有罗伯特·布劳特在希格斯玻色子被发现的前一年过世了。没有人能在这5个人里做出真正的选择——不管怎么选，都不公平——因此，有人猜测，诺贝尔委员会可能会放宽共同获奖者最多只有3人的规则。但最终他们没有。古拉尼、哈庚和基博尔都落选了。

这个结果令人失望。当时我已经认识了汤姆·基博尔——他后来被封为汤姆爵士。我经常在英国宇宙学大会（英国宇宙学家的常规聚会）上碰到他。现在，该大会每次的参会者多达百人，但最开始的时候，只有十来个人聚集在基博尔在伦敦帝国理工大学的办公室里交换意见。汤姆·基博尔不仅是位物理学巨匠，也是一位真正的绅士。他从不追求出风头，总是更愿意庆祝别人的成就，而不是他自己的。但在这6位帮助我们理解希格斯场的智者中，我认为他是最聪明的。他的原创性想法比谁都多，而且最后有两项诺贝尔奖都留有他的烙印。[4]

希格斯场的机制

如何通过8个简单步骤赋予规范玻色子质量

希格斯场坐在山顶上。对称未被破坏，规范玻色子没有**质量**。

希格斯场处处为零。

随着希格斯场滚下山坡，对称被破坏了。

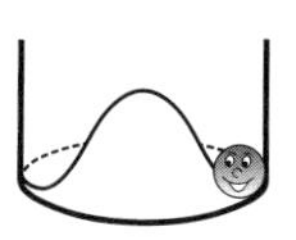

现在希格斯场不为零。它想赋予规范玻色子一些质量。

现在，希格斯场的晃动中应该包含一个有质量的希格斯玻色子。

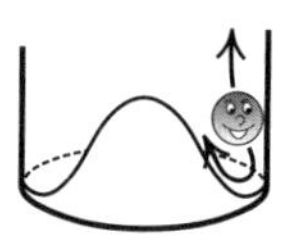

……和一个无质量的戈德斯通玻色子？

不完全是。规范玻色子吞噬了戈德斯通玻色子……

……所以最后，我们得到了一个有**质量**的规范玻色子和一个有质量的希格斯场。

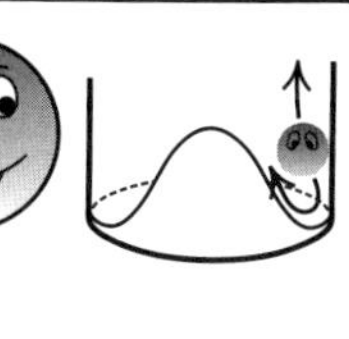

从技术上说，这不自然

希格斯场戏弄了我们。这么久以来，它让我们相信电磁力和弱核力不一样。它把电弱统一理论的对称和美藏了起来，结果，W玻色子和Z玻色子变得太重，无法穿透我们的宏观世界。它给我们留下了光子和我们赖以生存的电磁力。我们喜欢的大部分设备都依赖于电和磁，或者通过无线传输完成通信。要浏览手机上的抖音视频、给冰箱里的食物保鲜，或者在声破天平台上听喜欢的歌，这一切都离不开电磁力。毫无疑问，我们的日常生活依赖于电磁力，而不是弱核力，甚至不是电弱统一的力——这一切都归结于希格斯场。

因希格斯场和它破坏性的美而变重的不光是W玻色子和Z玻色子，还有夸克（上夸克和下夸克、奇夸克和粲夸克、顶夸克和底夸克）和轻子（电子、渺子、陶子和中微子）。关于这些粒子如何获得质量，1993年的一件事是非常形象的巧妙类比。当时欧洲核子研究中心的科学家想说服英国政府支持他们修建大型强子对撞机，负责科学的内阁大臣威廉·沃尔德格雷夫（William Waldegrave）一直在努力试图理解希格斯玻色子的物理特性，所以他要求科学团队用一页纸阐述一个更简单易懂的类比。为了得到最好的诠释，他甚至还提供了一瓶上等香槟。最后，英国政府为欧洲核子研究中心提供了资金支持，而伦敦大学学院的戴维·米勒（David Miller）因为其出色的类比而得到了一瓶1985年的凯歌香槟。

下面我将用自己的语言来阐述这个类比（加上一些创造性的发挥）。我家附近有一家便利店，店主名叫戴夫。这哥们儿待人友好，但在我们村以外的地方不是特别出名。有一天，戴夫发现自己和世界级明星、音乐家艾德·希兰（Ed Sheeran）待在同一间屋子里。戴夫不太喜欢名人，气氛有点儿紧张——他们俩都想出去。现在的情况是这样的，艾德和戴夫的体格十分相似，他们以差不多的速度自然地加快步伐穿过房间。如果这间屋子没有其他陈设或人，他们应该会在大致相同的时间内走到对面。基于两人在物理层面的相似性，这算是一种对称。但如果屋子里挤了几百个尖叫着的艾德·希兰的歌迷（戴夫最受不了这个），对称就会被打破。他们俩都会被狂热的歌迷挡住，但对艾德来说，情况要夸张得多。不断有人请他签名、合影，而戴夫则可以在没有人注意到他的情况下努力穿过人群。

艾德和戴夫就像夸克：艾德是个顶夸克，戴夫是上夸克，那群歌迷就是希格斯场。你应该能想象到，歌迷与他们最爱的歌手的互动频率将远远超过与那位来自诺丁汉的便利店店主的。当歌迷挤满房间的时候，换句话说，希格斯场被"打开"的时候，他们拖慢艾德的程度会远远大于拖慢戴夫的。因此，从某种角度来说，这看起来就像艾德变重了——歌迷们赋予了他更多的"质量"。顶夸克和上夸克的情况也是这样的。顶夸克和希格斯场的互动频率更高，所以当希格斯场开启的时候，它会获得更大的质量。这个类比里甚至有希格斯玻色子。你可以把它想象成歌迷兴奋的涟漪。也许他们中有谁听说艾德要唱歌了，于是大家开始交头接耳，并三五成群地聚在一起讨论这则流言。这些小团体带着流言在房间中移动，就像希格斯玻色子在山脚下欧洲核子研究中心的隧道中移动一样。如果有更多歌迷挤进房间，这些小团体就会移动得更慢，因为流言需要传递给更多人。这就像希格斯场自己在和自己互动，将会拖慢自身的速度，并赋予它的涟漪更多"质量"。

寻找希格斯玻色子就像在地狱的烈火中寻找雪人。它有**可能**存在，但它实际上**不应该**存在。假设你把一块冰带到一个很热的地方。我是说真的很热，比如一个炉子里，或者被诅咒的炽热深渊中。你不会期待它能继续长时间维持冰块的状态。这种地方有太多的环境热能。空气分子会碰撞冰块，将这些热量传递给它，于是冰会融化。这种情况不会发生的可能性很小——所有空气分子都奇迹般地避开了这块冰，于是它继续维持原状，这种事发生的概率实在太小了。

这和希格斯玻色子的故事十分相似。环境里的量子能想把它变得比现在重得多——像仙女蜂一样重！这些量子能来自虚粒子——你永远无法将它们握在手中。记住，量子场总会交头接耳，对粒子来说，这有时会导致身份危机。

要更好地理解这一点，请忘掉希格斯玻色子，至少忘掉一小会儿。假设有一个光子从伦敦前往巴黎。费曼告诉过我们，在两点之间移动的任何粒子会探索每一条可能的路径——它有可能走直线，也有可能绕经你家路口的商店，甚至还有可能绕仙女座一圈。但我们还知道，光子可以把自己变成电子——正电子对，反之亦然。我们是否真能确定，在从伦敦前往巴黎的旅途中，这个光子会一直以光子的面目出现。它会不会有那么一两个瞬间，变成了一个电子和一个正电子，然后又变了回来？答案是，非常有可能。量子力学创造了这种不确定性，它迫使我们探索每一条可能的路径，包括粒子可能换装的路径。

想象一下，有一位商务人士和这个光子一样要从伦敦去巴黎。他离开伦敦时穿的是在萨维尔街定制的西装，到达巴黎后也总是穿这一套。他在旅途中可能一直穿着这套衣服，也可能不是。也许有那么几个时刻，他穿的是足球服或者晚宴礼服裙。你永远不可能真正知道。量子力学就是个概率游戏。如果这个光子有概率花部分时间把自己伪装成一个电子和一个正电子，你就得把这个因素纳入考量。你应该把这些可更换的装束视为虚粒子，它们永远不会被任何人看见，永远不会被捕捉或拦截，但会留下印记。而且我们能感知到这种印记。虚电子和虚正电子会导致氢原子内部的能级发生分裂——1947年，威利斯·兰姆（Willis Lamb）测量到了这一现象。

所以，这一切对希格斯玻色子来说意味着什么？好吧，就像光子一样，如果你问一个希格斯玻色子如何从伦敦前往巴黎，你不能假设它在整段旅途中一直都伪装成希格斯玻色子。它可能有一部分时间伪装成夸克或者电子，抑或其

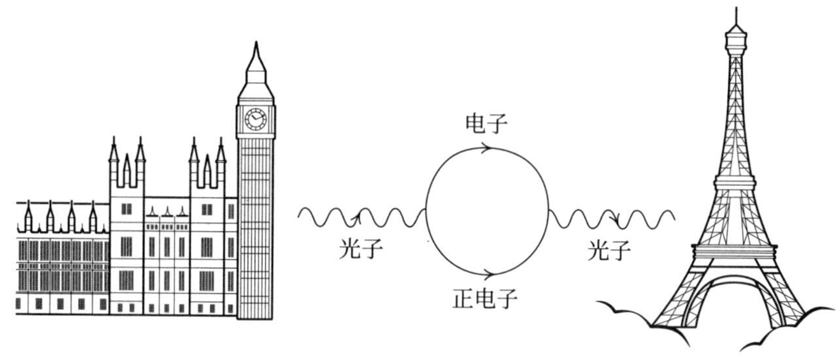

费曼式漫画，一个光子从伦敦前往巴黎，其中它有一部分时间伪装成电子，还有一部分时间伪装成正电子

他某种甚至不为我们所知的场。而这一切都会留下印记。

什么样的印记呢？所有这些换装都可能给希格斯玻色子带来一点重量问题。由于它可能有一段时间伪装成一个电子和一个正电子，想要感受一下它们的重量。从直觉上说，你也许会觉得衣柜的大小会拖累希格斯玻色子。它变成的电子和正电子会提供某种量子媒介，阻碍希格斯玻色子四处移动。拖着装满虚粒子的行李箱，希格斯玻色子就会变重。问题在于，有多重？

如果虚电子和虚正电子的重量等于实电子和实正电子，我们就不用操心了。实电子和实正电子比希格斯玻色子轻几十万倍——这么轻的行李箱其实无伤大雅。但既然说的是**虚粒子**，我们要考虑的就没这么简单了。这可以归结于一个事实：我们没说过希格斯玻色子打扮成电子 - 正电子对的时间有多长，或者它换装的频率有多高。换装可能进行得很快，而且有可能换了一次又一次。正如我们即将看到的那样，这意味着其中某些虚粒子可能非常重。量子力学用这些沉重的虚粒子填满了行李箱，它拖慢希格斯粒子的效果远超我们愿意承认的程度。

要理解这些虚的重量来自哪里，我们需要更多地考虑一下非常快速的换装。当希格斯玻色子以极快的速度反复变成电子 - 正电子对又变回来的时候，我们意识到电子场中只有一片短暂的涟漪。但短暂的涟漪也可能意味着极大的能量，这得归功于海森堡的不确定性原理：

$$\Delta E \Delta t \geqslant \frac{\hbar}{2}$$

还记得我在“古戈尔普勒克斯”一节中提及的弹吉他的老朋友菲尔·莫里亚蒂吧，最短的声音却有最广阔的频率范围。这里转瞬即逝的电子和正电子也一样——它们出场的时间越短，能达到的能量就越大。现在，你可以认为，这些虚粒子用这么多的能量塞满了行李箱，或者换句话说，这么多的质量把希格斯玻色子拖得越来越慢。如果你允许电子和正电子以近乎瞬时的速度反复突然出现，然后消失，它们的能量可能会超过葛立恒数或者TREE(3)，无论你采用什么单位，希格斯玻色子因此能达到的重量没有上限。但这就走得有点儿太远了。我们无法真正想象希格斯玻色子在一瞬间变成一个电子和一个正电子，然后立即变回来。这实在太快了，会摧毁时空的经纬。在“TREE(3)”那节中玩逻辑树的游戏时，我们学到了做任何事都不能比普朗克时间（大约是5×10^{-44}秒）更快。但这还是很快。如果我们允许希格斯玻色子以这么快的速度在电子场里进进出出，由此产生的能量会有极大的不确定性。当你坐下来计算这会给行李箱塞进多少质量时——它会反哺给希格斯玻色子多少质量，你会发现答案非常接近量子黑洞或者一只仙女蜂的质量。[5]

但希格斯玻色子远没有这么重。事实上，它的实际质量是这个数的0.000 000 000 000 000 1倍。我们所想的肯定有什么地方错得离谱。我们从实验中得知，虚粒子会在氢的能级中留下印记，于是我们也期望它们会在希格斯玻色子中留下印记。那么，为什么我们没有看到这多出来的所有质量呢？悄悄地告诉你，为了解开这个谜团，物理学家往往会诉诸作弊。我们直接假设，这个故事还没讲完——质量还有其他来源，来自某种希格斯玻色子本身固有的东西。当希格斯玻色子将这种神秘的新元素添加到虚粒子的行李箱带来的巨大质量中，我们不得不假设它拥有相反的符号，并且二者奇迹般地抵消了。我们在本章开头说过，这就像试图让一群非洲象和一群印度象保持平衡。我们把这个类比讲得更精确一点。假设你有一群大象，大约200头，总重量是100万千克。然后你要求另一群大象的重量正好等于这个数，误差不超过一根睫毛的重量。这就是我们在希格斯玻色子中看到的平衡。

它就是反常。

讲到这里，有的读者可能会朝我大喊起来。我刚才说的关于希格斯玻色子的一切——它通过换装获得质量——不是和我讲光子的时候一模一样吗？光子不也应该有仙女蜂那么重吗？不，它不应该，理由十分美妙：因为它对称。我们知道，多亏了电磁的对称，光子的质量近乎为零。你可能认为量子力学会破坏这件事——它会将所有的质量强加给光子，破坏这种对称。但问题在于，如果对称存在（真实存在），量子力学让它完好无损。这就像它因为美而获得了魔力。当你坐下来计算光子被注入了多少质量时，无论是来自电子、正电子还是其他任何粒子，你会发现答案永远是零。这种对称和美永远不会被破坏。

希格斯玻色子的问题在于，没有对称以同样的方式来保护它的质量。它之所以存在，完全出于量子力学的慈悲，大量沸腾的虚粒子给它注入了远超其胃口的质量。为了挽救自己，它不得不做出如此荒唐的平衡，就像两群大象之间总重量的误差不超过一根睫毛的重量。

猩红色的繁笺花

这就是所谓的“等级问题”。根据量子理论，我们计算出，由于虚粒子的拖累，希格斯玻色子的质量应该很大，但欧洲核子研究中心实际测得的质量却小得多，二者之间竟有如此大的差异——根本不是一个量级，这是为什么？也许我们可以从电子身上获得些许灵感。毕竟，电子曾经也面临过重量问题。在我们对量子理论有所了解之前，电子只是又一种带电粒子。那时候，计算电子质量的最佳方式是测量它储存在电场中的能量（别忘了，能量和质量是一回事）。这种做法的问题在于，人们通常认为，电子的电荷被隐藏在一个点上，所以当你开始计算这个电场储存的能量时，得到的结果实际上是无限大的。这听起来很荒唐，当然也的确荒唐。如果你体内的所有电子都无限沉重，那么你根本动弹不得。更糟糕的是，你还会撕裂时空的经纬。

正如我们已经看到的那样，我们无法在无限小的尺度上处理和时空有关的问题。作为另一种选择，也许我们应该想象电子的电荷被储存在一个小球里，它的半径等于普朗克长度——这是你能真正处理的最小长度。这也没有多大帮助。这会让电子变得像仙女蜂一样重，质量依然太大。如果一定要用这种老式的办法计算电子质量，你需要想象电子的电荷均匀地分布在一个大得多的球里，它的直径大约是1毫米的十亿分之一。然后你就会得到正确答案，大约是10^{-30}

这幅漫画描绘了一个点状电子被虚正电子和电子对云包裹的情景。
这会让电荷均匀分布，让电子看起来比它的实际尺寸更大

千克。如果你想把这个球再缩小哪怕一点儿，你都需要一些新的东西：一套包含了新元素的全新理论。你需要包含了一点点新粒子的量子场理论，而这种新粒子名叫正电子。

一旦正电子加入了游戏，你就能把电子一路缩小到普朗克长度。虚正电子和电子组成的云团把电子包裹起来，就像把它的电荷均匀涂抹到了一个半径大得多的球体内，如上图所示。和希格斯玻色子的情况一样，这些虚粒子也会给电子注入质量，但其效果远没有前者那么严重。事实上，如果我们想象电子完全没有质量，情况就会变得和光子一样——虚粒子无法给它注入任何质量。保护它的依然是对称。但这里的对称有点瑕疵——它是一种近似的对称。所以电子有一点质量，但不太多。不妨想象有另一个世界，那里的电子更轻，这种瑕疵更小，对称更接近于完美。如果电子完全没有质量，瑕疵就会彻底消失。

所以，这种巧妙的对称到底是什么？在电动力学中，我们说过，我们可以自由地拨动一个内在的表盘，让我们用于描述电子和正电子的数学对象旋转起来。但这过于完美，不是我们要找的对称。记住，我们的目标是某种有瑕疵的东西，某种只有在电子完全无质量的虚构世界里才会变得完美的对称。这种对称还真有，名叫“手征对称性”。别害怕这句黑话。它本质上是另一种内在的表盘，只是它转动的方式会根据粒子本身的自旋是顺时针还是逆时针而有些许差别。这是一种普适的技巧，不仅仅适用于电子。手征对称性会阻止任何费米子过度摄入量子理论的“卡路里”。

虽然这真的很棒，但它对希格斯玻色子这样的粒子来说并无太大帮助。问题在于，它没有任何自旋，所以无论它的质量是近乎零还是约等于一只仙女蜂的质量，这种对称都一样。希格斯玻色子没法保护自己，那么它有没有一位守护天使呢？会不会是别的什么东西保护了它？

是的，这位守护天使就是希格斯西诺。

想象一个世界，那里没有单身汉，每个人都有一位完美的配偶。这听起来像是异想天开，但它可能就发生在你的鼻子底下，在粒子物理学的微观世界中。我希望你能想象，每个玻色子都和一个全新的费米子配对，而每个费米子都和一个全新的玻色子配对。换句话说，我希望你把场的数量翻倍。这似乎有些夸张，但支撑这一切的是一种新的对称，即所谓的“超对称”，它想保护每一对粒子。这个想法的关键在于，一旦一个玻色子和一个费米子配对成功，它们应该拥有一些共同的东西（包括质量和电荷）来维系它们的关系。这些由新粒子组成的家庭被称为“超粒子”。

这对希格斯玻色子有何帮助？它是一个玻色子，所以它会和一种名叫希格西诺的新费米子配对。要确保二者完美结合，我们超级强大的新的超对称要求希格斯玻色子和希格西诺拥有完全相同的质量。这是不是美妙极了。现在希格斯玻色子的质量和希格西诺的质量联系在了一起。希格西诺是费米子，所以它的质量会受到近乎完美的手征对称性的保护，就像电子的质量那样。它永远不会摄入过多的量子卡路里。希格西诺永远不会变得像仙女蜂那样重，它的配偶希格斯玻色子也不会。希格斯玻色子找到了它的“守护天使”。

我们可以把超对称——或者我们可以亲切地叫它“苏西”（susy）——看作时空最完美的对称，比所有美都更高级。只是这里有个小小的障碍——谁也没见过这样的美。

在苏西的世界里，我们知道电子会与一种超粒子配对，即名叫“超电子”的新玻色子。电子和超电子应该拥有相同的质量和电荷。但是，尽管我们见过那么多电子，可谁也没见过超电子。这只能说明苏西其实没那么完美。在我们的日常世界中，它一定是被破坏或者隐藏起来了，只在微观的物理学世界中现身。换句话说，只有当我们以极高的能量碰撞粒子时，它才会现身。这种被打破的平衡大大增加了超电子、希格西诺和其他所有超粒子的质量。超对称被打破得越严重，这些粒子就越重。

要找到苏西，我们需要寻找这些超粒子，这意味着我们需要足够的能量来创造它们。此时此刻，在欧洲核子研究中心的群山地底深处，大型强子对撞机里的质子正呼啸着绕圈，速度几乎和光一样快。当这些质子互相碰撞时，它们重现了“婴儿宇宙”的哭喊。每次迎头相撞的能量大约是10TeV，差不多相当于一只蚊子撞上一列高速火车。我一直觉得这个类比不那么带劲，可是别忘了，在那台大型强子对撞机里，这些能量都来自两个小得超乎想象的质子的碰撞。要真正感受这到底有多震撼，不妨这样想一下：如果你体内所有的质子都以这种方式相撞，它们释放出的能量大约比1883年喀拉喀托火山爆发所产生的能量还要大2万倍。

对苏西来说重要的是，10TeV的能量大约是电子质量的1 000万倍，或者希格斯玻色子质量的100倍。即便如此，我们仍未成功召唤出哪怕一个超电子或者希格西诺，抑或其他任何超粒子。在最简单的模型中，这只可能意味着一件事，就是超粒子太重了，我们的碰撞不足以把它制造出来。这令人不安。记住，我们想证明的是，希格西诺是希格斯玻色子的“守护天使”，而且二者的质量互相关联。但欧洲核子研究中心的实验似乎意味着希格西诺至少比我们期望的重100倍。也许希格斯玻色子不必像仙女蜂那么重，但在这些简单模型中，它至少应该比实测值重100倍。这当然是一个巨大的进步，但还是有点反常。

所有人都确信欧洲核子研究中心会找到苏西。我们所要做的就是用足够的热情让两个质子发生碰撞。苏西不但能解开希格斯玻色子重量不足的谜团，拯救自然性，还能解决暗物质的问题，因为最轻的超粒子无疑是暗物质的最佳候选者。而且它似乎还为进一步统一指明了一条优雅的道路，通往3种基本力共同的来源。这3个问题，无论解决哪一个都是绝大的成功，有潜力上演帽子戏法的苏西一定是对的。但欧洲核子研究中心没有看到它。人们开始质疑苏西的动机。他们开始寻找暗物质的其他来源，并思考通往统一的其他路径。

现在甚至有人开始觉得，苏西连自然性的问题都解决不了。

但仍有人不肯放弃——至少在目前。科学教导我们，如果发生了什么意料之外的事情，我们应该寻找它背后的原因。极大或极小的数字不会无缘无故出现。所以，当有人提出当希格斯玻色子的质量只有预测值的0.000 000 000 000 000 1倍的时候，大部分物理学家一门心思想找到解释。

我们做了足够多的尝试，但目前还没有任何一种得到确切的证明。我们尝试过额外的维度，试过苏西，甚至曾尝试把希格斯玻色子拆成更小的碎片。这些拯救自然性的方法都很巧妙，但大自然似乎不在乎。此时此刻，希格斯玻色子仍是那个在10^{16}：1的概率下赢得比赛的幸运儿，谁也不知道这到底是为什么。

不过，尽管只有10^{16}：1的概率，这仍只是一个关于自然性的小问题。现在，请容我讲讲那个大问题。

10^{-120}

一个令人难堪的数字

德国汉堡的哈尔琳餐厅里人声嘈杂。20世纪20年代，哈尔琳餐厅是汉堡的精英们的首选之地，坐落在华丽的四季酒店内，那是一家位于内阿尔斯特河畔的豪华酒店，是奥托·斯特恩提议大家来这里的。斯特恩尤其享受生活中的美好之物——美食、美酒和令人愉快的伙伴。沃尔夫冈·泡利就没有这么挑剔了。不过，他也喜欢四季酒店的奢华，尽管他前一天晚上还在臭名昭著的圣保罗区一家破烂的酒吧喝酒。毫无疑问，这两个地方简直是云泥之别。而且那天晚上他卷入了一场斗殴，右眼上方留下一道伤口。他告诉斯特恩，这是他自己摔的——斯特恩不需要知道详情。白天，泡利是坚韧克己的教授，但到了晚上，他就成了狂喊滥饮的登徒子。

两位物理学家杯中的白兰地已经见底，斯特恩兴奋地聊起了他正在研究的项目的新想法："我告诉你，沃尔夫冈，零点能量是真的。我已经算出了它对氖同位素蒸气压的影响。"泡利不为所动地瞥了他的朋友一眼，然后呷了一口白兰地。斯特恩仍继续热切地说道："如果零点能量不存在，就像你说的那样，氖20和氖22的蒸气压之差应该很大。阿斯顿应该能轻而易举地把它们分开，但我们都知道，他做不到！"

"那么引力呢，奥托？"泡利不动声色地问道。对方没有回答。泡利取出他的笔和笔记簿。“我们就来算一算吧。”他草草写下几个数字，斯特恩坐在一旁饶有兴趣地看着。两分钟后，泡利得意地抬起头：“你看，奥托！如果零点能量真实存在，这个宇宙甚至延展不到月球！”

上面这一幕充满了戏剧性，但我们都知道里面有一些元素是真的。斯特恩真的是一位只去高级餐厅的美食家——他有时甚至会从汉堡飞去维也纳，只为吃顿午餐。这和泡利恰恰相反，泡利经常背着朋友和同事光顾绳索街的酒吧和妓院。斯特恩曾尽己所能，试图说服这位朋友相信零点能量，但泡利不为所动。1958年，泡利去世后不久，他的两位助手说他大约在20世纪20年代中期就完成了那个著名的计算并得出相应的结论。[1]

泡利和斯特恩争论的到底是什么？什么是零点能量？

和伏地魔一样，它有很多名字，比如零点能量、真空能量、宇宙常数等。还有一点和伏地魔也一样，即它能在创始之初就粉碎整个宇宙。恒星和行星根本没有机会形成。你我也不可能出生。但不知为何，我们幸存了下来。大自然保护我们逃脱了“零点能量”这位暗黑之主的荼毒，遏制了它对末日决战的渴望。但谁也不知道它是怎么做到的。我们的宇宙为什么会幸存下来，这是整个现代物理学中最大的谜团。

零点能量是空旷空间的能量。想象一下，星际法警拜访了宇宙中的一个角落，他们清空了所有东西——恒星、行星、气体以及暗物质。除了虚无，他们什么都没留下。没有原子，也没有光。这是个荒芜而空旷的地方，但在这样的真空中，却存在某些法警无法触碰的东西。那便是能量——零点能量，它储存在真空之中。法警们付出了全部努力，仍无法让真空闭嘴。量子力学要求它成为一锅虚粒子沸汤，这些粒子在存在与不存在之间跳跃，用它们的能量触碰这个世界，虽然只有一瞬间。

要理解这一点，你可以去厨房拿一个大的搅拌碗。往里面扔一个球，比如大理石球或者乒乓球。你看到了什么？毫无疑问，球会在碗里转几圈，然后在碗底停下来。如果你让它待在那里，不去碰它，你会认为球会一直保持在原地。但要是你把厨房温度降到绝对零度，并抽走周围所有空气呢？球应该完全不会动，对吧？它不应该再晃动。

但事实是，它会动。

原因可以归结于量子力学和海森堡著名的不确定性原理。记住，位置和动量之间始终存在一种平衡。我们越了解一个粒子的位置，就越不了解它的动量，反之亦然。我们缩小这个实验的尺度，把一个很轻的粒子扔进一个很小的碗里。如果这个粒子停了下来并最终一动不动地待在碗底，我们就能准确知道它的位置和动量。这将违反不确定性原理，所以必须做出一些让步。粒子必须表现出一点量子扰动，即它永远不可能完全静止下来。

认识到这一点以后，我们回到宇宙中那个空旷的角落。在法警到来之前，这里充满了粒子，它们共同组成了行星、恒星和小绿人（这里代指外星生命）。有电子和光子、夸克和胶子、规范玻色子和希格斯玻色子，以及其他所有我们还不知道的粒子都只是基本场中的涟漪，而等到法警赶来并封锁了一切，这些涟漪就会消失。如果你把这些场想象成大海，粒子是海面上的涟漪，法警的工作就是让大海平静下来——让它完全没有波澜。

但大海永远不会真正平静无波。多亏了海森堡的不确定性原理，量子扰动始终存在。真空中的场也一样，它们永远不会完全安静下来，总有细小的扰动。认识到这一点很重要：这些扰动不是实粒子，因为法警会抓住这些粒子并把它们带走。所以，它们必须是虚的。事实上，它们很像是希格斯玻色子从伦敦前往巴黎的旅途中转瞬即逝的电子和正电子，我们在上一章中见过。这里我简单地复述一下，希格斯玻色子以它本来的模样离开伦敦，抵达巴黎时也是老样子，但它在中途干了什么，这就随你怎么猜了。它可能在整段旅途中都保持原样，也可能有一段时间伪装成电子－正电子对。费曼告诉我们，一个粒子会探索每一条路径，每一种可能性。每一条路径都会在希格斯玻色子身上留下印记，赋予它一些质量。

真空也一样。如果回到宇宙中那个空旷的角落，我们也许会看到，它早上起来时是空的，片刻之后也是空的。中间发生了什么，其实不重要。重要的是，它在开头和结尾都是空的，中间发生的事谁也说不准。真空可以轻易更换装束，就像希格斯玻色子那样，允许虚粒子像跳跳糖一样在存在和不存在之间跳跃。这些虚粒子会在真空中留下自己的印记，就像在希格斯玻色子上那样。它们会赋予它质量以及很多能量。

要弄清真空中藏着多少能量，我们需要把它拆分成极小的碎片，就像三维空间中壮丽的宇宙拼图。正如我们将看到的那样，这些碎片的尺寸会在根本上影响结果。如果我们只对肉眼可见的物理学感兴趣，我们或许可以把这些碎片设定为边长不到1毫米的方块。我们的野心应该更大一点儿。泡利一边吃午饭一边思考这件事的时候，他把碎片拼图设定为经典的电子半径的尺寸，边长约有几飞米。这比肉眼能看到的尺寸小得多，大约比一个原子还要小上万倍。在泡利的年代，这是物理学的极限，也是他们试图理解的边界。

在相对论的世界里，最短的距离往往意味着最短的时间。如果我们的碎片拼图边长只有几飞米，就像泡利设想的那样，那么我们实际上能考虑的最短时间大约是1纳秒的万亿分之一的百分之一。这正是光穿过其中一个拼图碎片所需的时间。我们用它来限制虚粒子在真空中跳跃的速度——比这更快的粒子都不考虑，因为它们对应的是更小的碎片拼图。这些转瞬即逝的颤动会赋予真空一个环境量子能，就像它们对希格斯玻色子所做的那样。最快的跳跃将赋予真空最多的能量，存在与不存在之间的超高频转换向真空灌注的能量将达到不确定性原理所允许的上限。最后，每一个小盒子得到的能量大约是 5×10^{-12} 焦耳[2]。

这看起来可能不是很多，但可别忘了，这些盒子虽然小，它们的密度却高得要命。每个咖啡杯大小的空旷空间差不多能容纳10^{29}焦耳，这么多能量足以蒸发地球上的所有海洋。

但我们不应止步于此。

泡利完成他的奇妙计算差不多已经是100年前的事了，自那以后，我们的眼光又变得深远了很多。欧洲核子研究中心的粒子碰撞已经把边界推到了超乎泡利想象上万倍的地方。现在，实验物理学的极限已经到达一个小得不可思议的尺度，大约是10^{-19}米。如果我们把拼图缩小到这个尺寸，虚粒子在真空中跳跃1次就只需要10^{-18}纳秒。真空继续将这些量子能一股脑儿地吞下去。现在，一个空的咖啡杯所蕴含的能量足以炸掉整颗行星，就像《星球大战》里那样，将行星炸得粉碎，并将所有碎片以极高的速度射向宇宙的每一个角落。它可以这样做1000亿次，彻底扫除银河中的每一颗行星。

但我们不应止步于此。

欧洲核子研究中心的碰撞代表的只是实验物理学的边界，它受到了资金和技术的限制。但物理学本身不会止步于此。它继续向前，带领我们直奔最前沿，空间和时间的所有概念开始崩塌的地方。碎片拼图实际上应该小到普朗克长度，比我们实验的边界还要小10^{15}倍。对真空来说，这背后的影响令人不寒而栗。粒子以每普朗克时间一次的速度在真空中跳跃，或者，换句话说，每10^{-35}秒一次。环境量子能会膨胀到超乎想象的程度，而真空贪婪地把它们全都吞了下去。在每升真空中，我们应该能找到1古戈尔千兆焦耳的能量。哇哦！每个咖啡杯大小的真空蕴含的能量应该足以一次又一次摧毁可观测宇宙中的每一颗行星，将所有物质毁灭10^{48}次。

这么多能量可能就藏在你周围的任何地方，甚至你的身体里，你体内原子之间空旷的空间里，想到这里，你有没有被吓到？这样的恶魔就潜伏在你体内，你是怎么活到今天的？其实，只要没有引力，就没什么好担心的。无论真空中蕴藏着多少能量，我们都无法将它转化为武器，释放出足以摧毁行星的可怕力量。事实上，我们完全无法利用真空能量。这是因为它在任何地方都完全相同。要搞出大场面，你需要能量差——需要梯度，而对隐藏得很好的真空能量来说，它们没有任何梯度。空旷空间的能量是零点，是基线，是测量其他所有数据的基准。你永远无法利用它产生额外的推力或拉力。它根本无法触及你——前提是没有引力存在。

如果有了引力，它就会变成怪兽。

空旷空间中有这么多能量，遵守爱因斯坦定律的宇宙会被它自身的重量压垮。它不仅会像泡利说的那样“延展不到月球”，而且甚至无法超过一个原子的大小。破碎的时空会卷曲扭转，在任何方向上都只能延展到比普朗克长度略长一点的尺度。

爱因斯坦告诉我们引力的作用对象实际上是能量，而不是质量。来自遥远恒星的光子在经过太阳时，轨迹会向内弯曲。太阳吸引的不是光子的质量，因为它没有质量。它吸引的是光子的能量。在爱因斯坦的物理世界中，所有形式的能量都跳着引力的华尔兹。万事万物都必须起舞：太阳、行星、你、我、外星獾、黑洞巨兽，甚至包括真空本身。

真空的能量无处不在，不随空间和时间而变化。所以它有时候被称为“宇宙常数”。和所有能量一样，它会让时空朝自己所在的位置弯曲。如果真空能量为正，每个人周围都会形成一个视界——德西特视界，正如我们在“葛立恒数”那节里看到的那样，它代表着我们可能看到的边界。真空中蕴藏的能量越多，这道视界就越小，我们的世界也越狭窄。如果用泡利的拼图估算一下真空能量，这个视界的半径大约是237千米。别说月球了，这个宇宙甚至延展不到国际空间站。如果进一步改进我们的估算——因为我们把拼图切割得越来越小，这道视界还会收得越来越窄。对普朗克长度的拼图来说，这道视界恰好能把我们包裹起来，距离我们的身体不到普朗克长度。这是一个被虚无压垮的宇宙，虚无的重量让它粉身碎骨。

我们的宇宙不是这样。

看看你周围。我们这个宇宙的视界没把你包裹起来。正如我们在“葛立恒数”那节里看到的那样，这道视界远得超乎想象，大约在10^{24}千米以外。它在缓慢地加速，遥远的星系正在被某种看不见的东西推得越来越远。我们叫它“暗能量”，但这只是个名字。大部分人认为，它就是真空的压力——隐藏在空旷空间中的零点能量。但它的推力非常轻柔。要匹配遥远星系加速远离我们的速率，这种虚无的能量必然非常稀薄，每升空间中还不到10^{-12}焦耳。这完全不符合我们用量子理论拼图所做的估算。现实中，一个咖啡杯大小的真空所蕴含的能量既不够摧毁行星，也没法煮沸海洋。事实上，你至少需要1万杯真空能量才能碾碎1只仙女蜂——你已经知道它是世界上最小的飞虫。

这实在令人难堪。

量子场论——对粒子和场的微观描述——常被誉为人类历史上最精确的理论之一，这并非过誉。它的某些预测，如所谓的“电子的反常磁矩”，已经得到了实验证实，其精度达到了10^{-12}。可是现在，当我们试着用这套无往不胜的理论预测真空的能量密度时，我们却发现实测值比计算结果小10^{-120}倍。这真的是一个很小的数字。如果你用小数形式把它写出来，它应该是这样的：

0.000 000 000 000 000 000 000 000 000 000 000 000 000 000 000 000
000 000 000 000 000 000 000 000 000 000 000 000 000 000 000 000 000
000 000 000 000 000 000 000 1

正如我们已经看到的那样，大自然不会无缘无故地给出一个极小的数字，那这是为什么？我们最理想、最了不起的理论预测出每升真空中应该有1古戈尔千兆焦耳能量，但大自然却告诉我们实际上只有1皮焦耳。这简直是物理学史上精度最低的预测。当然，我们应该庆幸。如果我们的预测是对的，宇宙会被引力扭曲碾碎，能够留存下来的只是个无法在空间或时间中延展的小家伙，根本无法支持能庇护智慧生命的恒星和行星。但我们的预测并不正确。我们幸运地生活在一个广阔而古老的宇宙中，这里的真空能量比预测值小10^{-120}倍，虽然我们就是理解不了这个小数字。

这是基本物理学中最令人难堪的数字，我们最高水平的计算和现实的观测结果之间存在如此巨大的差异。爱因斯坦的广义相对论和量子场论是20世纪最优秀、最经得起验证的理论之一，但当我们把二者结合起来，却酿成了这场灾祸——“宇宙常数问题”。

最让爱因斯坦头疼的一段关系

宇宙常数的故事始于普朗克和零点能量。这个名字让人想起了20世纪80年代德国一支摇滚乐队在地下酒窖里咆哮的画面。但它与汗水、鲻鱼头和电吉他毫无关系。它是零点能量，普朗克在第一次世界大战爆发前首次提出这个概念，试图修正量子理论。我们在“古戈尔普勒克斯”那一节中提及了他第一次提出量子理论，当时他把能量拆分成块，让我们免遭紫外灾难的荼毒。这套理论效果卓著——而且是对的，但普朗克不在乎。他从没喜欢过“能量块”这一概念，当时他说但凡有一点办法，自己一定会抛弃它。这次试图修正量子理论时，他宣称辐射仍然必须成块释放，但不一定非得这样被吸收。这种不对称在如今的我们看来十分丑陋，但在量子力学萌芽的年代，它没有那么激进，似乎更保守一点。但这需要付出代价。要让这套修正后的量子理论能够自圆其说，普朗克需要一些剩余能量，哪怕在一切冷却到绝对零度时。他需要零点能量。

普朗克修正量子理论的尝试永远无法盖过他的第一次锋芒，原因很简单：它是错的。尽管如此，零点能量的想法还是引起了爱因斯坦和他的“同谋”奥托·斯特恩的注意。大约在同一时间，德国化学家阿诺德·欧肯（Arnold Eucken）搜集了一些关于氢分子比热的数据。其中的细节不重要——重要的是，爱因斯坦和斯特恩证明了零点能量可以帮助他们理解这些数据。但爱因斯坦对它的青睐转瞬即逝。几年后，爱因斯坦开始激烈地反对零点能量的概念。“没有哪位理论学家，”他奚落道，“在说出‘零点能量’这几个字时不露出半难堪半嘲讽的微笑。”改变他看法的是精神状态堪忧的奥地利物理学家保罗·埃伦费斯特（Paul Ehrenfest）。

埃伦费斯特曾经不靠零点能量，只凭普朗克最初的量子理论——现在我们知道，它是对的——就解释清楚了欧肯的数据。爱因斯坦觉得，既然你不需要某样东西，为什么还要为它耗费心力。此外，他非常尊敬埃伦费斯特。他们俩是很亲密的朋友。埃伦费斯特的故事值得我们暂时岔开话题来介绍一下，因为这可能是物理学史上最大的悲剧之一。埃伦费斯特曾经师从玻尔兹曼，当时这位伟人已近暮年，正深受自我怀疑的折磨。埃伦费斯特拿到博士学位仅仅两年后，玻尔兹曼就自杀了。埃伦费斯特建立自己的声望，他不仅是一位伟大的物理学家，还是他那一代人里最了不起的老师。“他讲课时就像个大师，”阿诺德·索末菲（他可能是德国最有影响力的物理学家之一）表示，“我几乎从没听过这么引人入胜且充满智慧的讲座。”尽管拥有这样的智慧，埃伦费斯特仍遭到了心魔的折磨，这些心魔甚至比摧毁他恩师的更具毁灭性。爱因斯坦深知这一点。1932年8月，他十分担心这位好友，给埃伦费斯特任职的莱顿大学写了一封信。当时的埃伦费斯特不仅婚姻一败涂地，还放弃了物理学。爱因斯坦看出来，他正在被抑郁的阴霾淹没。1年后，埃伦费斯特去世了。1933年9月25日，埃伦费斯特前往阿姆斯特丹的受难儿童研究所看望15岁的儿子瓦西克。瓦西克患有唐氏综合征，不久前，为了安全起见，他被送到荷兰，离开了纳粹掌权的德国。埃伦费斯特在等候室里见到了儿子，然后他掏出一支手枪，朝儿子的脑袋开了一枪。紧接着，他将枪口对准了自己，开枪自杀。

正是埃伦费斯特促使爱因斯坦决然抛弃了零点能量，但让爱因斯坦回心转意的人很可能也是他。从战争年代到20世纪20年代初，这中间发生了一些事情，爱因斯坦再次被这个想法吸引了。确切的原因我们并不清楚，我们所知道的是，他和埃伦费斯特曾互相通信。爱因斯坦提出，零点能量可以解释氦的一种非常奇特的性质。元素被冷却时，分子会失去动能，从液相变成固相。但氦不会这样，至少在标准大气压下不会。哪怕你把它一路冷却到绝对零度，它也不会变成固体。从某种程度上说，爱因斯坦是对的——这的确和零点能量有关。它赋予了氦一种内部的压力，迫使它膨胀到更低的密度，避免了固态结构的形成。

20世纪20年代初，分子化学家看到了越来越多支持零点能量的证据，如美国化学家罗伯特·马利肯（Robert Mulliken）。但随着普朗克对量子理论的修正受到越来越多的质疑，它的起源也没有得到透彻的理解。1925年，随着量子力学最终走向成熟，这样的局面才得以改变。量子力学盛放的故事关乎两次隐居。一次是薛定谔带着情人溜到阿尔卑斯山，在那里创造出了撼动物理世界的方程，这一段我已经讲过了。另一次是在那之前，维尔纳·海森堡也逃离了城市，去了北海的黑尔戈兰岛。和薛定谔不一样的是，他不是为了逃离自己的妻子，而是逃离花花草草。

海森堡的故事并没有街头小报中的桃色新闻，但这丝毫不影响它的重要性。1925年春末，花粉过敏让他深受其害，他只好去岛上躲避花粉。他的脸肿得厉害，以至于当他在那间俯瞰沙丘的旅馆登记入住时，房东太太以为他跟人打了一架，还答应会照顾他到痊愈。隐居在小岛上时，除了在海边散步或者跳进海里游泳，这位年轻的物理学家并没有别的太多事可做。他可以更深入地思考氢原子的问题，试图理解它的光谱线——它能吸收和释放的能量块——来自哪里。他对这个问题的痴迷很快引发了失眠，但在一个燥热的夏夜凌晨，他终于迎来了突破。"当时大约是凌晨3点，最后的计算结果终于摆在了我面前，"海森堡回忆道，"起初，我深受震撼。我太激动了，完全忘记了睡觉。我离开房间，坐在一块石头上等待日出。"

海森堡意识到，原子内部的电子并不像玻尔最初提出的那样，拥有清晰的轨道。似乎只有在电子运行轨迹更高，远离原子核的时候，它们的轨道才是清晰的。而在更靠近原子核的地方，局面要混乱得多。你没法斩钉截铁地说电子是在这条轨道上，或者在那条轨道上。薛定谔靠直觉将这种混乱描绘成一道道的波，而海森堡使用的则是更抽象的矩阵的数学语言。这只是对同一种现象的两种不同描述——在量子力学的巫师世界里，一切都是概率游戏。

海森堡的研究非常了不起。正如牛顿发明的微积分描述了我们每天看到的宏观世界的机制，海森堡也发明了一种新的数学来描述我们看不到的微观世界。它不像薛定谔的理论那样容易理解，但它具有首创性，而且能用更少的元素捕捉到量子世界的抽象之美。[3]

1933年，也就是海森堡获得诺贝尔奖那年，纳粹控制了德国。他们开始制定针对非雅利安人或被认为在政治上不可靠的公务员的政策。许多学者成了这场运动的受害者，或辞职以示抗议。不过，海森堡选择了保持沉默，不发表反对意见。他觉得希特勒不会掌权太久，所以他只需要低调一点就好。但没过多久，他也成了纳粹的目标。纳粹认为，犹太人对20世纪初发展起来的抽象和科学的数学方法影响太大。海森堡在慕尼黑排队等候一个重要的教授职位时，他成了约翰尼斯·斯塔克的目标。斯塔克本人是诺贝尔物理学奖获得者，也是一名狂热的纳粹分子。斯塔克签署了党卫军的一篇文章，宣称海森堡是“白种犹太人”，“物理学界的奥西茨基”（奥西茨基是德国的一名记者暨和平主义者，曾被关押在纳粹集中营）。这时海森堡的母亲出手了。她的家族和纳粹德国党卫队首领海因里希·希姆莱（Heinrich Himmler）有联系，希莱姆提出了一个折中方案：海森堡个人将不会受到进一步的攻击，但他不能去慕尼黑。

海森堡留在了莱比锡。他不缺别处的工作邀约，尤其是美国，但强烈的个人责任感让他觉得自己必须留在祖国，无论这里的政治环境如何。战争期间，他主导了德国的核研究计划。有人认为，海森堡蓄意破坏了这个计划更险恶的部分，尽管这不能完全确认。1941年访问丹麦时，海森堡提起了核武器研究的话题，这让尼尔斯·玻尔深感不快。后来海森堡宣称，当时是玻尔误解了他的意图。1年后，海森堡与纳粹军备部部长阿尔伯特·施佩尔（Albert Speer）见面，表达了他对进一步研究核武器的反对。然而，他的确继续做了核能实验，而且毫无疑问，他希望提升德国在科学领域的声誉。

就在我撰写这一节的时候，我和家人去德国黑森林的一家农场玩了几天。因为旅行计划有变，我们少订了一晚的住宿，于是我在森林边缘的一座古堡里订了一间房，那里可以俯瞰风景如画的海格尔洛小镇。幸运的是，这家酒店在量子物理学的历史上占有一席之地。城堡下方的山洞，远离炸弹如雨点般坠落的柏林，海森堡和他的同事曾在这里建造了一座核反应堆。随着盟军的逼近，战争走向尾声，这是纳粹试图赢得原子能竞赛绝望的最后一搏。这个山洞如今成了一座博物馆，里面展出了海森堡实验的全尺寸模型——用链子系在一起的铀块悬浮在一大桶重水里。物理学家用这些重氢原子减缓中子的速度，再利用这些中子轰裂一部分铀原子核，由此释放出更多中子，分裂更多原子核。他们的目标是触发可自我维系的链式反应，释放出海量原子能。海森堡和他的团队离成功只差一步之遥——核心里的铀只要再增加50%，就足够让反应堆运转起来。盟军发现这个山洞时，海森堡已经在夜幕的掩护下骑着自行车逃离了海格尔洛。人们在城堡旁的一片地里找到了被掩埋的铀块。

盟军很快在海森堡位于巴伐利亚阿尔卑斯山下的家中俘获了他，当时该地区仍处于德国的控制之下，所以盟军将他送去了英国的农场庄园审问。英国情报部门秘密记录了被拘禁在农场的科学家们之间的谈话，并于1992年公开了这些谈话内容。虽然海森堡的反应堆快接近成功了，但情报人员偷听到他跟别的科学家说，他从没想过要造炸弹。“我完全确信我们要造的是一台铀动力引擎，”他说，“但我从没想过要造炸弹，想到我们造的是引擎，而不是炸弹，我内心深处深感宽慰。我必须承认这一点。”

正是海森堡第一个理解了零点能量的来源，他那个了不起的量子力学方程透露了这个秘密。海森堡证明了量子振荡——细微的量子晃动，不可能不携带能量。基本粒子的物理学实际上是关于这些细微晃动的物理学。只要有实粒子，就会激发这种晃动。在真空中，这些晃动会缩小到不确定性原理能允许的程度，但正如海森堡所证明的那样，它们蕴含的能量不会完全消失。

但这种真空能量在现实中真的存在吗?

从天花板上匆匆爬过的壁虎会给出肯定的答案。人们认为，这种动物在墙壁上行走的神奇能力依赖于真空能量和量子真空力的变化。结果我们发现，这种真空能量取决于周围环境的形状。我们知道，零点能量来自虚粒子在存在与不存在之间跳跃时激起的涟漪。但关键在于，真空边界的尺寸和形状决定了这些涟漪。水里的涟漪也有类似的效应——池塘、湖泊甚至海洋的形状决定了这些涟漪的性质。一旦真空的边界发生了变化，虚涟漪就会随之变化，进而改变零点能量。这意味着真空会推或拉自己周围的“墙壁”，试图改变这些涟漪，降低能量。由此便会产生所谓的“卡西米尔力”，这个名字来自荷兰物理学家亨德里克·卡西米尔（Hendrik Casimir），他是埃伦费斯特的学生。如果真空边界的墙壁相距遥远，这种力就很小，但如果墙壁之间的距离近到了微观尺度，我们就能测量到这种力［1997年，史蒂夫·K.拉莫洛克斯（Steve K. Lamoreaux）和他的团队在洛斯阿莫斯国家实验室里正是这样做的］。同样，零点能量的变化也会在原子和分子之间产生所谓的“范德华力”。让我们将话题回到壁虎身上。有的生物学家认为，壁虎利用范德华力黏附在天花板上，这是因为它们脚掌上细微凸块之间真空中的零点能量发生了变化。

这些可测量的效应让我们相信，关于零点能量的理论是对的，但事实上，我们测量的只是局部的变化——只有用壁虎脚上的原子和分子筑起一堵墙，并将真空围起来，我们才能观察到零点能量的这种波动。我们几乎无法通过实验（如拉莫洛克斯在洛斯阿莫斯做的那种）触摸到水面下的冰山——整个宇宙背后丰富的真空能量储备。如果拆去所有墙壁，彻底清空整个宇宙，你应该仍能找到真空能量。正如我们已经看到的那样，这座冰山应该很大。它应该会彻底碾碎整个宇宙。

零点能量在宇宙学方面的发展是完全独立于量子力学的另一个故事。要讲好这个故事，我们必须回到1917年年初，此时距离海森堡揭露它的量子来源还有8年。当时，爱因斯坦仍强烈反对零点能量，而且不愿意对它做过多思考。但他正在思考引力，以及他奇妙的新理论会对整个宇宙产生什么影响。

他从一个谜团开始——无限空间问题。这样的东西真有合理性吗？为了绕开这个问题，爱因斯坦更愿意把宇宙想象成一个巨大的球体，就像一个球面，虽然大，但终究有限。在广义相对论中，爱因斯坦的方程将宇宙的形状和尺寸以及它所包含的物质联系在一起。他看到在最宏大的尺度上，这个球形宇宙一直被它内部的物质推来挤去，它永远不会安静下来。爱因斯坦一点儿也不喜欢这样。宇宙会随时间而演化的想法令他厌烦。他从直觉上想要一个不变的世界，无始无终，但他的方程不肯这样玩。他需要一种修正。

爱因斯坦发现，他可以用一种渗透所有空间和时间的新元素——一个宇宙常数——来检验这种令人心烦的演化。这个宇宙常数是他凭空想象出来的——他完全没想到，它可能和宇宙的零点能量有关。可是现在，他想出了这么一个常数，靠它解决了所有问题：这个宇宙常数平衡了物质和空间的弯曲，让宇宙保持静止。时空战场上的宇宙巨人之间达成了令人不安的停火协议。但是，这种局面维持不了多久。

同年晚些时候，爱因斯坦得到了第一次警告，这次颇有威胁的攻击来自荷兰天文学家威廉·德西特。德西特质疑了爱因斯坦许多基本假设，并证明了爱因斯坦的宇宙有可行的替代方案，无论是在实验层面还是在数学层面。他设想了一个非常稀薄的宇宙，我们可以视其没有任何物质，只有这个无所不在的宇宙常数。这给了他另一个关于宇宙的解决方案——一个完全用爱因斯坦的宇宙常数塑造的宇宙。爱因斯坦不相信它能准确描述我们的宇宙，因为这里面没有由像恒星和行星之类的普通物质组成的天体。更糟糕的是（至少对爱因斯坦来说），天文学家亚瑟·爱丁顿证明了如果你真的往这个宇宙里扔几颗恒星和行星，它们会飞往四面八方，这些天体会随着彼此之间空间的膨胀而加速互相远离。德西特和爱因斯坦都很尊重对方，尽管他们各执己见，争执不下，但没有证据表明爱因斯坦认可过德西特的替代方案。爱因斯坦宇宙和德西特宇宙成为当时主流的宇宙学模型。

俄罗斯物理学家亚历山大·弗里德曼（Alexander Friedmann）不想站队。1922年，这位年轻的物理学家决定更加认真地考虑宇宙不断演化的可能性，并寻找一系列全新的方案。弗里德曼的世界里没有宇宙常数。取而代之的是，宇宙的膨胀由物质驱动，随着物质变得越来越稀薄，宇宙的膨胀也会减缓。这和前面两种假说相悖。在爱因斯坦的世界里，宇宙是静止的。而在德西特的世界里，宇宙始终膨胀，但这种膨胀完全由宇宙常数驱动，它迫使宇宙越来越快地加速膨胀。结果我们发现，除了极早期和极晚期个别爆发式加速的时间段，弗雷德曼减速膨胀的宇宙学最符合我们的宇宙大部分时候的行为。

一开始，爱因斯坦斥责弗雷德曼的论文在数学上有缺陷。当它数学上的可靠性得到证明以后，他开始意识到了它的重要性，这改变了他与自己5年前引入的宇宙常数的关系。他在1923年寄给赫尔曼·外尔（Hermann Weyl）的一张明信片中写道："如果不存在一个准静态的世界，宇宙常数也将随之而去。"换句话说，如果接受宇宙一直膨胀的理念，就没有必要修正广义相对论，就像他在1917年所做的那样——因此也没必要引入宇宙常数。这将成为接下来70年的主流观点，因为所有证据都表明宇宙正在减速膨胀，就像弗雷德曼所提议的那样。正如我们即将看到的那样，直到20世纪90年代，天文学家开始在宇宙最近期的历史阶段探测到加速的迹象，宇宙常数才重回人们的视野。

弗雷德曼没有看到自己的模型被发扬光大。1925年夏天，他从克里米亚度蜜月归来，在火车站吃了一个梨。据说这个梨没洗干净，沾满了细菌。刚回到列宁格勒，弗雷德曼就病倒了，医生诊断他得了伤寒，不到两周就去世了。

大约在这时候，比利时宇宙学家、神父乔治·勒梅特（Georges Lemaître）提出了他自己的想法。勒梅特出生于比利时沙勒罗伊一个信奉天主教的小康之家，他早在9岁时就下定决心，要做一名神父和科学家。"我感兴趣的是真理，"他告诉《纽约时报》的记者，"无论是从救赎的角度，还是从科学确定性的角度。"他从没觉得生活中这两个方面有什么冲突。

勒梅特没听说过弗雷德曼的研究，但他读过维斯托·斯莱弗（Vesto Slipher）的文章，这位美国天文学家一直在观测一种暗淡的光的旋涡，人们称之为"旋涡星云"。斯莱弗注意到，这些旋涡正在远离我们，勒梅特正确地将这背后的原因归结于宇宙膨胀。粗略的估算表明，这些旋涡非常遥远，所以有天文学家猜测，它们实际上是一些岛宇宙，由成百上千万，甚至几十亿颗恒星组成。他们是对的。埃德温·哈勃设法更深入地观察了这些旋涡，并从中分辨出了一些独立的恒星。斯莱弗的旋涡星云正是我们如今所说的“星系”。

勒梅特试图解开膨胀宇宙的方程，但爱因斯坦不为所动。勒梅特把所有东西都纳入了他的模型：行星、恒星，甚至包括宇宙常数。对爱因斯坦来说，这过犹不及。在他看来，在一个膨胀的世界里，宇宙常数没有存在的价值，它唯一的作用是遏制这种膨胀，让宇宙静止下来。1927年，勒梅特在索尔维的一场会议上找到了爱因斯坦，想跟他讨论这篇论文，爱因斯坦一点儿也没跟他客气。“你的计算是对的，”他先表扬了一句，接着说，“但你的物理思维糟糕透顶。”

爱丁顿的态度则更积极一些。在他看来，勒梅特的研究给爱因斯坦的静态宇宙模型画上了句号。虽然勒梅特从没这么直白地说过，但他的计算意味着爱因斯坦的世界是不稳定的。它过度依赖物质和宇宙常数之间令人不安的妥协。一旦这种妥协被打破，哪怕只是物质的密度略微有一点点变化，这个宇宙很快就会变成另一副模样。而且有一件事可以确定，即它绝不会是静态的。

到了20世纪20年代末，哈勃已经能够准确测量斯莱弗的星系与我们之间的距离。将这一数据与这些星系远离我们的速度放在一起比较，宇宙的膨胀模型由此得到确认，这符合弗雷德曼和勒梅特的宇宙观，而与爱因斯坦在1917年最早提出的模型相悖。此时此刻，爱因斯坦更加直言不讳地反对宇宙常数。宇宙不是静态的，所以宇宙常数根本不必存在。

多方报道称，爱因斯坦说宇宙常数是“（他）这辈子最大的污点”，不过他到底有没有说过这句话，仍有争议。但可以确定的是，爱因斯坦从没跟宇宙常数“复合”过。他在“二战”快结束时写的一篇回顾文章中坦承：“如果哈勃在我创立广义相对论的时候就发现了宇宙正在膨胀，我绝不会引入宇宙学的这位成员。”几年后，他写信给勒梅特，抱怨宇宙常数的丑陋，并宣称自己为引入这个术语“一直深感愧疚”。至于“平生最大污点”，最早引用这句话的是乌克兰物理学家乔治·伽莫夫（George Gamow）。虽然著名的美国物理学家约翰·惠勒（John Wheeler）声称，他在普林斯顿偶然听到伽莫夫和爱因斯坦聊天时提到过这句话，但人们对此仍有怀疑，主要是因为伽莫夫的性格。伽莫夫虽然是杰出的物理学家，但他也是个喜欢恶作剧的酒鬼。他曾在某个庄重的场合偷偷把他的朋友汉斯·贝特（Hans Bethe）的名字加到了一篇开创性的论文上，这篇论文是他和学生拉尔夫·阿尔弗（Ralph Alpher）一起写的，主题是氢和氦之类的氢元素的合成。包括贝特的名字意味着作者名单可以写成阿尔弗－贝特－伽莫夫（Alpher–Bethe–Gamow），正好是希腊字母表的前3个字母。无论如何，爱因斯坦到底有没有说过宇宙常数是他“平生最大污点”，这其实不重要。和他最大的遗憾相比，宇宙常数无疑黯然失色：1939年，他在一封写给罗斯福总统的信中警告说，德国可能正在制造原子弹，并鼓励美国研发自己的核武器。

爱因斯坦的批评并没有让他气馁，勒梅特继续琢磨宇宙常数和膨胀宇宙意味着什么。1931年，他在一封写给《自然》杂志的信中（被刊载在一篇讨论眼镜蛇肠道里找到的昆虫的论文后面）问道：“如果我们逆时间回溯，想象很久以前的宇宙，那会是什么样子。”他意识到，所有事物的能量——每一颗行星、每一颗恒星、每一次辐射的脉动——都会被裹进一个小得不能再小的空间，甚至可能是一个未知的“量子”里。勒梅特试图解决的正是我们如今所说的“初始奇点”，这个密度无限大的原初点标志着空间和时间的起点。至于宇宙常数，和爱因斯坦恰恰相反，勒梅特从未放弃过它。他首次将它定义为真空能量，但他从未将这种零点能量和量子力学联系起来。要是他做到了这一点，没准儿爱因斯坦会回心转意。

在接下来的30年里，宇宙常数在很大程度上被忽略了，哪怕为数不多的研究宇宙学的物理学家也不太重视它。这个领域最聪明的头脑对粒子更感兴趣，他们和微观世界斗智斗勇，对基本场的结构吹毛求疵。宇宙常数最早的倡导者是一位神父，而让它重归大众视野的是第二次世界大战后苏联核武器项目的领导者。雅科夫·泽尔多维奇（Yakov Zel'dovich）是仅有的16位被授予“社会主义劳动英雄”称号的人之一，这是苏联最高苏维埃主席团设立的最高荣誉称号。20世纪60年代末，他把宇宙学真空中的点连缀起来，将海森堡的零点能量和宇宙常数联系到了一起。这和泡利在咖啡馆里完成的计算一脉相承，只是加上了现代的理念。和泡利一样，泽尔多维奇发现了一个问题。一个大得要命的问题。

泽尔多维奇意识到，如果量子场论是对的，那么真空中就应该充满虚粒子的沸汤，这些虚粒子永远在存在与不存在之间跳跃。这锅汤应该会给真空增加一些重量，用如此多的能量和压力将它填满，使宇宙弯曲到无法存在的地步。我们不能再继续忽略宇宙常数了。

泽尔多维奇的宣言已经过去了半个世纪，但宇宙常数问题仍没有得到解决，如果非要说的话，局面甚至变得更糟了。泽尔多维奇认为，真正的宇宙常数小得近乎零。但他不知道它为什么应该趋于零——他不知道什么能驯服虚粒子的沸汤，但一定有某种东西。也许是某种对称？ 30年后，也就是20世纪90年代末，天文学家们开始看到宇宙加速的证据，遥远的超新星以越来越快的速度远离我们。这种加速看起来像是它正在被宇宙常数推动，但它的数值不符合量子理论和真空中疯狂跳跃的虚粒子所预测的结果。这个宇宙常数比理论上的计算值小了10^{-120}倍。

虽然宇宙常数的实际值带来了一些非常难的问题，但它的存在常被视为爱因斯坦出乎意料的胜利。就算爱因斯坦最后否认了它，但毫无疑问，宇宙常数是他提出来的。加速膨胀的宇宙也是德西特的胜利。随着宇宙的膨胀，它变得越来越稀薄，似乎越来越接近德西特的世界，一个空旷而永恒的宇宙，被无处不在的宇宙常数驱动。但有一个问题仍悬而未决。

它为什么小得这么令人难堪？

金票

局面正朝着近乎绝望的方向发展。距离泡利和斯特恩坐在汉堡的咖啡馆里宣称宇宙“甚至延伸不到月球”已经过去了近1个世纪。在这么长的时间里，谁也没为宇宙常数问题找到一个能让所有人都满意的解决方案，甚至没有一个能满足部分人的方案。我们知道，小数字不会平白无故出现，但它就在那里，一个比预测值小0.000 000 000 000 000 000 000 000 000 000 000 000 000 000 000 000 000 000 000 000 000 000 000 000 000 000 000 000 000 000 000 000 000 000 000 000 000 000 000 000 001倍的宇宙常数。自然性在基本物理学的其他几乎每一个领域都取得了辉煌的胜利，但它被淹没在了宇宙的真空中。

玻尔是第一批试图拯救自然性的人之一。1948年，他在布鲁塞尔的索尔维会议上做了一次公开演讲，提出了他对零点能量所做的思考。和泡利一样，他知道如果考虑引力，零点能量会变得疯狂，将空间弯曲成虚无，所以在他看来，必然有某种东西让它消失了。他设想那锅沸汤存在一种完美的平衡——部分粒子赋予真空正能量，部分则带来负能量，二者互相抵消。这就像被等量的天使和恶魔包围。天使赐予你幸福和快乐，恶魔则把它们夺走。如果二者正好平衡，你就既不快乐也不悲伤。宇宙常数可能也是这样：一些虚粒子试图推高它，另一些则想把它拉下来。最终它的值就是零。

玻尔猜测，虚质子和虚电子可能以这种方式竞争。其实它们不会，因为它们都是费米子。“真空汤”中的虚费米子总是倾向于压低真空能量，将我们推向负能量。虚玻色子的作用则反之，它们试图推高能量。最先发现这件事的是泡利。如果说玻色子的行为像天使，费米子像恶魔，那么，如果二者完美平衡，它们也许会互相抵消，像玻尔设想的那样驯服宇宙真空。

这是个美妙的想法。就像神奇的独角兽——只是它们在现实世界里没有容身之地。要让玻色子和费米子恰好完美平衡，你需要一种我们在上一章里提到过的对称——“苏西”。苏西是我们想象出来的超对称，它保护了希格斯玻色子的质量。具体的想法是，将粒子的数量翻倍，于是每个玻色子都和一个新的费米子配成一对，每个费米子也有了新的玻色子伴侣。如果想让这些“婚姻”美满幸福，粒子双方就必须拥有完全相同的质量和电荷。而要抵消宇宙常数，这正是你需要的。在一个完美超对称的世界里，每个虚玻色子都会试图用真空能量增加宇宙的重量，但它的费米子伴侣会抵消这种效应。不过，我们的世界不是完美超对称的。事实上，我们没有任何迹象见到过苏西——至少在目前。如果我们打破真空，让拼图带领我们前往实验物理学的最前沿——前往欧洲核子研究中心对撞机实验的边缘，那里也没有苏西，所以真空能量不可能奇迹般地互相抵消。

这只是一次失败的尝试，事实上，类似的尝试还有很多。宇宙常数问题像海妖般诱惑着它的猎物。物理学家被它吸引，并决心要征服它，保护自然性。但他们从未成功过。半个多世纪以来，宇宙常数问题令我们频频受挫，这些失败动摇着我们的决心。有人认为，自然性已死。绝望之下，他们抛弃了老路，转而以新的思考方式寻求庇护。

那便是人择原理。

根据我小时候父母给我买的那本《柯林斯英语辞典》——我曾经很不理解他们为什么会送我这么一份圣诞礼物，“arthropic”这个词的意思是“关于人类，或者与人类有关”。物理学中的人择原理将基本的物理定律与人类的存在——或者更广泛地说，复杂智慧生命的存在——联系在一起。在一个出乎意料的宇宙中，人择原理提供了一种可以取代自然性的解释：他们说，我们之所以会在自然界里找到那些小数字，是因为唯有如此，生命才能繁荣发展，而不是因为某种神秘的对称，或者什么花里胡哨的新物理学。

这门科学关乎生死，关乎多重宇宙。但也有人说，它根本不是科学。

人择原理的基本理念可以追溯到1973年，当时澳大利亚物理学家布兰登·卡特（Brandon Carter）对哥白尼的学说提出了质疑。500年前，哥白尼谦逊地宣告，我们不是什么特殊的造物，我们在宇宙中也没有优越的地位。但卡特不这样认为。因为物理定律看起来似乎经过了完美调制，一旦这支交响乐开始奏响，就能演化出智慧生命。后来史蒂文·温伯格演示了如何将这套逻辑应用于宇宙常数，其他人也试着用它解决别的谜团，尤其是空间维度的数量和希格斯玻色子意料之外的小重量。

正如我们在本章开头看到的那样，现实中这么小的宇宙常数出现的概率还不到一古戈尔分之一。如果彩票的赔率跟这差不多，那么你很可能就不会费心买彩票了。但是，假设你下定决心要赢——因为你的生死在此一举，你会怎么办？要为自己争取一个机会，办法只有一个——你需要买很多很多彩票。在宇宙常数的博彩中，每张彩票相当于一个拥有独特真空能量的宇宙。大自然可以通过购买很多宇宙彩票来提高胜率，其中每张彩票都代表一个拥有可能宇宙常数的可能宇宙。大部分宇宙过于沉重，它们充斥着过多的真空能量，无法演化出复杂的生命，但有一部分宇宙的质量还不到它们的一古戈尔分之一，比如我们这个。要进入一个这种比较轻的宇宙，你需要拿到一张金票。它就在那里，藏在多重宇宙中的特权角落里，在那里，我们或许能找到伟大的艺术或文学作品，还有盛放的科学之花，智慧的造物开始提出关于宇宙常数的问题。

但大自然还需要一个能让它买彩票的地方，不管是金票的还是普通的。弦理论就此登场。正如我们将在下一章末尾看到的那样，弦理论或许能为我们提供一个多重宇宙，那些宇宙各不相同，但都有可能存在。多亏了量子力学的巫术，我们可以在一个宇宙里找到自己，然后自发地跳进另一个宇宙。大自然以这种方式遍历它搜集的所有彩票。第一张彩票里可能藏着一个宇宙常数很大的宇宙。第二张、第三张，以及后面的很多张可能都是这样。大自然会在这么多彩票中随机跳跃，但那些宇宙会是什么样子？在那些如此沉重的宇宙里，莱昂内尔·梅西（Lionel Messi）还能踢足球吗？披头士乐队还会征服美国吗？恐龙会不会仍统治着地球？这些问题的答案全都是坚定的“不”。要找到那张金票，大自然必须跳进一个宇宙常数很小的宇宙。

因为我们都是星尘。你是，莱昂内尔·梅西是，连三角恐龙也是。组成我们的身体，以及我们生活于其上的行星的所有物质都是在恒星内部合成的。但要演化出复杂生命，我们不光需要恒星，还需要星系。如果没有将恒星聚集成团的星系，超新星爆发释放出来的重元素就会散逸到空旷的空间中。星系确保了这些碎屑有时会聚集起来，偶尔会形成行星，为复杂生命的演化提供所有的正确要素。生命的金票必然通往一个拥有星系的宇宙。

温伯格意识到过多的真空能量会阻碍星系的形成。他发现，如果宇宙常数是一个比较大的正数，它会迫使宇宙早早加速。恒星不再有足够的时间聚集并形成我们需要的星系，在那之前，它们会被空间的膨胀粗暴地推开。反过来说，如果宇宙常数是一个大负数，宇宙就不会加速膨胀，而会发生更糟糕的事情。一旦宇宙开始感受到负的宇宙常数，它就会出手遏制膨胀。空间开始收缩，宇宙最终被末日崩塌碾碎。

如果对温伯格的计算做进一步的升级，我们会发现，要让星系出现，宇宙常数最大也不能超过如今实测值的几千倍。这正是我们刚才讨论的金票。它们通往多重宇宙中一个量身定制的角落，在那里，星系得以存在，生命得以演化。除此以外，多重宇宙一片荒芜。人择原理的关键在于，以复杂生命的存在为前提，唯其如此，才会有披头士、梅西，甚至泽尔多维奇。这些生命里有一部分会提出关乎我们生活于其中的宇宙难题。通过这样做，我们收窄了这个宇宙存在的概率。我们不再需要操心多重宇宙中那些宇宙常数太大的角落。我们只对金票感兴趣，只想比较那些能让复杂生命繁荣发展的宇宙。

我们可以再问一次：宇宙常数的典型值是什么？由于我们只关注金票，所以要考虑的宇宙常数的范围不会太大。事实上，它不能超过实测值的几千倍。通过应用人择原理——以复杂生命的存在为前提，我们极大地收窄了宇宙常数可能值的范围。我们的宇宙不再是个一古戈尔分之一的意外收获。我们知道它手持金票——拥有复杂生命，所以找到宇宙常数正确值的概率变成了几千分之一。这是相当大的进步。

人择原理或许很巧妙，不同世界的多重宇宙看起来甚至可能颇为性感，但它带来了争议。很多反对者担心这是一条远离科学边界的歧途，因为它无法被证伪，哪怕从原则上说也不行。这可能不太公平。1997年，温伯格做了一个预测。他和同事[4]提出，如果真空能量小于宇宙总能量预算的60%左右，人择原理就无法解释它为什么这么小。这个论点是这篇论文能否发表的关键。《天文物理期刊》的编辑痛恨人择原理，他之所以同意刊载这篇论文，完全是因为它提供了一条彻底抛弃人择原理的路径。次年，亚当·里斯和索尔·珀尔马特领导的超新星小组公布了宇宙加速膨胀的证据。现在我们知道，宇宙常数在宇宙能量预算中的占比大约是70%。温伯格的预测实现了。他测试了人择原理，而人择原理通过了这次测试。

和很多事情一样，人择原理的问题在于，我们常被自己的经验左右。每次提出关于生命的问题，我们都会环顾周围，然后被这颗了不起的行星的多样性深深影响。但与此同时，我们也做出了妥协。我曾经问一位生物学家，他是否认为外星生命也是基于DNA的。他不知道。他怎么会知道呢？他从没解剖过来自另一颗行星，或者更确切地说，来自另一个宇宙的外星人。如何应用人择原理，如何判断智慧生命是否存在，我们采用的标准里往往夹杂着带有预设立场的猜测，但事实上，你很难弄清这些猜测是不是对的。

然后是多重宇宙本身。它真的存在吗？没有证据表明多重宇宙真实存在，无论是从实验层面还是从数学层面来说。弦理论似乎预测了多重宇宙，但我们对它的结构所知甚少。人择原理的一个关键特性是，你能随机从一个宇宙跳到另一个宇宙中。借助量子巫术，这或许能实现，但要是多重宇宙里有一些阻碍或预防跳跃的屏障，那会怎样？由于缺乏对多重宇宙的深入了解，我们说的每一句话都离不开限制性条款和假设。

人择原理是一套关于生命的理论，人们提出这套理论是为了理解自然界存在的这种精妙的平衡，正是这种平衡容许你和我出生在一颗岩石行星上，而这颗行星又恰好落在一颗中等尺寸恒星周围的宜居带。但这套理论里仍有很多未知的，甚至可能是不可知的东西。我们真的要为了这么一套不严谨的理论抛弃自然性吗？我的直觉告诉我不会。自然性是对自然之美的赞赏，它要求我们去追寻自然界的对称。正是这种对称赋予了光子近乎零的质量，所以光才能以光速行进。正是这种对称，电子才不会变得太重，让原子失去平衡。但保护我们的宇宙、让它免遭真空能量荼毒的对称到底是什么？到底是什么美妙的新物理学驯服了宇宙常数？

艾萨克·牛顿爵士的幽灵

我不得不弯腰才能钻进那幢房子。天花板很低，顶上的木梁纵横交错，墙上刻着辟邪的花纹。这里是伍尔索普庄园，这座在历史上负有盛名的老农庄位于林肯郡的田野深处。1642年圣诞日凌晨，汉娜·牛顿（Hannah Newton）在这里生下了她的长子艾萨克。这个男孩将成为科学之王。汉娜说，这孩子出生时个头小得能塞进一夸脱的马克杯里。

我和加州大学的一位同事一起来伍尔索普是为了寻找灵感。对两位21世纪的物理学家来说，再也没有比这更棒的灵感圣地。我们希望牛顿的幽灵能成为我们看不见的向导，让我们在庄园果园里那棵仍在生长的苹果树下冒出无数想法和方程。

我们几乎成功了。

当我们因关门被赶出庄园时，我们已经构思出了一个激动人心（也令人害怕）的新想法，将宇宙常数问题和即将来临的天启灾难联系到一起。因为不想回家，我们去了附近科斯特沃斯村里的一家名叫白狮的小酒馆。这家酒馆有些年头了，斑驳的石头墙壁和木板装饰的吧台俯瞰着牛顿受洗的撒克逊教堂。当我把一品脱拉格啤酒递向这位朋友的时候，他正在一张纸巾上写方程式。我跟他讨论了一些细节，就在我们争论的时候，我注意到坐在我们旁边桌子周围的一群留着胡子的建筑工人投来了好奇的目光。

“你们俩在干吗？”

他们操着当地的林肯郡口音，坚定而质朴。我本来打算胡诌一个答案，让我们俩看起来没那么傻，不那么像书呆子的样子——虽然我们无疑就是。但我没来得及。那位美国教授不太熟悉英国酒吧的潜规则，他立即回答：

“我们正在计算宇宙末日什么时候到来。”

我不该瞎操心的。接下来的差不多1个小时，我们向酒吧里的新朋友解释了我们的想法，他们都很感兴趣。我们聊到了现有的宇宙观如何不合理，真空本应是一锅喧嚣的量子沸汤，它如此狂暴地撕开宇宙，恒星、行星和人类本来甚至都不应该存在。我们宣称，我们想出了解决这个难题的办法，但需要付出代价：宇宙必须有末日，而且很快。

他们惊慌的表情是可以理解的。当然，所谓的“很快”说的是宇宙学的尺度。我们的朋友们不出所料地松了口气，说：“几百亿年的时间完全够大家再喝一轮。”

在那个温暖的夏日，我们在伍尔索普的想法灵感来自一个非常简单的观察：你看，宇宙常数，它是一个常数。这好像是句废话，但它正是宇宙常数的特别之处。正是这一点让它不同于行星、恒星以及其他所有会对引力产生影响的事物。

我们不妨比较一下宇宙常数和行星。和宇宙常数一样，行星会影响引力场，但它施加影响的方式很不一样。行星的质量不是均匀分布的，而是集中在时空中的一小块区域。这意味着它的影响是有梯度的——一旦离开了这块区域，行星的质量密度就会开始直线下降。但宇宙常数就不一样了。据我们所知，它是一个常数。在这一刻，在宇宙中的这个角落，潜藏的真空能量恒定不变，没有梯度。

根据爱因斯坦的广义相对论，我们知道所有形式的能量都会产生引力，无一例外。时空会被行星和恒星弯曲，会被人类和能觉察的外星气体弯曲，也会被真空能量弯曲。我们想做的是发展出一套新的引力理论，以另一种略微不同的方式处理宇宙常数。行星和恒星会以爱因斯坦描述的方式产生引力，你和我也一样。但潜藏的真空能量——宇宙常数，完全不该有引力。

我们的理论被称为“真空能量隔离”。隔离意味着孤立某样东西，或者把它藏到某个地方。这套理论和爱因斯坦的引力理论十分相似，只是它增加了一种机制，可以把量子力学预测的巨大真空能量隐藏起来。要理解它如何运作，你需要想一下你家的冰箱如何制冷。冰箱里有一个设置特定温度的恒温器，可能是4摄氏度左右。如果冰箱内的温度高于4摄氏度，恒温器就会触发外部的制冷机制——它会打开压缩机，制冷剂开始在系统内循环。等到冰箱重新冷却下来，恒温器会关掉压缩机，于是冰箱停止制冷。在真空能量隔离理论中，宇宙也有一个恒温器，但它衡量的是所有空间和所有时间宇宙的平均温度。

接下来，请想象一个拥有极大真空能量的宇宙，比如每升空间中有1古戈尔千兆焦耳能量。根据广义相对论，这些能量会弯曲宇宙，将它碾成虚无，让它的温度升高到约 10^{28} 摄氏度。但真空能量隔离理论里有一个恒温器。从原则上说，它可以被设置为我们选定的任意温度，所以我们把它设定为比绝对零度高一点点。面对如此巨大的真空能量，恒温器会触发外部的制冷机制，以降低能量，使平均温度下降到设定值。由于这是一种外部机制——在这个例子里，它来自时空以外——它会一视同仁地对待时空中的每一个点。它不会区分今天和明天。它会让空间和时间中每一个点的能量降低相等的量。换句话说，它降低的是基线，是潜藏的真空能量。

在这个恒温器的保护下，宇宙似乎有了一种预知的元素。无论真空能量是多少，它从一开始就知道自己能幸存下来。恒温器会让它变老，变广袤，变荒芜，让人类有机会演化。你可能觉得这听起来似乎有些违反因果，甚至有点像命运。你相信命运吗？大部分科学家会说他们不信，但如果他们跨越泼威赫或者其他任何一个星系中央黑洞的事件视界，会发生什么？他们难道不是注定会在无尽的折磨中与黑洞的奇点并肩走向末日？事实上，就在跨越事件视界的那一刻，他们的命运已被注定，但这并不意味着存在任何物理意义上的前后矛盾。因果悖论只有在时间形成闭环时才会出现，就像在时间旅行者的故事里，他回到过去，在父母生下自己之前干掉了他们。但我们的理论里没有明显的机制允许这样的事情发生。没有悖论。只是这个宇宙有自己的命运。多亏了那个恒温器，它知道自己必然会变苍老，变广袤。

宇宙常数和预知宇宙命运之间的这种关系并不新鲜。几十年前就有不少思考者提出过这个想法，其中最值得一提的是犹太裔美国理论物理学家西德尼·科尔曼（Sidney Coleman）。科尔曼是物理学家中的物理学家，他的老师盖尔曼在学术界享有崇高的声誉，但外界对他一无所知。我和我的美国同事所做的就是把他的想法转化为一个简单的实用模型。

但它是对的吗?

老实说，我不知道。我可以说的是，它没有明显的错误——在一个如此成熟的领域，这已经算一项成就。到目前为止，这个想法我们已经打磨了8年。我一直记着这个时间，因为我女儿正好是在我们发表第一篇论文的时候出生的。当然，我不是故意用她来计时的——她本来应该再过两个月出生的。但随着我的女儿慢慢长大，我们的模型也幸存了下来。它还没被任何观测推翻，也没被任何数学上的前后矛盾或严重的不稳定性击垮。

那它预言的天启灾难呢?我们不是在酒吧里跟那群朋友说过，它迫在眉睫，至少从宇宙学的尺度上说。有那么一阵子，我们的确是这样想的。在最早期的模型里，这是我们为了征服宇宙常数必须付出的代价。它是个很好的谈资，也给了我们一个预测，虽然是个预警。随着时间的流逝，我们的模型日渐成熟，最后我们发现这场天启灾难不一定必须发生。也许有一天，我会回到白狮酒吧，向我的朋友们保证，现在一切安好。如果我们最新的模型是对的，我们就可以期待这个宇宙拥有更长久的未来，同时仍能妥善处理宇宙常数。

在本章开头，我说过那些小数字（宇宙常数、格斯玻色子）以及我们这个完全出乎意料的宇宙令物理学家难堪。也许我们不该感到难堪。也许我们应该庆祝。毕竟，希格斯玻色子极小的质量和极小的宇宙常数都在试图告诉我们一些关于物质世界结构的重要事情。会是什么呢?让它们的值变得这么小的基本物理学到底是什么?是某种未知的对称吗?它是否能未卜先知，就像真空能量隔离理论里的那样?或者它就是生命的存在本身，就像人择原理里的那样?我说不清。我能说的是，这些极小的数字是通往发现的大门。借助数学的力量，我们提出理论并反复推敲它的一致性，再通过实验，朝那个出乎意料的世界里看得越来越远，总有一天，我们会弄清它们到底想告诉我们什么。

无 限

无限

无限之神

格奥尔格·康托尔比以前瘦多了，外套沉甸甸地挂在他单薄的身体上。他的脸上没有表情。他曾经充满活力，仪表堂堂，对数学梦的追求和聪明才智让他看起来生机勃勃。但在他生前留下的最后一张照片（1917年拍摄于他的家乡哈雷）里，已经完全看不到这方面的迹象。截至那时，第一次世界大战已经持续了整整3年，德国人民都在挨饿。庄稼歉收，盟军的军舰封锁了德国的食物供给。有些德国人还能通过耕作或黑市补充配给，但康托尔不行。他因患有躁郁症而被关在哈雷的一家精神病院里。当时，德国这种机构的食物配给还不到平时的一半，死亡率因此翻番，康托尔不断写信给妻子，恳求她接他回家。她没有满足他的愿望。1918年1月6日，格奥尔格·康托尔因营养不良而日渐消瘦，最终死于心脏病发作。

康托尔的晚年生活深受精神疾病、个人悲剧和职业倦怠的折磨。但是，尽管经历了这样的低谷，他仍然取得了很高的成就。他勇于想象超乎想象之物，深入天空仰望天上的数字——无限。康托尔不仅看到了有限边缘的无限，还看到了更高的无限，远超世俗的理解。多亏了他的理念，如今我们知道有的无限如此巨大，从数学上说，它们无法被其他更小的无限触及。换句话说，有些无限的领域超越了无限的领域。

人们通常用符号“∞”来代表无限，它就像喝醉了的数字“8”，因为喝了太多龙舌兰酒而躺倒在地。该符号由英国数学家约翰·沃利斯（John Wallis）于1655年引入，有时被称为“双纽线”，意思是“缎带打的结”。但这里的无限不是一个数字，它代表的是极限，一种永远延续下去的想法，无穷无尽，超越任何你所期望到达的终点。但正如康托尔所证明的那样，无限数的确存在，而且无限多。它们和5、42，甚至1古戈尔一样真实。只是它们不存在于有限的国度——它们是超限数。是怪兽般的 α 和强大的 β，甚至还有一个无限数名叫“雪人”。

我们不妨从几个问题开始。

> 你知道偶数和整数一样多吗？
>
> 你知道0与1之间的实数和0与TREE(3)之间的实数一样多吗？
>
> 你知道圆周上的点和圆里面的点一样多吗？

讨论无限的时候，直觉通常帮不了你。希尔伯特旅馆就是个典型的例子，它得名于伟大的德国数学家大卫·希尔伯特，1个多世纪前，他提出了这个想法。希尔伯特旅馆有无限间客房，这意味着哪怕旅馆住满了，经理也能想接待多少新客人就接待多少。要理解他是如何做到的，我们需要给每个房间贴一个房号标签：1，2，3，4，以此类推，无穷无尽。每当有新客人到来，经理只需让每位房客往后挪一个房间就行：1号房的一家子挪到2号房，2号房的夫妻挪到3号房，3号房的商务人士挪到4号房，以此类推。多亏了无限，这样的操作永远不会失手。每个人都向后挪了一个房间，新客人就能住进刚刚空出来的1号房了，它位于链条的最前面。就算来了无限多位新客人，经理也不会慌张。他只需要让每位房客挪到房号翻倍的屋子里就行。现在，所有老房客填满了偶数号的房间，新客人住进了奇数号房间。希尔伯特旅馆永远都有空房间。

按照大卫·希尔伯特自己的说法，他是个“愚笨的傻男孩”，起初他在学校里并不起眼，但后来他成为近代史上最有影响力的思想者之一。他的工作为现代数学和物理学奠定了大部分根基，从逻辑学和证明论到相对论和量子力学。不过，他最出名的或许是他在1900年发表的23个尚未解决的数学问题清单，这些问题对整个20世纪的研究产生了深远的影响。位列榜首的问题——连续统假设，正好和无限有关，由康托尔提出。时至今日，希尔伯特的问题中只有8个有被数学界完全认可的答案。正如我们即将看到的那样，连续统假设并非其中之一。

关于无限的最早记录可以追溯到公元前6世纪的古希腊和古希腊唯物主义哲学家阿那克西曼德（Anaximander）的哲学著作。阿那克西曼德是米利都学派的大师，毕达哥拉斯很可能曾是他的学生。虽然他的大部分作品已经散逸在历史的洪流中，但在为数不多的残稿中，他将无限描述为“阿派朗”。从字面上说，这个词的意思是无限定、无边界，或者无界限。当时阿那克西曼德试图理解万物的起源。在他的想象中，阿派朗是一锅无穷无尽、取之不竭的汤，万事万物都从这锅汤里诞生，而等到它们最终被毁灭后，又会回归到这锅汤里。对古希腊人来说，这幅画面并不美妙，而是充满混沌。阿派朗不是天堂，而是无底深渊。

无限和它的“表亲”无限小构成了芝诺悖论的核心。你也许还记得埃利亚的芝诺，这位哲学家曾密谋推翻尼阿尔库斯的暴政。他被抓起来了，饱受折磨，最终被处死，但在此之前，芝诺从他一心想要推翻的那位暴君身上咬下来一块肉。在“零”那一节中，我们讲过芝诺提出的阿喀琉斯和乌龟的悖论，这位飞毛腿勇士就是跑不过那只慢吞吞的爬行动物。在另一个所谓的“两分法”悖论中，芝诺问了一个很简单的问题：你是如何穿过一间屋子的？乍一看，这个问题似乎很荒谬，但芝诺的论证挑战了我们的日常幻想。以你读这本书时所在的房间为例。要走出这间屋子，首先你必须走到你和房门之间的中点。但要走到这个中点，首先你得走到四分之一点，而要走到四分之一点，你得先走到八分之一点，以此类推，这个序列可以无限延续下去，直到你像芝诺一样开始相信，运动是不可能的。

这个悖论揭示了无限小和零之间的微妙区别。芝诺的“魔术”生成了一个分数序列：

$$\frac{1}{2}, \frac{1}{4}, \frac{1}{8}, \frac{1}{16}\cdots$$

你可以取任意一个正数，无论它有多小，只要沿着芝诺的序列走得足够远，我们总能在有限的步数内找到一个比它更小的数。但正如芝诺说服我们相信的那样，你永远无法真正抵达零。零是这个序列的极限，但不是序列的一部分。正如亚里士多德将在1个世纪后慎重得出的结论：我们可以理解经过无限步最终抵达零的潜在可能性，但永远无法真正触碰到零。他认为，无限是一种你可以在头脑中想象，但不能握在手中的东西。亚里士多德和他的追随者认为，潜无限是真实的，实无限则不是。

事实上，古希腊人对阿派朗没什么兴趣。在柏拉图的想象中，善的终极形式是有限而明确的，永远不会被无限的混沌玷污。但是，随着希腊人在智性领域的统治地位日渐衰落，无限开始崛起。公元3世纪初，罗马帝国时代哲学家普罗提诺（Plotinus）将无限和一种被他描述为“太一”的超然存在联系了起来。按照他的理解，太一超越了除法和乘法，作为神圣的无限，它的存在没有任何限制。两个世纪后，我们在圣奥古斯丁对基督上帝的思考中看到了这个理念的回响。这时候，罗马的统治已经崩塌，很多人将它的衰落归结于新的基督教信仰。为了回应这些人，奥古斯丁决心撰写一系列书籍来推广基督教，论证它为什么优于以前罗马的意识形态。正是在这些书里，他提到了无限，并推测它存在于上帝的头脑中。奥古斯丁意识到数字的存在必须没有限制，因为如果宣称有一个数字是最大的，我们总能给它加1。由于不可能有哪个数字是上帝不知道的——他必然知道所有数字，所以他必然能想象无限。

其他很多宗教文本中也提到了上帝和无限的关系，比如信奉犹太教神秘主义的卡巴拉主义者讨论了10个质点和它们背后的无限。每个质点代表圣体不同的方面，无限则更宏大，这位无限之神不可描述，也无法被理解。与此类似，印度教里的毗湿奴神有时也被称为“阿南塔”（Ananta），在梵语里，这个词的意思是没有尽头或者没有极限。它也可以代表无限。

到了13世纪，亚里士多德的古老思想开始重新出现在西方世界里，其中包括他对实无限的否认。所以，中世纪的大部分思想者都不愿意走得像奥古斯丁那样远，接受“上帝有能力创造出超越祂自身存在的无限”这一想法。这些人中最著名的是圣托马斯·阿奎那，他提出，这些条款不会限制上帝的伟力。他的论点是，正如亚里士多德所宣称的那样，现实中不可能存在额外的无限，因此，如果说上帝创造了它们，这不合逻辑。尽管上帝拥有无限的伟力，但不能创造无限之物，正如祂也不能创造未被创造之物。这套论证从表面上看相当优雅，但仔细琢磨一下，我们就会发现它是一个闭环。它的开头和结尾都是同一个想法：只有有限之物才被允许存在。

随着神学让位于现代科学思想，谁也没兴趣挑战无限了。文艺复兴时期的许多数学家试图顺着亚里士多德路往下走，挖掘无限的潜能，但不敢真正触碰它。他们满足于借助越来越大的数字逼近无限，却永远不会拷问无限本身。

但伽利略就不一样了。

在此之前，他已经触怒了当局。伽利略在《关于托勒玫和哥白尼两大世界体系的对话》一书中挑战了天主教会，主张哥白尼的世界观，即太阳位于中心，地球退居一旁。他的著作以三人对话的形式出版：学者萨尔维亚蒂（Salviati）

试图说服他的两位朋友相信这套日心说模型，门外汉萨格雷多（Sagredo），还有傻乎乎的辛普利西奥（Simplicio）——很多人觉得这个迟钝又传统的角色代表的是教皇。在教皇的侄子、红衣主教弗朗切斯科·巴贝里尼（Francesco Barberini）的领导下，教会很快做出反应。伽利略被勒令前往罗马，接受异端审判。

幸运的是，这位伟大的科学家有几个颇有势力的朋友。托斯卡纳大公想替他出头，威尼斯共和国政府甚至愿意为他提供政治庇护。也许是出于自负或者天真，伽利略拒绝了这些好意，选择在宗教法庭上为自己辩护。他认为，已故红衣主教贝拉明曾准许他发表这些想法，他甚至有一封信可以作为佐证。不幸的是，信中的细节和梵蒂冈保存的副本不太一样。宗教法庭很快宣判他有罪，要求他公开宣布自己的观点是错的，否则将面临酷刑和死亡。据说，当伽利略跪在他们面前，宣布放弃哥白尼的观点时，他仍在低声反抗说："可地球还是在转啊。"是的，它的确在转动。

伽利略在软禁中度过了余生，其间，他完成了杰作《关于两门新科学的对话》。在这部著作中，他发展了他关于运动的思想，形成了从牛顿到爱因斯坦等人最终建造现代物理学之塔的基石。另外，这一次伽利略鼓起勇气，触摸了无限。和以前一样，他的观点还是以这三人对话的形式展开，只不过在教会的密切关注下，辛普利西奥变得比以前聪明了一点。

在伽利略的故事里，萨尔维亚蒂请两位朋友想想平方数的无限家族。辛普利西奥固守着亚里士多德的陈规，萨尔维亚蒂无限的鲁莽让他不太高兴。但萨格雷多鼓励他往前走，很快，萨尔维亚蒂就遇到了一个悖论。取0到15之间的所有整数，你会发现其中只有4个平方数，分别是0、1、4和9。与此类似，取0到99之间的所有整数，你会发现其中只有10个平方数。如果将这个过程外推到无限，我们会忍不住想说，整数的数量比平方数多得多。毕竟，每个平方数也是整数，但反之不然。

可是现在，我们面对的是无限，它可不是什么善茬。

萨尔维亚蒂意识到每个平方数都可以用它的平方根来标注，比如0→0，1→1，4→2，9→3，以此类推。借助这样的标注，我们可以把平方数家族转化为自然数家族：0，1，2，3，以此类推。重点在于，这两个家族之间的映射是一对一的，因为每个平方数都有一个对应的自然数平方根，而每个自然数都有一个对应的平方数。这必然意味着它们两个家族的大小完全相同！虽然这是对的，但萨尔维亚蒂不愿意太快得出这个结论，取而代之的是，他选择澄清无限的一种歧义。他认为，关于比较的所有概念——更大、更小或者相等——似乎都不适用于无限的数量。但只要我们遵守一套特定的规则，就可以完成这样的比较。如果两个家族，或者说两个"集"（我们很快就会介绍这个名字）之间存在一一对应关系，我们就可以宣称二者相等。当把一个无限集和它的某些（但不是所有）子集放在一起比较的时候，这样的映射似乎有些反直觉，但它在数学上没有任何漏洞。所以我们可以说，自然数的数量完全等于偶数的数量，或者平方数的数量，或者TREE（3）幂数的数量。

伽利略浅尝无限的神秘之后，又过了200年，才有足够勇敢（或者足够愚蠢）的后人追随。告诫人们远离这些神秘尝试的警示来自最高权威，即伟大的数学家卡尔·弗里德里希·高斯（Carl Friedrich Gauss）。1831年，在一封写给德国同胞海因里希·舒马赫（Heinrich Schumacher）的信里，高斯警告说："把无限量当成一个完善的概念来使用……在数学领域永远不会得到允许。无限只是一种说法，我们说的无限实际上是特定比率能够尽可能地越来越靠近的极限，如果没有这样的极限，比率就可以不受任何限制地增长。"但一位来自布拉格的不得志的天主教牧师决定提出另一种思路，他名叫伯恩哈德·波尔查诺（Bernard Bolzano）。

波尔查诺的父亲是一位意大利艺术品经销商，他是个虔诚的罗马天主教徒，名字也叫伯恩哈德，他慷慨地将自己的财富布施给穷人，并在布拉格建了一所孤儿院。父亲的热心之举对波尔查诺产生了深远的影响，他成年后的大部分时间都在为争取公正和平等而奋战。他还将挑战无限。

根据波尔查诺自己的说法，他的性格喜怒无常，身体也不太好，深受视力问题和严重头痛的折磨。上学时，他的成绩并不出色，也不受同伴欢迎，是个边缘人物。有的人可能会因此变得内向，但独来独往似乎赋予了他独立思考和挑战既有知识的罕见能力。青年时代，波尔查诺博士时期研读的是神学，不久后被任命为天主教牧师。他很快建立了思想开明基督教哲学家的声誉，年仅24岁就当上了布拉格查理大学神学和哲学系教授。波尔查诺从不赞同将基督教神秘化，而是将自己的信仰建立在道德的基础上，在一个充满苦难的残酷社会中践行善举。当时的布拉格深受宗教保守主义影响。接下来的几年里，和当年的伽利略一样，他开始触怒当局。波尔查诺向学生宣扬和平主义和某种形式的社会主义。起初这没有引起太多注意，直到雅各布·弗林特（Jakob Frint）——一位同样为维也纳的皇帝充当忏悔者的一流神学家——怂恿波尔查诺在课堂上使用他编写的新教科书。波尔查诺拒绝了。在他看来，这本书并不完善，而且对学生来说太贵了。弗林特怀恨在心，开始鼓动人们反对波尔查诺，说他的布道过于激进，并指责他拒绝接受保守的基督教价值观。波尔查诺得到了他的朋友布拉格大主教的支持，但反对他的运动仍势头汹汹。他坚持信念，继续宣传反战，反对私有权和波希米亚当局，最后（不可避免地）他被辞退了。刚刚40出头的波尔查诺被勒令退休，离开大学。他游荡于布拉格和周围的乡村之间，逐渐开始远离宗教，投身于数学——投身于无限。

他问了自己一个简单的问题：如果他能将无限握在手中，那会是什么样子？高斯和其他人说无限是一个被调过包的丑孩子，一个无边无际的可变量，它会不断增长，永远无法到达极限。但波尔查诺拒绝这一观点：可变量实际上根本不是一个量，而是一个量的概念。这样描述完全不够——就像说你的篮子里有x颗鸡蛋，哪怕你已经把它们全都数了一遍！

波尔查诺把自然数家族当成实际的限制条件，他可以用这个真正的无限来量化其他无限。他意识到，任何能跟自然数一一配对的事物必然也是真正无限的。为了使这一定义更加严谨，他提出了集合的概念。集合是汇集起来的一堆东西，如“天启四骑士”，或者“参加英超联赛的球队”。这两个例子都是有限集：天启骑士有4位，英超联赛有20支参赛球队。不过，波尔查诺还考虑了无限集，如自然数的集合，或者0和1之间的实数集合。他坚信这些东西真实存在。你没法把它们分开并设想其中每一个单独的部分，这不重要。正如波尔查诺所说的那样，你可以讨论布拉格城里居住的所有人的集合，哪怕你没法在脑子里把他们都一一描绘出来，这也是完全合理的。他将类似的逻辑应用于无限集。

波尔查诺坚信这个无限舞台必然真实存在，并决定在上面演出。两个世纪前，伽利略发现过一个悖论：自然数的集合和平方数的集合之间存在一一映射。但波尔查诺走得更远，他跳进这个连续统里，发现了自己的悖论：他证明了0和1之间的实数与0和2之间的实数一样多。大致地说，他是这样做的。他从较小的区间——0和1之间——开始，然后把每一个数翻倍。例如，0→0，0.25→0.5，0.75→1.5，1→2，以此类推。他由此得到了一个新的数字集合，从0开始，到2结束，填满这两个数之间的空间。他还意识到这个过程是可逆的，从较大区间开始建立映射，将每个数字减半，得到一个较小的区间。这些东西看起来可能真的很明显，但波尔查诺在两个连续集合之间建立了一个简单的一一映射，就像伽利略在自然数和平方数之间建立的映射一样。利用这种一一映射的逻辑，我们可以论证0和1之间的实数与0和2之间的实数，或者0和TREE(3)之间的实数，甚至1古戈尔和葛立恒数之间的实数，都一样多。

伽利略没有说他的这两个无限集拥有同样多的元素，哪怕事实的确如此。

波尔查诺对待他的连续体也同样谨慎。虽然这种一一映射表明0和1之间的实数与0和2之间的实数一样多，但他还是不太相信这个结论。正是这种踟蹰阻碍了他走得更远。直到波尔查诺去世前，都没有人真正注意到他的工作。与此同时，别的重要数学家也加入了这场无限之战，到19世纪中叶，舞台已经准备就绪。伽利略和波尔查诺拥有触碰无限的勇气，但真正登上这道天梯的是格奥尔格·康托尔。他努力爬了上去，漫步于无限之间，这是前人连做梦都不曾想过的事情。

阿尔法和欧米伽

“时候将到，那些如今向你们掩藏的事，要显露在光里。”

这句格言出现在康托尔1895年出版的一部作品的开头，它出自《圣经·哥林多前书》，这句话暴露了康托尔的信念，他认为自己的工作是神圣的。对康托尔来说，是上帝引领他进入这座无限天堂和地狱的。是上帝通过他发声，将阿尔法和欧米伽显露在他眼前。这里甚至还有《启示录》的余韵回响：“我是阿尔法，也是欧米伽。是第一个，也是最后一个。是开始，也是终结。”

你很容易将这些东西斥责为宗教的谵妄，也许它的确是，但康托尔的灵感正来源于他对宗教的追求。当周围人指责他胆大妄为，是个“江湖骗子”，并指责他“腐蚀青年”的时候，康托尔立场坚定，信仰给了他勇气。他勇于直面无限，并获得了胜利。但他也输了。康托尔被这个目标的庞大压垮，陷入了深度抑郁的渊薮，直到最后也没能彻底逃脱。

康托尔从一开始就接受了伽利略和波尔查诺始终不愿完全接受的事情：如果两个集合一一对应，它们的大小必然完全相同。当然，对有限集来说，这毫无争议。以天启四骑士为例：

{死亡，饥荒，瘟疫，战争}

还有个著名的集合，人称披头士乐队：

{约翰，保罗，乔治，林戈}

你很容易在这两个集合之间建立一一对应：死亡可以和约翰配对，饥荒配保罗，瘟疫配乔治，战争配林戈。你怎么配都行——也可以把死亡和保罗配在一起，饥荒配约翰。重要的是，每位骑士都和不同的披头士成员配对，反之亦然，谁也不会被落下。这个过程之所以如此流畅，是因为披头士和天启四骑士显然对应的是同样大小的集合。但对无限集来说，正如我们已经看到的那样，你心里就没这么踏实了。平方数的集合很容易与整数的集合建立一一映射，尽管它看起来似乎要小一点儿。但康托尔明白表象有时候具有欺骗性，尤其是涉及无限的时候。

数学是这样一种游戏：你自己制定规则，只要它没出现逻辑矛盾，你就能一直往前走。康托尔用集合的势来定义它的大小。披头士乐队和天启四骑士这两个集合的势都是4，因为我们可以用前4个自然数，{0，1，2，3}跟它们一一配对（记住，大部分数学家喜欢从0开始数数）。

死亡↔约翰↔0

饥荒↔保罗↔1

瘟疫↔乔治↔2

战争↔林戈↔3

英超联赛球队集合的势是20，因为我们可以将它和前20个自然数，{0，1，2，3，…，18，19}一一配对。那无限集呢？正是基于这种一一映射，康托尔意识到所有平方数的集合｛0，1，4，9，…｝必然和自然数的完整集合｛0，1，2，3，…｝拥有同样的势。

但这两个集合到底有多少个数字？它们的势是多少？

不是4，不是20，甚至不是TREE(3)。它必然是一个更大的量，更没有限制。康托尔决定称它为“阿尔法零”，借用希伯来字母表的第一个字母，写作$\aleph_0$。下标“0”暗示着它只是我们认识的第一个无限，后面还有很多。不过现在，请耐心一点儿。如果这第一个无限被定义为自然数集合的势，那么多亏了一一映射，它同样也是平方数、偶数、葛立恒数倍数和TREE(3)幂数集合的势。借助一个令人印象深刻的数学魔术，康托尔还证明了是有理数——可以写成分数的数字——集合的势。

我们来看看他是怎么做的。

康托尔证明的第一步是以一种系统化的方式把所有分数写出来：

$\frac{1}{1}$	$\frac{2}{1}$	$\frac{3}{1}$	$\frac{4}{1}$	$\frac{5}{1}$	…
$\frac{1}{2}$	$\frac{2}{2}$	$\frac{3}{2}$	$\frac{4}{2}$	$\frac{5}{2}$	…
$\frac{1}{3}$	$\frac{2}{3}$	$\frac{3}{3}$	$\frac{4}{3}$	$\frac{5}{3}$	…
$\frac{1}{4}$	$\frac{2}{4}$	$\frac{3}{4}$	$\frac{4}{4}$	$\frac{5}{4}$	…
$\frac{1}{5}$	$\frac{2}{5}$	$\frac{3}{5}$	$\frac{4}{5}$	$\frac{5}{5}$	…
⋮	⋮	⋮	⋮	⋮	⋱

如果这张表格在各个方向上一直延展，它将包含每一个有理数。当然，会有大量重复，但我们可以处理。问题在于，我们能将这张表格中的每一个项和

整数集一一对应起来吗？最开始，你可能会尝试沿着其中一行往下数，将每一个分数和整数一一配对，比如你从第二行开始，可以写出如下映射：

$\frac{1}{1}$	$\frac{2}{1}$	$\frac{3}{1}$	$\frac{4}{1}$	$\frac{5}{1}$	…
$\frac{1}{2}\to 0$	$\frac{2}{2}\to 1$	$\frac{3}{2}\to 2$	$\frac{4}{2}\to 3$	$\frac{5}{2}\to 4$	…
$\frac{1}{3}$	$\frac{2}{3}$	$\frac{3}{3}$	$\frac{4}{3}$	$\frac{5}{3}$	…
$\frac{1}{4}$	$\frac{2}{4}$	$\frac{3}{4}$	$\frac{4}{4}$	$\frac{5}{4}$	…
$\frac{1}{5}$	$\frac{2}{5}$	$\frac{3}{5}$	$\frac{4}{5}$	$\frac{5}{5}$	…
⋮	⋮	⋮	⋮	⋮	⋱

但这个办法行不通，你永远没法在燃料耗尽之前挪到下一行。反过来说，康托尔的办法比这强得多。他决定在这张表格里沿着一条越来越长的斜线蛇形前进，跳过那些可以简化的项（用灰色标注）：

$\frac{1}{1}\to 0$	$\frac{2}{1}\to 1$	$\frac{3}{1}\to 4$	$\frac{4}{1}\to 5$	$\frac{5}{1}\to 10$	…
$\frac{1}{2}\to 2$	$\frac{2}{2}$	$\frac{3}{2}\to 6$	$\frac{4}{2}$	$\frac{5}{2}$	…
$\frac{1}{3}\to 3$	$\frac{2}{3}\to 7$	$\frac{3}{3}$	$\frac{4}{3}$	$\frac{5}{3}$	…
$\frac{1}{4}\to 8$	$\frac{2}{4}$	$\frac{3}{4}$	$\frac{4}{4}$	$\frac{5}{4}$	…
$\frac{1}{5}\to 9$	$\frac{2}{5}$	$\frac{3}{5}$	$\frac{4}{5}$	$\frac{5}{5}$	…
⋮	⋮	⋮	⋮	⋮	⋱

这真的非常巧妙。康托尔的策略永远不会出问题，等到他的“小蛇”爬完整张表格，每个分数必然和一个自然数配上了对。由此得证，有理数集合的势是$\aleph_0$。

集合的势为我们提供了一种讨论数字的方式。实际上，我们真正讨论的是基数——很快我们就会看到另一类数字。基数是一种衡量你有多少东西的方式，它包括所有有限的数字，如0、1、2、3，当然还有我们的第一个无限数。但我们还能爬得更高吗？还有比$\aleph_0$更大的数吗？

$\aleph_0+1$如何？

要弄清这个数是什么，我们需要取一个由无限种花色的橡皮鸭组成的无限集，每只鸭子对应一个自然数：

显然，这里有$\aleph_0$只鸭子。要得到$\aleph_0+1$，我们需再加一只橡皮鸭，如一只白色的。你把它放在哪个位置都可以，所以我们不妨把它放在第一个，让其他每只鸭子都往后挪一位：

现在我们有多少只鸭子？每只鸭子都和一个整数配上了对，所以必然还是$\aleph_0$。换句话说，事实证明$\aleph_0+1=\aleph_0$。这很奇怪。那么$\aleph_0+\aleph_0$呢？要弄明白这件事，我们需要取两只鸭子的无限集，每只的大小都是$\aleph_0$，但这次，我们用偶数标定其中一个集合：

用奇数标定另一个：

二者相加：

我们立刻意识到$\aleph_0+\aleph_0=\aleph_0$。这可真有点儿奇怪了。我们看到了在有限数中不曾见过的性质。但这有什么好稀奇的呢？现在我们进入了无限的国度。

我答应过你会看到更多的无限数，但现在看起来似乎怎么都超不出。要更进一步，首先我们需要恢复一些顺序。截至目前，我们对集合的定义都比较松散。例如，我们提出披头士乐队的集合是{约翰，保罗，乔治，林戈}，但我们大概也可以把这个集合定义为{乔治，约翰，保罗，林戈}。没区别，对吧？不一定。这取决于我们是否规定顺序，是否重视每位音乐家在这个集合中所处的位置。在这个集合的第二个版本中，{乔治（George），约翰（John），保罗（Paul），林戈（Ringo）}，这4个人是按照英文名首字母排序的。哪怕按照第一个版本，你或许也可以说，他们是按才华高低排序的——我知道这很有争议（尤其是对我妻子来说，她宣称林戈是最棒的，因为他是《托马斯小火车》的主唱）。

从我们开始考虑顺序的那一刻开始，游戏规则就变了，数字有了额外的含义。以数字4为例，我们知道它可以是一个基数，告诉我们，比如披头士乐队有多少位成员。但我们也可以把它视为贴在第四个位置上的标签。还是以披头士乐队为例，我们或许可以把它直接跟林戈联系在一起，因为他按照首字母排序出现在第四个位置上。把4当成序数的时候，我们在意的是它在自然数这条传送带上的位置。在有限的范畴内，序数和基数的差异并不那么重要，直到你跳出有限领域，开始探索无限的概念时，这种差异才凸显出来。

当然，用集合的形式来定义序数，是一个方便的方法。我们在“零”那一节里讲过。最开始，我们把0视为空集，1是包含了0的集合，2是包含了0和1的集合，3是集合｛0，1，2｝，以此类推。事实上，每个序数都被定义为在它之前的序数的集合，$n+1=\{0, 1, 2, 3, \cdots, n\}$。这一切都很美好，但它将如何带领我们走向无限，甚至更远。要抵达无限，我们只需要定义一个比所有有限序数再往前一步的序数。要完成这个任务，康托尔需要一个新名字和一个新符号。既然基数的无限已经被定义为了阿尔法，他从自己追求的神性中得到了灵感：“我是阿尔法，也是欧米伽。”

欧米伽，符号写作ω，它会成为康托尔第一个序数的无限。如果每个有限的序数都按照规则$n+1=\{0, 1, 2, 3, \cdots, n\}$来定义，那么我们自然可以把$\omega$定义为这个集合永远延续下去：

$$\omega=\{0, 1, 2, 3, \cdots\}$$

换句话说，我们第一个序数的无限不过是自然数的集合！

我们再往上爬一点。

ω之后是什么？$\omega+1$？当然是。如果按照我们的规则，这个数的定义也和之前基数的集合一样，换句话说，它只是在自然数的集合上点缀了一颗欧米伽樱桃：

$$\omega+1=\{0, 1, 2, 3, \cdots; \omega\}$$

我们用这个分号来分割这个集合中有限的部分，$\{0, 1, 2, 3, \cdots\}$和ω贡献的超越有限的部分。但它只是一个符号，而且不太重要。重要的是，事实上，$\omega+1$和ω不是一回事。因为序数在意顺序。要更好地理解这一点，我们还是回到橡皮鸭的集合，只是现在，我们想象这是一群真正的鸭子，它们正在比赛：

0　1　2　3　…

黑鸭子第一个到达终点，它有点儿生气，因为它得到的奖品是个0。但0是第一个自然数，所以它真没什么可抱怨的。棋盘格鸭子第二个完成，它得到了第二个自然数“1”；条纹鸭子第三个完成，得到了第三个自然数“2”，以此类推。省略号意味着参赛的鸭子有无限只，每只鸭子都得到了一个自然数。但是，假设还有第二场比赛，这次多了一位参赛者——白鸭子。它跑得很慢，到达终点的时间比谁都晚。画面看起来有点儿像这样：

…；

0　1　2　3　…；　ω

在前面的讨论中，我们不在乎顺序，所以加入白鸭子的时候，我们直接把它插在了黑鸭子前面，让其他所有鸭子都往后挪了一位。通过这种方式，我们证明了$\aleph_0+1=\aleph_0$。可是现在，我们在乎顺序——这好歹是场比赛！白鸭子最后完赛，比其他所有鸭子都晚，所以它不能挤到最前面。我们应该给它分配一个什么数字？不能是自然数，因为所有自然数都用光了，所以它必然是列表上的下一个数ω。因为考虑了顺序，所以我们前后两场比赛显然很不一样。自然数的集合不等于点缀了ω这颗樱桃的自然数集合，或者换句话说，$\omega+1$和ω不是一回事。

我们可以继续往上爬。$\omega+1$之后是$\omega+2$，我们还是用序数的形式将它定义为：

$$\omega+2=\{0,1,2,3,\cdots;\omega,\omega+1\}$$

看来我们好像努力奔向了天堂，正爬上一架新梯子：从$\omega+2$到$\omega+3$，以此类推，直到我们在$\omega+\omega$找到下一层天堂。这通常写作$\omega\times2$，它定义为下面这个集合：

$$\omega\times2=\{0,\ 1,\ 2,\ 3,\ \cdots;\ \omega,\ \omega+1,\ \omega+2\cdots\}$$

我们可以继续往上，爬到更上层和更上上层的天堂，爬到$\omega\times3$和$\omega\times4$，以此类推，直到抵达极限，$\omega\times\omega$，大部分人合理地将它简称为ω^2。现在我们爬到了无限天堂的无限层。但我们还能继续往上爬，以同样的方式抵达ω^3和ω^4，最后抵达下一个极限，一个指数级的更高天堂，我们将它写作ω^ω。

现在我们打开推进器。

我们可以想象，从ω^ω还能爬得更高，抵达一座有ω层的ω指数之塔：

$$\left.\omega^{\omega^{\cdot^{\cdot^{\cdot^{\omega}}}}}\right\}\text{高}\,\omega\,\text{层}$$

正如我们在“葛立恒数”那节中看到的那样，这些高塔用双箭头来写更高效，$\omega\uparrow\uparrow\omega$。我们可以从这里继续往上爬：

$$\omega\uparrow\uparrow\uparrow\omega=\underbrace{\omega\uparrow\uparrow(\omega\uparrow\uparrow(\cdots\uparrow\uparrow\omega))}_{\text{重复}\,\omega\,\text{次}}$$

然后是$\omega\uparrow\uparrow^4\omega$，以此类推，直到我们抵达下一个庞大的极限——$\omega\uparrow\uparrow^\omega\omega$，一座高耸入云的庞然巨塔，如上帝般俯瞰之前的一切。

还记得吗，你曾经觉得葛立恒数很大？

但我们这里还没完。

$\omega+1$的有趣之处在于，它实际上并不比ω大——它只是在ω后面。它对应的集合$\omega+1=\{0,\ 1,\ 2,\ 3,\ \cdots;\ \omega\}$的大小还是$\aleph_0$。要证明这一点，你只需要将$\omega+1=\{0,\ 1,\ 2,\ 3,\ \cdots;\ \omega\}$中的元素和自然数一一配对。这很简单：$\omega$对应0，0对应1，1对应2，2对应3，以此类推。同样，爬到$\omega+2$，甚至$\omega\uparrow^\omega\omega$，我们由此抵达了更高的无限，它们在这张列表中的位置更高，但并不是更大的。所有这些无限的势都一样：阿尔法零。

然后事情就这样发生了。

在一个真正超乎想象的高度，康托尔证明了必然有一类新序数和以前的都不一样。乍看之下，你可能不觉得这样的东西应该存在，但它就在那里。康托尔证明了更大的无限藏在连续统里，藏在每一个实数的集合中，包括可以写成分数的有理数，和$\sqrt{2}$或者 π 之类不能这样写的无理数。[①]他证明了这个连续统超过了我们现实的计数能力——1，2，3，4……它比阿尔法零更大。

我们不由得要问，0到1这个连续统里有多少个实数？答案当然是无限个，但到底是阿尔法零个还是某个更大的数？康托尔是这样想的。首先，假设这个连续统可数，因此可以和自然数一一配对。这必然意味着我们可以用一个大小为$\aleph_0$的无限列表把它们全都写出来。顺序在这里不重要，所以我们第一步可以随机列出0和1之间的所有数字：

0.123 473 489 567 924 57⋯

0.345 794 798 674 390 87⋯

0.735 498 743 974 934 86⋯

0.427 845 087 340 673 83⋯

0.543 456 894 834 598 08⋯

⋮

为了证明这个连续统大于$\aleph_0$，康托尔演示了这份列表无法囊括所有数字。他先沿着斜线标注每个数字：

① $\sqrt{2}$这样的无理数有时被称为代数，因为它们是 x 的整数次幂这种简单代数方程的解（比如$\sqrt{2}$是简单方程$x^2-2=0$的解）。π或e这样的无理数连代数都不是——它们是所谓的“超越数”。

0.**1**23 473 489 567 924 57…

0.3**4**5 794 798 674 390 87…

0.73**5** 498 743 974 934 86…

0.427 **8**45 087 340 673 83…

0.543 4**5**6 894 834 598 08…

⋮

斜线上被加粗的所有数字会组成一个新数字，在这个例子里就是0.145 85……接下来，康托尔给这个数字的每一位加上1，由此创造出一个新数字。在示例中，0.145 85……被转化成了新数字0.256 96……，这个数字的小数点后第一位和列表里的第一个数不一样，第二位和列表里的第二个数不一样，第三位和列表里的第三个数不一样，以此类推。事实上，它和所有$\aleph_0$个数字都不一样！这证明了我们无法用一份大小为$\aleph_0$的列表囊括0和1之间的所有数字。由此可见，这个连续统隐藏着一个更大的无限，正如康托尔所设想的那样。

那有办法能系统性地把这个更大的无限构建出来，以引导我们超越阿尔法零吗？答案是有。我们已经定义了一座无限序数的巨塔，其中每个集合的大小都是$\aleph_0$，从$\omega=\{0, 1, 2, 3, \cdots\}$和$\omega+1=\{0, 1, 2, 3, \cdots; \omega\}$到$\omega\uparrow^{\omega}\omega$，甚至更高的序数。这些集合有时候被称为“可数的无限”，因为其中每个集合实际上都能和自然数一一配对，而我们正是用自然数来数数的。但这座塔上面又是什么？顺着可数的无限再往上走，有序数的下一步是什么？是欧米伽一，写作ω_1。根据定义，它不能可数，不能和自然数一一配对。这个天堂里的庞然大物必然有一个新的势，一个新的大小。这个势就是阿尔法一，$\aleph_1$。它不仅是更高的无限，也是更大的无限。

和前面一样，ω_1被定义为在它之前的所有序数的集合。换句话说，它是可数数字的完整集合，从那些有限的小不点儿到最大的可数的无限。但从ω_1出发，我们可以继续往上爬到ω_1+1，甚至更高。这些集合依然不一定比ω_1更大——只是在它后面。ω_1+1的势还是$\aleph_1$，因为它能跟可数数字的集合一一配对。然后还有下一层，一个超越了大小为$\aleph_1$的所有集合的序数。那便是ω_2，一个拥有庞大新尺寸（$\aleph_2$）的甚至更大的数字。

我想这一切已经让你的不安变得无限大。说到底，无限的确不好理解，更何况眼下我们面对的是超越无限的无限，伴随着怪兽般的阿尔法和强大的欧米伽。下一页的表格可以帮你厘清思路。

结果$\aleph_2$，康托尔超越，走向了更高级的无限，走向了新的天堂和新的神祇。但在当时，几乎没人相信他对天堂的追求。恰恰相反，他身在地狱——至少数学家利奥波德·克罗内克（Leopold Kronecker）是这样想的。19世纪中叶，柏林是数学世界的中心，克罗内克是柏林大学最有影响力的教授之一。他才华横溢，但思想保守。“上帝创造了整数，”他说，“剩下的所有都是人造出来的。”他觉得无理数荒谬至极。当然，他理解无理数背后的数学，但他觉得自然世界里没有它们的容身之地。无理数是“人造出来的”，完全出于自甘堕落的江湖骗子的想象——诸如康托尔之流。克罗内克曾是康托尔的老师、引路人和朋友。但等到康托尔从柏林搬去南方的哈勒大学以后，他将和恩师的保守主义决裂。他将超越整数，朝连续统和潜藏于其中的无限的新层级前进。而克罗内克不喜欢这样。

最终两人开战，而这场战斗很快变成了私人恩怨。克罗内克时常羞辱康托尔，并阻碍权威期刊发表他的研究成果。虽然康托尔的理念扎实而完善，但这不重要。克罗内克有他的政治立场。康托尔是二流大学的教授，而克罗内克是柏林精英阶层的一员。最重要的是，这种不公正的感觉撕裂了康托尔。他觉得自己应该得到更多，他的能力足以在柏林赢得一个教授职位，但由于克罗内克

序数	以集合的形式定义	描述	势/大小	
0	{ }	空集	0	自然数
1	{0}	1个元素的集合	1	
2	{0，1}	2个元素的集合	2	
3	{0，1，2}	3个元素的集合	3	
⋮				
ω	{0，1，2，⋯}	所有自然数的集合	$\aleph_0$	可数无限
$\omega+1$	{0，1，2，⋯；ω}	点缀着一个樱桃的所有自然数的集合	$\aleph_0$	
⋮				
$\omega\times2$	{0，1，2，⋯；ω，$\omega+1$，$\omega+2$，⋯}	集合趋向于无限的极限	$\aleph_0$	
⋮				
ω^2		集合趋向于无限的极限	$\aleph_0$	
⋮				
ω^ω		集合趋向于无限的极限	$\aleph_0$	
⋮				
⋮				
ω_1		所有自然数和所有可数无限的集合	$\aleph_1$	大小为的无限
ω_1+1		点缀着一个樱桃的所有自然数和所有可数无限的集合	$\aleph_1$	
⋮				
⋮				
ω_2		所有自然数、可数无限和大小为无限的集合	$\aleph_2$	甚至更大的无限

格奥尔格·康托尔的无限

的破坏性影响，他知道这永远不可能。

面对持续不断的攻击，康托尔变得越来越绝望。作为疯狂的反击，他申请了柏林的一个教授职位。虽然他知道自己不可能成功，但他认为这可以惹恼克罗内克，那就够了。他告诉瑞典数学家约斯塔·米塔格－莱弗勒（Gösta Mittag-Leffler）："我清楚得很，克罗内克会像被蝎子蜇了一样火冒三丈，他的预备队会厉声号叫，让柏林人以为自己跑到了遍地狮子、老虎和鬣狗的非洲沙漠。"

由于性情喜怒无常，脾气火暴，康托尔朋友很少，米塔格－莱弗勒是其中之一。1882年，米塔格－莱弗勒创办了季刊《数学学报》，为康托尔提供了一个能够不受克罗内克干扰、安全发表文章的地方。克罗内克发现之后，他找到了一条向曾经的学生复仇的路子。他写信给这位瑞典人，请求在对方的期刊上发表文章。康托尔听到了风声，他觉得这是针对自己的又一次攻击。如果克罗内克想在《数学学报》上发表文章，那只可能是为了贬低他的工作。康托尔的老脾气又犯了，他愤怒地写信给米塔格－莱弗勒，威胁说自己再也不投稿给他了。康托尔和朋友之间的关系毁于一旦，也许这正是克罗内克想看到的。他其实从没打算向这家期刊投稿。

这件事发生后不到1年，康托尔遭遇了第一次精神崩溃。外界认为，他很可能有精神疾病，不过除此以外，他的生活看上去十分平静。但事实并非如此。康托尔的妻子受够了他高强度的工作以及他和克罗内克之间的争斗。后来，个人的悲剧压垮了他，1899年，他失去了最小的儿子鲁道夫，当时康托尔正在莱比锡做讲座。

康托尔曾走进天堂，走进无限，徜徉于阿尔法和欧米伽之中。作为一个宗教信仰坚定的人，他深信自己得到了上帝的指引。指引他的当然是数字——所有数字——和连续统。它就在这里，在这凡间，康托尔在这里第一次看到了阿尔法零以外的风景。他看到连续统是一种更大的无限——更大的阿尔法，但它到底是什么呢？是$\aleph_1$，还是比它更大？

只要有集合，无论是天启四骑士的集合还是自然数的集合，我们就可以讨论它的幂集。幂集是一个集合所有子集的集合。以3个火枪手的集合为例，{阿多斯，波尔多斯，阿拉密斯}。这个集合可以衍生出8个不同的子集，其中包括空集：

{ }

只包含1个火枪手的集合：

{阿多斯}

{波尔多斯}

{阿拉密斯}

包含2个火枪手的集合：

{阿多斯，波尔多斯}

{波尔多斯，阿拉密斯}

{阿拉密斯，阿多斯}

当然，还有包含全部3个火枪手的集合：

{阿多斯，波尔多斯，阿拉密斯}

这8个不同的集合共同组成了3个火枪手的幂集。你可能已经注意到了，3个火枪手，这是一个大小为3的集合，而它的幂集有一个大得多的势，这不是巧合。幂集中的各个集合需要考虑是否包含阿多斯，是否包含波尔多斯，是否包含阿拉密斯，这带来了$2 \times 2 \times 2$种可能性。遵循同样的逻辑，如果英超联赛的球队集合的势为20，那么它的幂集的势就是2^{20}。

这条规则也适用于无限集。我们知道自然数集合的势是$\aleph_0$。那它的幂集呢？它的幂集是所有自然数集合的子集组成的集合，或者换句话说，包括空集：

{ }

只有1个数的集合：

{0}

{1}

{2}

⋮

包含2个数的集合：

{0，1}

{0，2}

{1，2}

⋮

以此类推。这个幂集的势是$2^{\aleph_0}$。大得超乎想象。正如康托尔所证明的那样，它肯定大于$\aleph_0$，这正好是上述连续统的势。要看清这件事，请想象把一个实数写成二进制的形式。那就是一堆以特定顺序排列的0和1。例如，

$$\frac{5}{8}=1\times\frac{1}{2}+0\times\left(\frac{1}{2}\right)^2+1\times\left(\frac{1}{2}\right)^3$$

可以写作0.101。如果遍历所有不同的可能性，我们会看到第一位数有2种选择，第二位有2种，第三位有2种，以此类推，无穷无尽。最后，这会产生所有$\overbrace{2\times2\times2\times\cdots\times2}^{\aleph_0\text{连乘次}}=2^{\aleph_0}$种不同的可能性。

康托尔猜测，这个连续统必然是列表中的下一个阿尔法。换句话说，他认为$2^{\aleph_0}=\aleph_1$。这个命题被称为“连续统假设”，你可能还记得1900年希尔伯特列

出的23个数学未解之谜中，它名列第一。从本质上是说，这个连续统是比自然数更高一阶的阿尔法，虽然乍看之下，这可能没有那么明显。这个连续统很可能是更高一阶的阿尔法的势，也可能跟阿尔法毫无关系。康托尔迷上了自己的假设。他写给米塔格－莱弗勒的信透露了一个男人日渐走向绝望的状态。上一封信里他还得意扬扬向米塔格－莱弗勒宣布，他已经证明了这个假设，但下一封信中，他又沮丧地表示，他在自己的证明里发现了一个致命的错误。他在证明和证伪之间，在成功的幻觉和失败的现实之间反复跳跃。

直到今天，连续统假设仍未得到证明或证伪。但在1963年，美国数学家保罗·寇恩（Paul Cohen）有一个重大发现。受伟大的捷克逻辑学家库尔特·哥德尔启发，寇恩证明了连续统假设独立于数学的基本构建单元［所谓的“ZFC公理”，这套规则部分得名于恩斯特·策梅洛和亚伯拉罕·弗伦克尔（Abraham Fraenkel）这两位数学家］而存在。这意味着无论你预设连续统假设是真是伪，都不会引发悖论。要理解这一点，不妨设想一下，如果你问一个利物浦队的球迷他是否支持利物浦的死对头曼联队，他会如何回答。你会立刻意识到，他不可能支持曼联队，因为这两支球队有直接冲突。但如果你问他是否支持波士顿红袜队呢？考虑到红袜队从事的是另一项运动，二者之间没有直接冲突，所以他可能支持红袜队，也可能不支持。寇恩证明了数学对连续统假设也同样宽容。康托尔陷入精神失常80年后，寇恩因为他的工作而获得了菲尔兹奖——相当于数学界的诺贝尔奖。

随着时间的推移，康托尔渐渐将连续统假设奉为一种超越数学的信仰。这个假设属于上帝，在康托尔看来，上帝会保护它。康托尔晚年越来越多的时间会待在疗养院里。他的崩溃通常以爆炸性的方式开场，痛斥世界的不公，直到最后，抑郁接棒登场。按照他的女儿埃尔斯后来的回忆，他变得沉默寡言，无法交流。在漫长的康复期中，除了连续统，康托尔还沉溺于另一件事，即痴迷于质疑莎士比亚。

康托尔认为，莎士比亚是个骗子，他坚信，那些剧本都是17世纪学者弗朗西斯·培根（Francis Bacon）爵士写的。康托尔的母语是德语，也会说丹麦语和俄语，虽然英语是他的第四种语言，但他认为凭借自己对英语的熟练掌握程度，足够出版一些小册子来阐述这些关于莎士比亚的荒谬假说。1899年，又一次精神崩溃后，康托尔从哈勒大学请了病假。接下来这段疯狂的日子让我们得以一瞥康托尔令人不安的精神状态。他写了一封信给教育部，请求当局免除他的教职，好让他不受打扰地在图书馆里为皇帝服务。他告诉对方，他拥有丰富的历史和文学知识，并提交了他的小册子作为证据。甚至暗示对于英国的君主制和第一位国王的身份，他有一些新的信息。如果教育部不能及时回应他的请求，康托尔保证他会转而为俄国沙皇服务。结果教育部并没有理会他这封信，康托尔也从没联系过俄国人。

等到第一次世界大战的战火横扫欧洲，康托尔在数学领域的工作有多重要已经毋庸置疑——和他在英国文学方面的工作形成了鲜明的对比。战争期间，德国的局势意味着他临终前在疗养院里过得十分穷困。1951年，英国博学家伯特兰·罗素将康托尔的信件结集成书出版，并称赞他是“19世纪最伟大的智者之一”，“将自己头脑清明的时刻贡献给了创立无限数理论”。但罗素还补充说：“读了（他的）信以后，任何人都不会惊讶于他为什么会在精神病院里住那么久。”

康托尔勇于探索无限的天堂，他留下的遗产激励了其他人鼓起勇气望向更远的地方。结果我们发现，无限的无限之上甚至还有一层无限——这些数字被称为“不可达数”。要理解这种不可达性背后的理念，首先我们需要回到有限的国度——回到自然数这里。根据算术规则，我们有可能触及那些阿尔法吗？答案是斩钉截铁的不可能。在有限的国度里，我们只能接触到有限的数字，完成有限次的加法和乘法，就连指数幂的次数也是有限的。因此，我们不可能触及阿尔法。从这个意义上说，$\aleph_0$是一个不可达的基数，因为我们无法通过有限基数的算术运算触及它。

接下来，让我们跃入天堂。

只要触及$\aleph_0$，我们就知道可以通过幂集和指数得到甚至更大的基数。如果连续统假设是对的，那么$2^{\aleph_0}$将立即带领我们走到$\aleph_1$，从那里出发，算术规则又将允许我们走到$\aleph_2$和$\aleph_3$，以此类推。随着触及的基数越来越大，我们开始好奇到底还有没有什么东西是我们无法触及的。事实是，我们并不清楚。答案可能是否定的——只有$\aleph_0$相对有限数来说不可达。这个结论相当无聊。如果存在一些更高级的阿尔法，它们大得连已有的所有阿尔法都无法触及，这样想就有趣多了。所以数学家们倾向于这个想法——毕竟，他们总爱创造自己的规则，然后观察会发生什么。带着这样的预期，我们不妨设想第一个新的不可达数。我们在层级较低的阿尔法的国度里能看到它，却触及不了它。无论做多少次指数运算，我们永远都没法触及它，就像你在有限的国度里无法触及$\aleph_0$一样。这是数字的新层级，这个天堂里的庞然巨数超越了无限的无限。它还没有正式的名字，所以我效仿爱德华·卡斯纳（他的侄子提出了“古戈尔”这个词），请我的孩子给它起名。最后，他们决定叫它“雪人”。我觉得这个名字很美。说到底，雪人生活在高处不可达的世界里，谁也不知道它是否真的存在。

那些阿尔法里有哪个是真实存在的吗？它们是否属于这个物理世界？康托尔曾与无限同行，拥抱它，理解它，唯一限制他的是他的想象力。但那是在数字和集合的数学世界里。在物理世界里，无限往往被视为一种疾病，它的出现意味着理解的匮乏和计算的瘫痪。但在某些地方，我们已经学会了克服这种瘫痪，征服无限，将物理理论发扬光大。我们已经解决了在电磁和核物理领域遭遇的无限。但在引力领域还不行。引力领域有无限多的无限。正如我们接下来将要看到的那样，它们带来的瘫痪也无限多。

与无限族的近距离邂逅

小心引力潮汐。小心黑洞中心的奇点，那里的时空接近无限。小心越来越大的引力应力，它将撕裂你的肢体，撕裂你的每一个原子和夸克。小心你最后的时刻，当时间本身不复存在，曾作为你的一切都将被宇宙的微观组构吞噬。

这就是可怕的泼威赫，我们在本书开头遇到的那个巨型黑洞。当时我们远远地看到了它，但它内部的可怕之处是什么？奇点真实存在吗？它真的有可能触及无限吗，哪怕只在时间尽头的那一瞬间？1965年，英国数学家罗杰·彭罗斯（Roger Penrose）发现了一些了不起的事情。如果爱因斯坦对引力的看法是对的，那么每个黑洞都是一个终点，是遮盖奇点的斗篷，也是掩饰无限的伪装。他证明了事件视界这层表象之下必然存在一个奇点，一旦越过这道边界，任何人都无法逃脱。55年后，彭罗斯因这一成果被授予诺贝尔奖，此时他年事已高，还获得了英国骑士爵位。不过，尽管有了瑞典颁奖委员会的认证，但这并不意味着彭罗斯证明的奇点真实存在于自然界中。彭罗斯的工作实际上证明的是，如果黑洞的确存在，就像我们如今认为的那样，那么爱因斯坦的理论就不完善。通过包庇这种无限，爱因斯坦理论将它无法掌控的一些东西藏了起来。在物理学中，无限是一种必须治疗的疾病。

我们以前见过这样的事。

曾经一度，离现在不算太久，无限这种疾病并不罕见。它们不光潜伏在黑洞内，还隐藏在灯泡的光芒和无线电通信的信号里。这些平凡的现象出现在量子电动力学的芭蕾舞中，出现在光子和电子的舞步里。光子和电子的互动是所有物理学里最基本的互动，但在第二次世界大战爆发前夕，这种互动似乎也岌岌可危。电子的舞步遭到了无限病毒的侵蚀。

故事从保罗·狄拉克（Paul Dirac）说起，他是我学术意义上的祖父，我的博士生导师曾在他的指导下获得了博士学位。狄拉克是一位瑞士移民的儿子，他的父亲搬到了英国西部的布里斯托尔来教法语。狄拉克小时候很安静，成年后更安静。剑桥的同事引入了一个以“狄拉克”为名的语音单位，它度量的是每小时说一个词。狄拉克本人觉得说话没什么用处。他曾取笑罗伯特·奥本海默（Robert Oppenheimer）对诗歌的兴趣，并宣称学校教他要是不知道一句话该如何结束就别开口说它。有个比他更饶舌的孩子————好莱坞演员加里·格兰特（Cary Grant）——也上过那所学校。

1927年，狄拉克提出了一套理论，将玻尔关于原子内部电子量子化轨道的旧想法和爱因斯坦的相对论结合了起来。这是最早的量子场论，也是我们理解纷繁复杂的微观世界的一次重大突破。他揭露的正是原子内部的电子和电子以辐射的形式释放出来的光子如何互动。电子和光子都可以被理解为场的量子波动——电子是电子场的波动，光子是电磁场的波动。每个波动都会触发别的波动，后者又会触发新的波动，以此类推。这套理论如此优美，狄拉克甚至不敢进一步探究它会产生什么后果，因为担心大自然没准儿会愚蠢地选择别的远没有这么优雅的东西。

起初这套理论大获成功。学界精英们摩拳擦掌，准备把狄拉克的想法发展成物理学的一个新分支，并将它命名为“量子电动力学”（Quantum Electrodynamics，简称“QED”）。其中包括4位未来有望获得诺贝尔奖的巨头：泡利、海森堡、费米和匈牙利人尤金·维格纳（Eugene Wigner）——他的妹妹曼琪（Manci）后来嫁给了狄拉克。他们和狄拉克一起发现了有趣的新现象，从磁场内粒子的诞生和湮灭，到反粒子的存在。

量子电动力学早期的成功让人们觉得，他们很快就能预测所有涉及电磁辐射和带电粒子的物理现象。但是，这些早期的成功依赖于一项名叫“微扰理论”的技术。它是物理学家装备库里最重要的工具之一。要理解它如何运作，我们不妨暂且放下量子电动力学，转而考虑一个更熟悉的场景——地球的引力场。为了降低解方程的难度，我们通常把地球当成一个完美球体。但地球本身并不是。由于自转，它在赤道附近向外凸出，给整体形状带来了百分之一的偏差。这种偏差对引力的影响很难准确计算，所以我们只能取近似值。利用微积分和一些古怪的数学定理，我们算出了引力的偏差，精度在百分之一以内。要想做得更好，我们可以再努力一点儿，利用微扰理论算出这种效应对引力场下一阶的影响，将精度提升到百分之一的平方，或者换句话说，万分之一。我们还能再进一步，将精度提升到百分之一的三次方，甚至更高的指数次幂。微扰理论就是这样运作的：你找到一个很小的量（在这里，就是地球形状百分之一的偏差），然后基于这个小参数的指数次幂，一阶又一阶地扩展你的结论。

量子电动力学里也有很小的量。它就是所谓的“精细结构常数”，不过大部分人都叫它“阿尔法”。这个量和上一节里的阿尔法和欧米伽毫无关系。它只是一个度量光子和电子互动强度的数字——它告诉我们，光子和电子有多想一起跳舞。阿尔法的值控制着我们看得到的所有东西和看不到的许多东西。它决定了原子的大小、磁铁的强度和自然的颜色。它的测量值非常接近1/137，无论是过去还是现在，很多物理学家一直想进一步理解它，其中最执着的可能就是泡利。“等我死了，”他开玩笑说，“我要问恶魔的第一个问题就是精细结构常数到底意味着什么？”泡利常常梦到巧合的数字，将阿尔法和π，或者与其他重要数字联系起来。他甚至找到精神分析学家卡尔·荣格（Carl Jung），后者分析了他的梦，并确信泡利正在洞察“某种宏大的宇宙秩序”。真正巧合的是，泡利最终在苏黎世的红十字医院因胰腺癌去世，他的病房号正是137。

因为阿尔法很小，所以这些量子电动力学的先驱可以用微扰理论来计算。

他们开始计算各种过程发生的概率，带电粒子朝这边或者那边散落，在光子周围跳动，朝不同的方向推搡。他们算出的结果精度在阿尔法的范围内，或者换句话说，在1/137以内，小于百分之一。要获得更准确的结果，将精度提升到百分之一的百分之一以内，他们只需前往微扰理论的下一阶，得到阿尔法的平方，甚至更高次幂。这完全是个数学问题——不可能出问题。

但它就是出了问题。

一切都始于泡利。他意识到单电子其实没那么孤单——它会触发一个电磁场。无论何时，只要我们将电荷的分布引入一个小的空间区域，电磁场意味着我们必须对抗斥力做功。这意味着我们必须向这个系统输入能量，空间区域越小，我们要做的功就越多。这些额外的能量被称为“自能”，对电子来说，你可以把它视为对电子质量的贡献（记住，能量等价于质量）。让泡利感到沮丧的是，如果把电子看作一个点状粒子，它所有的电荷就会挤在一个无限小的区域内，这会让电子的自能，也就是它的质量，变成无限大的值。

当然，泡利明白这个想法不完全对，必须考虑量子效应，随着量子电动力学的发展，他发现这套理论正好能帮他弄清这到底是怎么回事。他把这个任务交给了他的新助手，一位语速很快、吸烟过多的高个子美国人，名叫罗伯特·奥本海默。

奥本海默后来会成为美国位于新墨西哥州的洛斯阿莫斯实验室原子武器机构的战时领导人。在他的带领下，1945年7月16日，洛斯阿莫斯的团队在新墨西哥州的沙漠里成功引爆了第一颗原子弹。不到1个月后，美国空军向日本的广岛和长崎投掷了两颗这样的原子弹，造成20多万人死亡。后来，奥本海默引用印度教经文说：“现在我成了死神，世界的毁灭者。”

作为战前在泡利手下工作的一位年轻物理学家，奥本海默以他的聪明才智而闻名。但同样广为人知的是，他很马虎。“奥本海默的物理研究总是很有趣，”

泡利表示，“但他的计算总是错的。”当泡利让他研究电子自能时，奥本海默决定把这个问题放到一个具体的环境中来解决：他开始利用量子电动力学计算氢原子释放的光谱。和往常一样，他不得不求助于微扰理论。最开始这是个相对简单的问题。在阿尔法这一阶层面，他只需要操心原子核中与绕轨运行的电子交换了一个虚光子的质子。但当他试图在阿尔法的平方阶上计算修正时，问题开始变得刁钻起来。奥本海默意识到这个电子和光子有可能变形。具体地说，他必须考虑电子释放出一个光子，然后再把它吸收掉的效应。让他感到害怕的是，这种效应是无限的！这不是他算错了——这一回，他的计算一点儿错都没有。之所以会出现这个问题，是因为这个转瞬即逝的光子可以携带任意多的能量，甚至无限多。这意味着他必须把所有这些可能性全都加起来。他原本希望这样的加总最后会以某种方式得出一个有限的答案，但事实并非如此。量子电动力学有一个无限的病根。在世界大战的干扰下，这个病根差不多还要过20年才会被拔除。

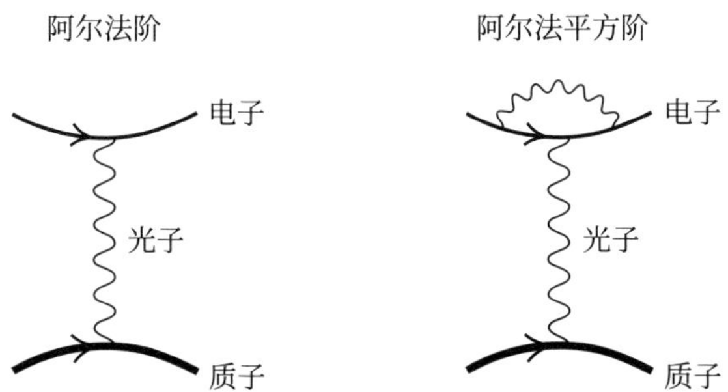

氢原子内的质子和它的电子相互作用。左图表示阿尔法阶对应虚光子交换的物理效应。右图表示阿尔法平方阶上的修正，电子释放出另一个虚光子，然后又把它吸收了

虽然细节不一样，但这个问题还是涉及无限的自能，电子因其与自身电磁场相互作用的方式而获得了一个无限的质量。泡利大失所望。他说自己打算放

弃物理学，逃到乡下去写“乌托邦小说”。他的沮丧显然对奥本海默产生了深远的影响。在奥本海默看来，这样的无限不是一个他有可能拔除的病根，反而意味着物理学严重偏离了轨道。如果他的思路更开阔一些，他就能像其他人一样弄清该如何驯服无限。但事实上，这份荣耀最后落到了施温格、费曼和日本物理学家朝永振一郎头上。

要想知道这几个人最终如何征服了无限，我们先回头来看泡利并不孤单的电子。除了它自身的电磁场，这个电子还被真空中不断闪现又消失的粒子“海洋”所包围——这片“海洋”中电子、正电子和光子共存。毫无疑问，这锅汤会影响电子的性质，包括它的质量。要弄清这是为什么，请想象你在水下握着一个乒乓球，然后松手。它会体验到多大的加速度？乒乓球大约比它排开的水轻12倍，这意味着它受到的浮力是自身重量的12倍。如果只考虑这个因素，乒乓球会体验到12g的加速度，而向下的加速度通常是1g，所以最后的净加速度是向上的11g。虽然实际的加速度的确是向上的，但你会发现，它看起来根本没有那么大。我们得记住，乒乓球在上浮的过程中还必须推开挡路的水。浮力不仅要给球加速，还必须加速它周围的液体，于是乒乓球的上浮看起来没有那么轻盈。最后，球的行为就好像它有更大的惯性，或者换句话说，更大的质量。物理学家说这个球的质量被有效地重新配置，或者“重整”成了一个大得多的值，所以到头来，向上的加速度实际上小于2g。之所以会出现这种对质量的重整，是因为周围的液体会跟乒乓球互动，把它往回推。电子周围的虚粒子汤也一样。这锅汤会和电子互动，把它往回推，“重整”它的质量。电子和乒乓球的区别就在于，球最终会摆脱周围的水，但电子永远无法逃离这锅汤。

奥本海默用微扰理论来完成他的计算。这意味着初步的估算没有考虑量子汤，所以计算结果是电子在“没有汤”的经典世界里应该拥有的质量。而在他计算第一次修正的时候，就像是加上了这锅汤。让他害怕的是，他发现这个修正是无限的。换句话说，电子修正后的新的“有汤”质量和没汤的净质量之间的差值是无限。在物理世界里，电子不是无限重的，所以显然有什么地方错得离谱。

但事实并非如此。

奥本海默没有意识到的是，他的计算包含了两个不同的质量——有汤的和没汤的，这两个质量里只有一个有物理意义。事实上，你只能测出有汤的质量，因为电子永远无法逃离这锅量子汤。奥本海默预设，要让这套理论成立，这两个质量都必须是有限的，但事实并非如此——只要现实中的有汤质量是有限的就够了。现实中不存在的无汤质量永远无法被测量，所以它就算是无限的也没关系。我们发现它必须是无限的，至少和奥本海默算出的量子无限修正值一样无限，但二者符号相反。

我们再来看看这个算式，无汤质量 + 量子修正 = 有汤质量。如果你愿意，如果奥本海默的量子修正值里有一个“无限”，那么无汤质量值里必须有一个“负无限”，这样最后才能得出一个有限的答案。这两个无限本身没有物理意义，所以我们不用为它们操太多心。当然，我们永远不会在计算中真正使用无限值，因为我们无法掌控它们。取而代之的是，我们会使用任意大但有限的占位符，好让运算顺利进行下去。然后我们假设这些占位符——这些无限的近似值——可以互相抵消。最后，我们会得到一个符合实验测量结果、有物理意义的有汤质量的有限值。

也许我们可以类比一下。不妨设想，你正在做一门棒棒糖生意。每个棒棒糖进货花了你1英镑，但你知道，第一天开张的时候你可以卖翻倍的价钱，但之后只能以成本价卖。为了把生意做起来，你从朋友那里借了无限多的钱，买了无限多的棒棒糖。开张第一天，你卖了100个棒棒糖。用金融术语来说，你到底有多少钱？如果只看资产值，我们也许会说你有无限多的钱。毕竟，你仍

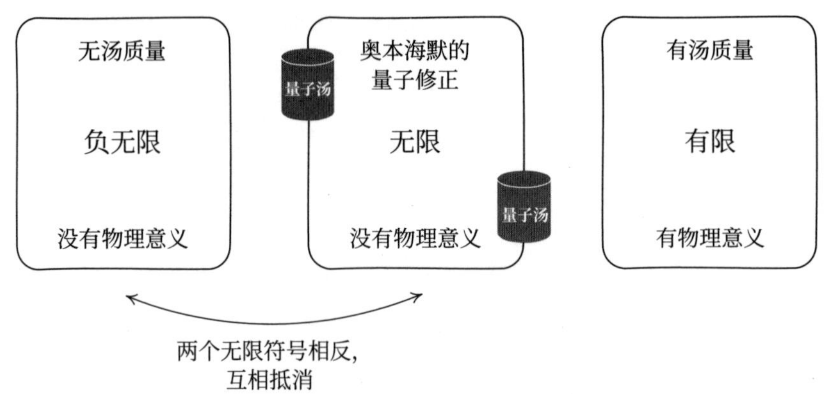

然有无限数量的棒棒糖可以按成本价出售，以及第一天销售的200英镑现金。但这只是故事的一半。你还欠朋友钱。如果减去这笔债务，显然，你只剩下第一天的利润——100英镑。这就是你的净资产值。

在这个类比里，你无限的资产值就像无汤经典世界里电子质量无限大的值，而无限的债务就像奥本海默无限的量子修正值，你真实的财产水平（在这个例子里是100英镑）就像被量子汤包围的电子质量实际的物理值。

在宣告这套电子理论已被治愈之前，我们必须检查一下还有没有其他的无限。结果我们发现，量子电动力学里的电子电荷也有一个无限大的量子修正值。没关系，和刚才一样，我们只需要宣称，无限的是无汤环境下的净电荷，只是这个值无法测量。无限的量子修正值依然和它符号相反，这两个无限互相抵消，于是我们得到了一个符合实验结果的有汤环境下的有限电荷值。

如果说这有点让人眼花缭乱，接下来你会看到真正的魔法。

你可以用微扰理论来计算任意过程，电子和光子随机四处蹦跳，但这一切都是有限的，只要你握紧手中的枪，宣告有汤的质量和电荷都是有限的。这看起来像个奇迹。对复杂过程的量子修正可能包含许多无限的和数，但到头来，这都不重要。这些无限实际上只是我们在电子质量和电荷的例子里看到的那些无限留下的余韵。一旦有汤的质量和电荷通过实验得到确认，其他的一切都会各归其位。不用再担心别的无限。

无限的疾病被治愈了。

1948年1月，在纽约举办的美国物理学会的一场大会上，面对座无虚席的听众，还不到30岁的施温格阐述了这一系列的想法。尽管他还很年轻，但已声名赫赫。他15岁就上了大学，19岁时已发表7篇研究论文，并和泡利、费米这样的知识巨匠展开了较量。10年后，在纽约的这场大会上，他征服了在场的听众。当然，从技术角度来说，他的研究十分艰深，但结果非常美丽。只要确定了有汤的质量和电荷都是有限的，并通过实验测得它们的具体值，他就能计算出这对其他过程产生的影响，并证明它们也符合相应的实测数据。其中包括量子效应以何种方式将氢原子的能量分为不同的等级——1947年，威利斯·兰姆（Willis Lamb）测量到了这种现象。乍看之下，他对无限的处理似乎走得太快，也不够严谨，但这不重要——施温格的大师班给了他所有正确的答案。

费曼那天很尴尬。他一直在研究类似的想法，施温格的演讲快要结束的时候，费曼告诉听众，他也得出了同样的结果，但没人听他说话。3个月后，在宾夕法尼亚州波科诺山举办的一场大会上，费曼又说了一次。他用了一种更符合直觉的新方法来思考量子电动力学。所有想法都用图片和漫画来表达，直线代表电子，波浪线代表光子。我们也用过这样的漫画来描述奥本海默计算的氢原子光谱。我们没有标出来的是，每条线和每个顶点都有一个数学代码，这些符号可以帮助我们将完成同样一套复杂计算的时间缩短一半。但在1948年，只有费曼知道这些代码——别人都不知道他的图片真正意味着什么。施温格的方式冗长而烦琐，但至少他们看得懂他的语言。费曼宣称自己得出了同样的结果，但谁也没法真正确认他说的是不是真的。

在这件事上，费曼处境艰难，但朝永振一郎可能比他更艰难。早在1943年，他就提出了自己的想法，作为一头独狼，他孤身一人在日本开展研究，当时世界大战仍在持续。4年后，兰姆已经测量了氢的能级，但朝永只能通过日本报纸上的文章得知这一消息。他意识到自己的理论也复现了同样的数据以后，立马写信给奥本海默，后者很快邀请他去普林斯顿。

3个很不一样的男人看起来做了3件很不一样的事，但最后他们得出了同样的结论。最后把这一切缝合到一起的是英国人弗里曼·戴森（Freeman Dyson）。和费曼共度了一段公路旅程，并耐心地倾听了施温格的讲座以后，戴森明白了这几个人殊途同归——他们做的本质上是同一件事，只是采用的方式不同。他是在乘坐巴士穿越内布拉斯加时领悟到的。“它突然闯进了我的意识，就像一场爆炸，”他回忆道，“我没有笔和纸，但一切都如此清晰，我根本不需要把它写下来。”最后看来，费曼的方法最好，只要大家习惯他的图标。无限的疾病被治愈了，或者按照费曼在1965年接受诺贝尔奖时说的，那些无限被扫到了“地毯下面”。

施温格、费曼和朝永从不曾像康托尔那样真正走进无限的天堂。正如我们前面提示的那样，他们的无限“体操”实际上只在有限的国度里表演。如果出现了一个无限的和数，他们不会直接考虑这个完整的和，而是设法用某个删减后的版本来取代它，把它变成自己能掌控的东西。例如，如果必须计算一个无限范围内的能量总合，他们或许会把求和的终点设置为一个任意大但有限的值。如果有另一个无限的和数出现在不同背景下的另一个地方，他们可以用同样的方式删减它，并愉快地比较两者，希望通过这种方式消除无限，重回有限的屏障内。康托尔曾经提出，应该以神圣的方式把无限当成一个数来对待，但这3个人不是这样做的，在他们眼里，无限是一个可控的限制。他们没有努力试图进入无限的天堂，而是在无限的地狱里转悠。

这种务实的方法也能扩展到电弱理论和涉及强核力的物理学中。在这些领域，无限的疾病更加棘手，但我们仍能以差不多的方式治愈它。这些治疗方式都只需我们把无限看成一种限制，而且我们这样做有很好的理由：这些理论本身并不完善。例如，我们知道量子电动力学能准确描述光子和电子的舞步，前提是舞厅的大小是原子级的，但如果舞厅比这还要小一古戈尔倍呢？量子电动力学依然适用吗？当然不行。随着舞厅的尺寸越来越小，粒子舞动的距离越来越短，能量越来越高，量子电动力学会让位于电弱理论，然后是别的什么理论。现在我们知道量子电动力学里之所以会出现无限，是因为我们假设这套理论始终有效，但事实并非如此。谁也没法百分之百保证，在距离无限小的层面，量子电动力学会被什么理论取代，这其实并不重要。施温格和他的朋友们找到了一个处理可控限制的方法，通过这一方法，他们可以穿过无限小和无限的国度，不必知道具体的细节。

现在，既然这些无限被当成了限制，那么我们就面临一个问题：康托尔呢？他的数学能否应用于自然界，或者说它是超自然的？如果康托尔的精神在大自然中无处不在，那么它当然也存在于量子引力的物理学中。毕竟，在爱因斯坦的经典模型里，引力是关于时空连续统的理论——康托尔一生中的大部分时间都沉迷于这种数学连续统。如果我们靠奇点太近，量子效应开始介入，引力会怎样？它会不会变成截然不同的另一种东西，某种康托尔可能在无限的天堂里见过的东西？

我们试着利用微扰理论，从最底层构建一套爱因斯坦理论的量子版本，但我们很快会碰到大麻烦。不光是无限，其他力的理论也会遭遇无限，但这里有无限多的无限！这是一个你无法克服的问题。量子电动力学里只有两个无限需要我们操心——电子的电荷和电子的质量。一旦这两个量重新回归符合实测结果的有限值，其他的一切都会各归其位。但如果想用类似的方式处理量子引力，试图掌控一切，你很快就会意识到，你必须让无限多个不同的量重新回归有限。这需要无限次测量提供的无限多个输入数据。无论以谁的标准来说，这都不是一套行得通的理论。

要真正将引力量子化，你必须做一些更颠覆性的尝试。在圈量子引力论中，时空是粉末状的，它被拆解成了数不清的基本组件——所谓的“自旋网络”。问题在于，把这些粉末重新拼回去并没有那么容易，而如果你做不到这一点，你就无法把它跟400年前牛顿爵士凭借经验主义建立的基本引力理论联系起来。所以大部分物理学家，包括我在内，倾向于另一种同样极具颠覆性的想法。它不是一个粒子的颤动在宇宙中的回响，而是一根弦奏出的交响乐。

万物理论

弦理论不仅仅是量子引力理论，还是万物理论，是宇宙华尔兹的乐谱，指挥着电子、光子、胶子、中微子、引力子和物理世界中所有存在的舞步。如果我们的期望是对的，弦理论也是有限理论，是无限疾病的终极疗法。无限不再像量子电动力学里那样被扫到地毯下面，而是被彻底清除，完全消失。康托尔或许曾走进无限的天堂，但弦理论学家压根儿不需要去那个地方。

一切从那个“正确的错误答案”开始。

1968年夏天，世界一片混乱：越南战火纷飞，巴黎学生暴乱，而美国尚未从马丁·路德·金和博比·肯尼迪的遇刺中平息下来。在欧洲核子研究中心，加布里埃莱·韦内齐亚诺，这位起了个威尼斯人名字的佛罗伦萨年轻物理学家，正专注于微观世界里的混乱。他想弄清如果让两个强子相撞，会发生什么。

现在我们知道，像质子和中子之类的强子由夸克组成，胶子牢不可破地将这些夸克组合在一起。虽然默里·盖尔曼早在20世纪60年代初就提出了他的想法，但直到60年代末，仍然没有人能完全确定他说的是不是真的，关于强子的物理学仍然不为人所知。在粒子物理学中，只要你让两个粒子相撞，观察发生了什么，你就会得到一个名叫“概率幅”的量。这个复数的大小会告诉你某个特定过程发生的概率。韦内齐亚诺感兴趣的过程是，两个介子相撞，产生一个介子和另一个名叫Ω粒子（它显然和康托尔的欧米伽无关）的强子。他的目标是猜一个计算相应概率幅的数学方程——它既可以复现实验数据，又从数学层面与量子力学和相对论保持一致。

韦内齐亚诺知道，要完成这个目标，他需要一个拥有某种定制特性的数学函数，但这个函数是什么呢？简单的多项函数或者三角函数根本不够——他需要比这更复杂一点儿的东西。最后，他在莱昂哈德·欧拉（Leonhard Euler）的著作里找到了自己需要的东西，这位伟大的瑞士数学家生活在两个世纪以前。提交了论文以后，韦内齐亚诺就去意大利度假了。4周后回来时，他对自己所取得的成就感到兴奋不已。没过多久，计算其他强子过程的类似方程被提出。从某种程度上说，这是一个数学游戏，但当世界上最具创造力的3位物理学家——南部阳一郎、霍格尔·贝克·尼尔森（Holger Bech Nielsen）和伦尼·瑟斯金——开始更仔细地查看这些方程，他们看到了有什么东西正在蠕动。

那是弦。微小，但永不安宁。

这3个人性格迥异：南部，羞涩的日本人；尼尔森，来自丹麦的异教徒；瑟斯金，一位富有魅力的纽约客。但他们都拥有创造性的火花，这让他们得以看清韦内齐亚诺的方程里到底藏着什么。这3个人分别独立地意识到韦内齐亚诺的概率幅可能来自这样一幅图景：强子是微型的橡皮筋，而不是点状粒子。这些橡皮筋就是我们如今所认为的基本弦，它们在一个方向上延展，以无限多种方式振动和蠕动。韦内齐亚诺从未想到过这个方向，但他就这样不经意地撞上了弦理论。他撞上了正确的错误答案。

弦很小，小得看起来就像粒子。只有放大到正确的倍数，你才会发现它们有一点点延展。弦可以是开放的，也可以是封闭的，它可以在空间中的两个点之间伸展，也可以卷成一个环。当你拨动一根弦，它会振动。音乐就是这样开始的。正如吉他弦的不同振动会发出不同的音符，基本弦的振动也能模仿出不同粒子的效果。例如，弦振动得越狂野，它储存的能量就越多。由于质量等价于能量，所以振动最狂野的弦必然对应最重的粒子。

在弦理论的早期阶段，人们开始思考什么样的弦应该代表什么粒子。令人担忧的是那些最轻的弦。没被拨动的弦最轻。你可能会认为它们的质量近乎零，但事实并非如此。在上一章里，我们一直在讨论零点能量——不可避免的量子扰动带来的能量。对弦来说，我们发现这种能量是负的。一旦算出最轻的弦意味着什么，你就会意识到它拥有的不是负的能量，而是负能量的平方。这意味着对应的粒子质量是一个虚数，与-1的平方根成正比。它被称为快子——一面代表不稳定性的红旗。让一个快子跃入存在有点像轻轻推一支靠笔尖站立的铅笔。它很容易倒。对刚刚起步的弦理论来说，快子必须被禁止。

从快子往上走一层，弦理论又遇到了试验数据的问题。我们发现要和相对论保持一致，只被轻轻拨动的弦不光质量必须近乎零，还必须自旋。这之所以会带来问题，是因为弦理论是一套为强子设计的理论，而实验表明，没有哪种强子拥有这种特性。更糟糕的是，克劳德·拉夫雷斯（Claude Lovelace）发现了一件惊人的事，这位生于英国的物理学家年仅15岁就自学了广义相对论和量子力学。

在弦理论中，空间和时间的所有维度起初被预设并不存在——它们实际上是从这套背后的理论中浮现出来的。开始只有一根基本弦，在空间中的一个维度上延展，你可以想象，这根弦充满了场（它们在弦上的每一个点有不同的值）。然后这些场可以在整个时空中给弦上的坐标编码，所以你有了更多的场，时空的总维度也增加了。拉夫雷斯意识到，要让弦理论符合量子力学，这些场必须有26个。换句话说，时空必须有26个维度，也就是1个时间维度和25个空间维度，比你几乎肯定已经习惯了的3个维度多那么一点点。正如拉夫雷斯后来所说："一个人必须足够勇敢才有胆量提出时空有26个维度。"

拉夫雷斯说这话是在1971年，差不多就在那时候，弦变成了超弦。这不仅仅是个偷懒的营销策略。一种漂亮的新对称强化了弦理论——超对称。我们第一次认识这种对称是在"0.000 000 000 000 000 1"那节中，当时我们试图控制希格斯玻色子的质量。在这两种背景下，超对称的细节有所区别，但原理都一样：每个费米子和一个玻色子配对，每个玻色子和一个费米子配对。在弦理论中，这样的配对带来了一些改进：时空的维度从26个缩减到少得可怜的10个，而且快子被成功地驱逐出去。但这显然不够。弦正在开始丧失吸引力。作为一种强子模型，它的地位正在被量子色动力学篡夺。有数据表明，质子、中微子、介子和其他所有强子都是由夸克和胶子构成的，这些夸克和胶子的色多得像万花筒一样。最终，强子以越来越高的能量碰撞时会发生什么，韦内齐亚诺的概率幅没能给出正确的答案。弦理论很美，但也很没用。

果真如此？

美国年轻物理学家约翰·施瓦茨（John Schwarz）是被弦理论之美征服的其中一人。他在加州理工学院认识了才华横溢的法国理论物理学家若埃尔·舍克（Joël Scherk）。这两位奇才再次将目光投向了最轻的弦。快子已被超对称驱逐，但那些无质量的弦会怎样呢？舍克和施瓦茨有一个了不起的顿悟。在太平洋的另一边，日本科学家米谷民明也得到了同样的领悟。这3个人都发现，无质量的弦看起来很像粒子物理学里的胶子和广义相对论里的引力子。抛开强子，弦理论没准儿是一套关于量子引力的理论，或者甚至可能是一套万物理论。

你也许会觉得，到了这时候，全世界都会停下脚步，每一位物理学家都会冲向弦理论，像淘金者一样盼望着找到宝藏。但事实并非如此。事实上，接下来的10年里，弦理论仍未进入主流视野。从20世纪70年代到80年代初，那些学术要人更关心的是粒子物理学，这个领域在理论和实验两个方面发展得都很快。弦理论只是一个余兴节目。进一步的研究表明，哪怕时空的维度缩减到10个，它和量子力学可能仍有冲突，当时它的名声也没带来什么帮助。遗憾的是，若埃尔·舍克再也看不到弦理论扬眉吐气的那一天了。20世纪70年代末，他陷入了精神崩溃。有时候人们会看到他在巴黎的街道上四处爬行，有时候他会给那些著名的物理学家发奇怪的电报，比如费曼。1980年，年仅33岁的舍克最终选择了自杀。

第一次弦革命发生在1984年。施瓦茨再次出现在舞台中心，这次他的合作者是英国物理学家迈克尔·格林（Michael Green，后来他给本书作者上过量子场论课）。格林和施瓦茨继续研究弦理论和量子力学之间的微妙冲突，结果发现这是个假象。弦理论以引力量子理论的面目卷土重来，这一次，物理学界接纳了它。对很多人来说，弦理论很快成了“镇上唯一的游戏”。

没过多久，大家就搞明白了弦理论的统一公式不止一个，而是足足5个。我们的目标是挑出正确的版本，以合适的方式来处理它，然后成了——你将找到能描述宇宙中万事万物的理论。这套万物理论应该能解释电子、质子、中子和其他所有已知粒子的起源，它们的质量，以及在自然界4种基本力作用下的行为方式都应该完全符合观测结果。但在弦理论的起步阶段，它看起来完全不是这样的。那些等式用起来总是不那么顺手。人们不得不这里估算一下，那里猜一猜，捕捉和我们这个宇宙相似的线索，但这永远不够。镇上唯一的游戏变得没那么有趣了。弦理论陷入了停滞。

它需要一场新革命。

第二次弦革命始于1995年的圆周率日，3月14日。那天上午，在南加州举办的一场弦理论大会上，埃德·维腾是第一位发言者。面对观众时，他的语气十分平静，音调比平时略高，他的话里带着一种不容置疑的智性权威。他准备掀起一场“巴士底狱风暴”。维腾证明了5种不同版本的弦理论实际上是用5种不同的语言描述了同样的物理现象。如果一种语言中的公式看起来太难，他就给大家看，在另一种语言里，它们往往会变得简单一些。凭借这种深刻的洞见，弦理论从计算的牢狱中被解救了出来。

但维腾走得比这更远，一如既往。

他提出了一种新理论——一套母理论，它的5个女儿就是我们已经知道的5种不同的弦理论。维腾宣称，要理解这套母理论，最好是在一个11维的时空中，那里的基本物体不再是弦，而是更高维度的膜。这就是M理论（M theory）——这种神秘的11维理论统一了5种不同版本的弦理论。维腾的本意是用M来代表膜（membrane）。但别的人会说，它代表“母亲”（mother），或者“魔法”（magic），甚至“神秘”（mystery）。事实上，我们还不知道M理论到底是什么，至少在目前。

房间里有一头更高维度的大象。

超弦只能在10个维度的时空中起效，M理论的最佳理解存在于11个维度上。等等，我们到底在说什么？忘了量子引力吧——看看你周围。没有10个或者11个维度，只有4个：3个空间维度加1个时间维度。如果还有6个或者7个额外的维度，它们在哪儿？

它们藏在沙发下面，藏在你的鼻子底下。你甚至能在女王的黄瓜三明治里找到它们。它们无处不在，从这里到仙女座，再到魔眼星系。但它们非常非常小，蜷缩在视线之外，这些沉默而永恒的伙伴与我们的宏观世界共同存在。

一个维度实际上只是一个新的行进方向。当我们说空间有3个维度的时候，我们指的是3个独立的行进方向：前后、左右和上下。弦理论中额外的6个维度只是6个新的行进方向。因为它们像微小的圆圈一样蜷缩了起来，所以你在这些新方向上走不了多远就会回到原地。这就是你注意不到它们的原因。

要更好地理解这一点，不妨把自己想象成一只蚂蚁。不是普通的蚂蚁，而是巨大的子弹蚁，这种巨型蚂蚁生活在南美洲的低地森林里。匆匆爬过森林地面的时候，你注意到泥土里“躺”着一根棍子。作为一位优秀的实验学家，你决定沿着这根棍子的表面爬一爬，好弄清它有几个维度。当然，你注意到，你可以沿着它的长度前后运动，但你没发现，你还能绕着它的轴转一圈。“这根棍子的表面有一个维度！”你骄傲地宣布。但你错了。你的体形实在太大，所以没有发现它的圆截面还有一个方向。如果你是一只来自英国花园里的黑蚂蚁，你的表现会好得多。因为黑蚂蚁要小得多，所以它会发现棍子的两个维度——沿长度方向和绕轴的方向。在弦理论中，据说空间的6个额外维度都蜷缩得很小，就像这根棍子的圆周维度。和子弹蚁一样，我们实在太大，所以看不见它们。我们甚至在大型强子对撞机里也没见到这些维度，哪怕我们已经窥见了一个比原子还要小十亿倍的世界。如果这些额外的维度的确存在，它们比我们在自然界里见过的任何东西都更小。

虽然这些额外的维度藏了起来，但它们赋予了弦理论巨大的潜能，事实证明，这些维度蜷缩起来的方式多得以古戈尔计。它们的形状可能就像甜甜圈，也可能像几何形状更离奇的其他物体，如“卡拉比－丘”表面，它扭曲翻转的方式简直超乎想象。你可以用磁通量填充这些维度，或者用弦和膜把它们系起来。这些维度蜷曲的方式会影响其余宏观维度的物理学。如果把6个维度裹成特定尺寸的甜甜圈，你就会在四维世界里看到特定的粒子，它们被一组非常特定的力推来搡去。如果把这些多余的维度裹成某种更离奇的形状，世界就会变得很不一样。弦理论家喜欢研究那些花哨的卡拉比－丘表面，因为它们不会摧毁所有潜藏的超对称——它们在我们的四维世界里残留了一点儿东西。我们已经看到，超对称能如何帮助我们理解希格斯玻色子为什么轻得超乎预期，或者将一些基本力统一起来。但当我们在弦理论中将多余的维度包裹起来时，它又会扮演另一个重要角色：它帮助我们将数学限制在可控的范围内。如果没有超对称，这个设定就会变得不可靠，弦理论做出的预测并不总是可信的。现代的观点是，弦理论向我们展现了一个多重宇宙——不同的卡拉比－丘表面对应不同的可能宇宙，它们有不同的粒子、力和真空能量，甚至不同的维度。我们这个宇宙似乎只是众多可能性之一。

但无限的疾病如何促进了弦理论的发展？

在弦理论中，无限被征服了。它应该是一套有限的理论，自20世纪30年代以来一直困扰粒子物理学的无限诅咒不会影响到它。虽然这个观点没有得到严密的证明，但我们有充分的理由相信情况的确如此。粒子物理学中之所以会出现无限，是因为粒子可以亲吻——它们可以互相接触。这样的亲吻使粒子对能在无限短的时间和距离上，在存在与不存在之间跳跃。这就像某种疯狂跳跳糖，将物理学焚入了无限能量和无限动量的国度。而在弦理论中，这一切都不会发生，因为它们不懂得如何接吻。弦在空间中延展，虽然不长，但足以阻止它们在时空中的一个点上亲吻，就像粒子那样。当弦凑到一起，一切都运转得如此流畅。跳跳糖不再疯狂，无限被征服了。

你应该对此感觉良好。弦理论是终结无限疾病的疫苗。告诉你的朋友，你的家人，还有在酒吧里讨论圈量子引力的那群家伙。弦理论的诞生不可避免，从19—20世纪开始，相对论和量子力学这对柱石催生的一系列想法必然通向这里。它指引我们找到了这些“正确的错误答案”。韦内齐亚诺和他那个时代的人对小小的橡皮筋不感兴趣。他们感兴趣的是概率幅，是符合游戏规则、不违反那两根物理学柱石的数学方程。他们要找的不是弦，但他们还是找到了它，这些弦在正确的错误答案中扭动、翻滚。他们还找到了量子引力。

与相对论和量子力学的这种密切关系也让弦理论变得十分脆弱。但这是一件好事。人们常常批评弦理论超越了实验层面——你永远无法证伪它，哪怕从原则上。这种说法其实不对。此时此刻，相对论和量子力学的底层原理正在接受实验的检验。如果这两根柱石轰然倒塌，弦理论也将随之陨落。

随着无限的消失，那位正不可避免地坠向黑洞奇点、被引力潮汐撕裂的宇航员到底将面临怎样的命运，弦理论会告诉我们什么？其实我们还是不知道。关于这个问题的计算还是太难了，至少对你觉得可能出现在自然界中的黑洞来说是这样。要走得更远，我们也许需要下一场革命：需要深入洞察M理论，这样的洞见让我们能在最狂野的条件下弹奏弦。这场革命必然是人类历史上影响最深远的发现，背后的理由非常充分。随着时空连续统被扭曲至虚无，黑洞内部的奇点与无限大爆炸的奇点其实没有太大的不同。如果即将到来的这场革命能告诉我们黑洞深处到底会发生什么，那它也许同样能告诉我们，宇宙是如何诞生的。它或许能向我们诠释《创世记》本身——创造出我们自己的那个奇点。

所以就是这样，当我们开始探寻时间的起源时，这个故事也就走向了尾声。驾驭着那些神奇的数字——大数字、小数字，还有不属于凡间的无限——我们穿梭于物理世界的经纬之中。我们曾驻足欣赏粒子和弦在微观舞厅中的舞步，也曾周旋于庞然大数之间。我们曾因小数字陷入窘境，也曾在空间边缘看到自己的全息存在，还曾一直走到本不应存在的世界最遥远的角落。

但在所有这些旅途中，我们到底看到了什么？我们看到了数学和物理的共生关系，它们如何相互滋养，发扬光大。数学和物理的协同作用从未如此深刻地影响我们对宇宙构建方式的理解。现在，我们的知识已经如此渊博，在此基础之上，要通过实验看得更远，这可能需要极为先进的技术，而且贵得让人想哭。例如，根据估算，比欧洲核子研究中心的大型强子对撞机强大10倍的粒子对撞机耗资将超过200亿美元。但我们也可以利用数学来推进物理学的边界。此时此刻，有人正试图从数学层面证明，弦理论是量子引力的独特理论。如果他们成功了，我们将不再需要直接通过实验来验证弦理论——只需要验证根据它背后的数学提出的假设就行。

物理学家可以凭借数学起舞，而数学家可以借助物理学放声歌唱。当我们看到那些庞然大数，那些宇宙中最大、最宏伟的数字，我们不光惊叹于它们的尺度和背后的数学之美，还试图在物理世界中理解它们。这些数字让我们得以从最极端的角度观察这个世界。它就在那里，在物理学的边缘，数学开始放歌。它唱着相对论和量子力学的甜美旋律，唱着可怕的泼威赫，唱着全息真相。当那些小数字用一个出乎意料的神秘世界奚落我们时，物理学家们跳起了对称之舞。或者他们至少试图这样做，因为他们还没弄清完整的舞步。

想想那些神奇的数字吧，让他们在基本物理学的精彩世界里放歌。想想1.000 000 000 000 000 858，想象你和尤塞恩・博尔特并肩飞奔，像个相对论巫师一样把时间变慢。想想古戈尔和古戈尔普勒克斯，想象一个充满了分身的古戈尔普勒克斯级宇宙，那里有其他版本的你和我，以及唐纳德・特朗普和贾斯汀・比伯。想想葛立恒数，体验一下黑洞脑死亡给你的脑子带来的冲击。想想TREE（3），想象你正在玩博弈树游戏，一直玩到我们的宇宙遥远的未来，只有宇宙的重启才能打断这个游戏，它及时地提醒我们全息真相的存在。

想想零。不光想它的罪孽，也要想想它的美丽，还有自然界奇妙的对称。想想0.000 000 000 000 000 1和10^{-120}，看看那些宇宙之谜，借这个机会理解希格斯玻色子和宇宙真空能量出乎意料的特性。想想无限，铭记康托尔与天堂和地狱的遭遇。听听物理学的交响乐，欣赏弦的振动如何征服无限。

你几乎可以随便想一个数——它肯定有某些精彩神奇的地方。如果读完这本书以后你还不相信我，请让我给你讲讲1个世纪前两位伟大数学家的故事：传奇数字理论家G. H. 哈代（G.H.Hardy）和他的印度门徒斯里尼瓦瑟・拉马努金（Srinivasa Ramanujan）。这是一对不可思议的组合。哈代是剑桥大学的教授，而拉马努金没有接受过正式的数学训练，他在英国殖民控制下的马德拉斯长大。

但拉马努金也是位天才，他理解无限，对他来说，数学完全是一种直觉。1913年，仍在马德拉斯港口信托办事处会计部门任职的拉马努金给哈代寄了一包论文，并附上了一封信，请求哈代出版他的作品——他太穷了，自己印不起。看了拉马努金的论文以后，哈代立即发现了他的才华，从此两人开始通信。次年，拉马努金动身前往英国与哈代共事。接下来的5年里，他一直待在那里。

在英国的最后一段时间里，拉马努金深受肺结核和维生素缺乏的折磨。哈代去疗养院探望他的时候，抱怨自己的税号——1729——平平无奇。哈代担心这是个坏兆头，但拉马努金一点儿也不担心。“不，哈代，”他回答说，“这是个很有趣的数字！它是能用两种方式表达为两个立方数之和的最小数字”：

$$1\,729 = 1^3 + 12^3 = 9^3 + 10^3$$

这个故事让我们得以一瞥拉马努金惊人的才能，如果给它撒上一点儿21世纪的物理学，我们还能一窥物理世界的基本结构。

故事从毕达哥拉斯和他的直角三角形开始。如果直角三角形的边长分别是a、b和c，那我们都知道，它们满足下面这个方程：

$$a^2 + b^2 = c^2$$

我们很容易给这个方程找到整数解，比如$a = 3$，$b = 4$，$c = 5$；或者$a = 5$，$b = 12$，$c = 13$。但要是我们增大指数，把方程变成$a^3 + b^3 = c^3$，或者$a^4 + b^4 = c^4$，甚至更高的幂次，那会怎样？我们仍能找到这些方程的整数解吗？1637年前后，法国数学家皮埃尔·德·费马（Pierre de Fermat）的自信地宣称，答案是否定的。他在数学家丢番图（Diophantus）的著作《算术》的书页边缘写道：“一个立方数不可能拆成两个立方数之和，四次幂的数也不能拆成两个四次幂之和。总而言之，任何幂次高于2的数，都不能拆成两个同样幂次的数的和。关于这个问题，我已经找到了非常精彩的证明，但这一页的边缘太窄了，写不下。”

当然，他的结论是对的，但众所周知，直到20世纪90年代中期，英国数学家安德鲁·怀尔斯（Andrew Wiles）才证明了这件事。在此之前近80年，拉马努金就曾试图证伪它，在此过程中，他偶然发现了哈代的税号——1729。拉马努金本来想给费曼的宣言找到一个反例。现在我们知道，这是不可能的，所以他不得不面对许许多多的毫厘之差。如你所见，$9^3 + 10^3 = 1729$，它几乎就等于12^3，就差一个1。拉马努金还发现，$11\ 161^3 + 11\ 468^3$只比$14\ 258^3$大1，$65\ 601^3 + 67\ 402^3$也只比$83\ 802^3$大1。事实上，他想出了一种办法，能找到无限多个类似的例子，离目标只差1个单位。

这个故事的结局并不是拉马努金试图推翻费曼的最终定理，结果却失败了。事实上，拉马努金的方法帮他找到了包含立方数和有理数的特定方程的解。拉马努金的一本笔记在剑桥三一学院的莱恩图书馆藏了半个多世纪，学者肯恩·小野（Ken Ono）是后来研究这本笔记的数学家之一。小野和他的博士生莎拉·特雷巴特－莱德（Sarah Trebat-Leder）细致地审视了这些方程，他们注意到拉马努金描述的实际上是一种名叫K3曲面的特定几何结构。拉马努金去世后很久，直到20世纪50年代，人们才开始对这些奇妙的高维图形产生兴趣，而在这个时候，他的笔记还没被发现。“K3”这个名字是为了纪念数学家库默（Kummer）、凯勒（Kähler）和小平（Kodaira），他们的研究课题与此关系密切——和喜马拉雅山致命的乔格尔峰（K2峰）。登山者乔治·贝尔（George Bell）曾将K2峰描述为“一座试图杀死你的狂野山峰”。K3曲面可能也同样危险，至少在那些有足够勇气去研究它们的数学家眼里。

但这一切和物理世界又有什么关系呢?

结果你会发现，我之所以会聊起这个狂野的数学分支，理由非常充分：K3是我们此前提到过的卡拉比－丘表面的原型——大部分弦理论家把多余的维度藏在这些奇异的微小形状里。这些形状控制着宏观世界的物理学。哈代曾抱怨“1 729”这个数字平平无奇，但事实上，他错了。1 729与默默隐藏在我们每个人身旁的多余维度密切相关，正是这些维度决定了宇宙现在的模样，以及我们为什么会出现在这里。

哈代，1 729一点儿也不平凡。它精彩得要命，和其他数字一样。

注释

1.000 000 000 000 000 858

[1] 严格说来，299 792 458米/秒是光在真空中的速度。如果在空气或玻璃之类的介质中，光的速度会减慢一点，但这和相对论无关。在这些致密的介质中，光只是看起来变慢了，因为组成介质的原子或分子会不断地吸收光，然后再把它释放出来。

[2] 如果相对速度是v，那么时间变慢的因数应该是$\gamma = 1 / \sqrt{1 - v^2 / c^2}$，其中$c$是光速，可取值为299 792 458米/秒。如果v接近光速，那么时间会减慢很多，近乎停滞。对在柏林以12.42米/秒的速度相对于体育场运动的尤塞恩·博尔特来说，时间变慢的因数是1.000 000 000 000 000 858。

[3] 为什么$E = mc^2$里会有个c^2？我们知道，能量和质量的单位差了一个“速度的平方”，所以这个多出来的因数c^2有助于确保方程两边有相同的单位。这有点像用美元换英镑。但为什么是c^2，不是$3c^2$或者$0.5c^2$？一旦博尔特开始运动，我们预期这会产生一点动能，所以现在，我们有了$E = mc^2 + \frac{1}{2}mv^2$，但和以前一样，这只是对狭义相对论中那个缺失因数$\gamma = 1 / \sqrt{1 - v^2 / c^2}$的近似模拟——正确的表达是，$E = mc^2 / \sqrt{(1 - v^2 / c^2)}$。只有当方程右边正好是$mc^2$的时候，这个等式才成立。

[4] 由于$x / t = c$，我们将这个等式变换成$x = ct$，并将它代入闵可夫斯基的时空距离方程，可得$d^2 = c^2t^2 - c^2t^2 = 0$。

[5] 这个描述引自《阿尔伯特·爱因斯坦和他的膨胀宇宙》[*Albert Einstein and His Inflatable Universe*，麦克·戈德史密斯（Mike Goldsmith）著，学乐出版集团，2001年]。

[6]《地球的年轻核心》[“The Young Centre of the Earth”，U.I.（U.I.Uggerhøj）、R. E.米

克尔森（R. E. Mikkelsen）和J.法耶（J. Faye）共同撰写，摘自《欧洲物理学杂志》（*European Journal of Physics*），2016年5月3日，第37页］。

［7］对一个不自转的黑洞来说，任何行星或恒星围绕它运行的最小稳定圆形轨道半径等于事件视界半径的1.5倍。而自转黑洞围绕赤道的稳定圆形轨道会随着自转的加速越来越靠近事件视界。黑洞自转可能的最大速度取决于它的质量，对这些自转速度接近最大值的黑洞来说，最小的稳定轨道几乎紧挨着事件视界。

古戈尔

［1］这个递归式的命名法由著名的古戈尔学家乔纳森·鲍尔斯（Jonathan Bowers）提出，他有个绰号叫“多面体哥们儿”。

［2］《我们的数学宇宙：我对现实终极本质的探索》［*Our Mathematical Universe: My Quest for the Ultimate Nature of Reality*，麦克斯·泰格马克（Max Tegmark），克诺夫出版集团，2014年］。

［3］克劳修斯方程的一个现代版本宣称$\Delta S = \frac{\Delta E}{kT}$，其中$\Delta E$是能量的变量，$\Delta S$是熵的变量，$T$是温度，$k$是所谓的“玻尔兹曼常数”。以日常单位来衡量，$k$非常小，等于$1.38 \times 10^{-23}$焦耳/开氏度。克劳修斯的原版方程里没有玻尔兹曼常数。这个常数被悄悄地纳入了他对熵的定义中。

［4］1905年是爱因斯坦的奇迹年，在这一年，他证明了伯努利模型中随机分子碰撞能如何解释布朗运动，这是悬浮在液体中的微小颗粒的一种运动，它们的轨迹曲折繁复，就像有生命一样。

［5］20世纪90年代中期，哈佛大学的安迪·施特罗明格（Andy Strominger）和卡姆朗·瓦法（Cumrun Vafa）设法确认了弦理论中一类高度特化、在某种程度上属于人造的黑洞的微状态。通过清点这些微状态，他们复兴了贝肯斯坦和霍金的熵方程。

［6］这个黑洞的视界面积$A_H \approx 1$，由于米$lp \sim 10^{-35}$，所以它的熵等于$1/(4 \times 1米)^2/(1.6 \times 10^{-35}米)^2 \sim 10^{69}$。

古戈尔普勒克斯

[1] 这个类比引自《优雅的宇宙》[*The Elegant Universe*，布莱恩·格林（Brian Greene），维塔奇书局，1999年]。

[2] 温度为T时，每对海蛇平均携带的能量是kT。炉子被加热到180摄氏度，即约453开氏度，考虑到焦耳，那么海蛇对的平均能量$kT = 1.38 \times 10^{-23} \times 453$焦耳$= 6.25 \times 10^{-21}$焦耳。或者换句话说，约等于6仄焦耳。

[3] 为了测量灼热物体辐射的能量，19世纪末，德国物理学家鲁默（Lummer）、库尔鲍姆（Kurlbaum）和普林舍姆（Pringsheim）做了一些值得铭记的实验。当然，鲁默和他的同事测量的不是炉子，而是其他类似的辐射源，其中包括一个电加热的铂金圆筒。

[4] 德布罗意提出，一个动量为p的粒子可能与一道波长为$\gamma = 2\pi\hbar / p$的波有关。对一个我们已知其角频率为ω，能量为E的光子来说，对应的计算如下：对基本物体来说，我们知道$E = \hbar\omega$，但由于这个光子以光速运动，我们还知道它的动量$p = E / c$，波长$\gamma = 2\pi c / \omega$。3个方程联解，最终得到$\gamma = 2\pi\hbar / p$。德布罗意只是把这个波方程拓展到了所有粒子的范围。

葛立恒数

[1] 这个解释引自《数字思维》[*Numericon*，玛丽安·佛里伯格（Marianne Freiberger）和瑞秋·汤马斯（Rachel Thomas）著，克尔瑟斯出版社，2015年]。

[2] 数学家通常用一对整数n和m来定义拉姆齐数，写作$R(m, n)$，它指的是要在派对上获得m位朋友组成的小圈子，或者n个互不相识的陌生人，你最少需要邀请的人数。不过，为了简化一点，我会一直把$R(n, n)$当作第n个拉姆齐数。

[3] 一粒室内灰尘的质量通常是1微克左右。要用数据堆积出同样的质量，我们需要存储$10^{-3} / 10^{-26} = 10^{23}$比特。1个字节有8比特，所以这大约是$10^{22}$字节，或者说$10^{13}$吉字节。

[4] 我的苹果手机里有31克铝，大约占它总质量的四分之一。为了弄清总熵的大概

范围，我们可以计算储存在这些铝里的熵。铝的标准摩尔熵（以玻尔兹曼常数为单位来衡量）是28.3焦耳/（摩尔·开氏度）。现在我们以无量纲的熵为单位，等于2×10^{24}纳特/摩尔。铝的摩尔质量是26.98克/摩尔，所以31克铝必然携带$31 \times 2 \times 10^{24} / 26.98 = 2.3 \times 10^{24}$纳特的熵。类比到整台手机，我们估计一台苹果手机的总熵是10^{25}纳特，或者说大约10^{15}GB。

[5] 我的苹果手机表面积大约是19 000平方毫米。如果一个黑洞的视界面积也是这么大，那么按照霍金的方程，它的熵大约是2×10^{67}纳特，约等于10^{57}GB。

[6] 萨斯坎德的熵上限并不完美。虽然它适用于一艘飞船或者一颗蛋，但也有一些让它失效的极端情况，如一颗正在坍缩的恒星，或者一个球形宇宙。伯克利物理学家拉斐尔·布索提出了一种更严密的熵上限，它似乎适用于所有情况，包括这些更罕见的案例。

零

[1] 平移对称指的是将图形的每个部分都朝固定方向移动一个固定的量，就像玉米棒上一排排的玉米粒，或者鱼身上闪闪发光的鳞片。滑动反射对称比这更奇怪。你可以将其视为先移动再翻转。我们走路的方式决定了人类的一排脚印会自动形成一系列滑动反射对称图形。如果你想亲眼看看，不妨找一块湿润的沙地，在上面走几步。请注意，只要你把左脚的脚印稍微向前移动并翻转过来，它就会和右脚的脚印完全一样。

[2] 参见《事物的对称》[*The Symmetries of Things*，第三章，约翰·H.康威（John H. Conway）、海蒂·布吉尔（Heidi Burgiel）和哈伊姆·古德曼－施特劳斯（Chaim Goodman–Strauss），A. K.彼得斯/CRC出版社，2008年]。

[3] 参见《神奇的数字零》[*Zero: The Biography of a Dangerous Idea*，查尔斯·塞弗（Charles Seife），维京出版社，2000年]。

[4] 我们可以证明这一点，过程如下：设$x = 1.111...$小数点后的1无限循环，并将它乘以10，可得$10x = 11.11\cdots$小数点后的1还是无限循环。现在$10x - x = 11.11\cdots - 1.111\cdots$，无限循环的1被抵消了，于是$9x = 10$，因此，$x = \frac{10}{9} = 1 + \frac{1}{9}$。

[5] 既然巴克沙利文稿的年代如此不确定，也许我们应该去柬埔寨寻找最早的零。在公元683年一处古高棉铭文石刻中，零被表示成了一个点。人们认为这个年代真实可信。古高棉的这个区域与印度次大陆有极强的文化关联，所以这个零保留了与印度数学的联系。这块古石板最初是在19世纪末被发现的，但在红色高棉的血腥统治后，它有很多年下落不明。直到2013年，美国科普作家阿米尔·艾克塞尔（Amir Aczel）才在吴哥保护区的一座小屋里重新发现了这块蒙尘的石板。

0.000 000 000 000 000 1

[1] 粒子物理学家喜欢用eV这个单位来讨论能量，或者说“电子伏”。1eV是指一个电子被1伏特的电势加速后获得的动能。根据爱因斯坦的著名方程$E = mc^2$，我们可以算出，等价于1eV的质量大约是1.78×10^{-38}千克。电子伏很适合用来衡量基本粒子的微小质量和能量，但不太适合日常事物，比如人类。没人愿意告诉别人，他的体重大约是4×10^{39}电子伏——大约140斤听起来就好多了。

[2] 特别谨慎的读者可能想知道，如果把这条原理应用到“古戈尔”和“古戈尔普勒克斯”那两节寻找分身的征程中会怎样。那时我们把分身描述成量子态和你完全相同的翻版。考虑到费米子的存在，这似乎违反了泡利不相容原理。但你的分身和你的距离非常遥远，远到了无法被视为同一个量子系统的程度，所以这里没有冲突。

[3] 要理解关于左手性和右手性粒子的行话，不妨把它看成拧螺丝。我的妻子（她的动手能力比我强多了）教过我一句顺口溜来帮助记忆：右拧紧，左拧松。换句话说，如果顺时针拧螺丝，它会前进如果逆时针拧，它会后退。对电子来说，如果它的自旋会让“螺丝”朝着与粒子运动相同的方向前进，我们就说它是右手性的。如果自旋让螺丝逆向后退，它就是左手性的。

[4] 2013年，希格斯和恩格勒获得了诺贝尔奖。除此以外，基博尔也为1979年颁给格拉肖、萨拉姆和温伯格的诺贝尔奖做出了重大贡献。在电弱统一理论的发展过程中，基博尔为理解更复杂环境中自发对称性破缺所做的工作至关重要。

[5] 将不确定关系推至极限，就能算出这些极其大的能量。在普朗克时间（$t_{pl} \approx 5 \times 10^{-44}$秒）这么短的时间间隔里，能量最高能达到$E_{max} = \frac{\hbar}{2t_{pl}}$。考虑到普朗克常数$\hbar \approx 10^{-34}$焦

耳·秒，所以这个能量最大值约是10亿焦耳。现在，我们可以利用爱因斯坦的方程 $E = mc^2$，将能量转化为等价的质量，约11微克——正好相当于量子黑洞的质量！这实际上相当出色地预估了灌注给希格斯玻色子的质量。无巧不成书，通过一种更复杂的教科书式计算，我们求得的希格斯玻色子质量比这个值小一点点，它等于 $\frac{1}{\sqrt{2\pi^2}}$ 微克⊕2.5微克，这更接近一只仙女蜂的质量。

10^{-120}

[1] 参见论文：*Nullpunktsenergie und Anordnung nicht vertauschbarer Faktoren im Hamiltonoperator*，C. P. Enz，A. Thellung，Helvetica Physica Acta 33, 839(1960)。

[2] 要算出每个盒子里的能量，我们只需将不确定性原理推到最大极限，将最短的时间 $t_{min} \approx 10^{-23}$ 秒代入公式 $E_{max} = \frac{\hbar}{2t_{min}}$。由于缺乏我们现在的理解，泡利做的计算与此略有出入。虽然他从未公开发表自己的计算，但人们认为，他的估算基于普朗克大约在那之前10年提出的一个独特的量子理论模型。

[3] 海森堡能用极少的有效模块描述量子力学，但他使用的数学框架更复杂。反过来说，薛定谔通过引入波函数加入了一种额外的元素，由此简化了机制，但他的方法容易过度诠释。人们往往想象波函数真实存在，就像经典理论的电磁场一样，但事实并非如此。它只是一种得出结论的方式——以便于将概率和可能的实验结果联系起来。你无法通过实验直接测量波函数。

[4] 参见《宇宙常数的可能值》["Likely Values of the Cosmological Constant"，雨果·马特尔（Hugo Martel）、保罗·R. 夏皮尔（Paul R. Shapiro）和史蒂文·温伯格（Steven Weinberg），《天文物理期刊》492，I]。

致谢

64。这又是个神奇数字。事实上，它是个十二边形数，这有点像把三角形数或平方数的概念移用到十二边形上。它也是我打算为这本书的问世而感谢的人数。当然，64并不能真实反映有多少人实际帮助过我。这个数肯定是被低估了，而且是严重低估，有点像弗雷德曼给TREE（3）做的估算。

我要从亨度（Hendo）开始。

我的兄弟。

几年前，他告诉我他得了严重的癌症。和其他人一样，我不愿接受这件事。我们竭尽全力想帮助他康复，所以我们开始着手筹款。我开始奔波于全国各地，并向各大组织发表关于神奇数字的公开演讲，请求听众捐款。通过这种方式，我筹了几千英镑。他的朋友和家人凑了大约20万英镑，但这不够。我们没能挽救亨度。他离开了我们，我们非常想念他。

但那些公开演讲的确带来了一些好事。我意识到，它们可以成为一本书的种子。就是这本书。多亏了所有亲友的支持，本书才得以完成。我先从小家伙们开始：我的两个可爱的女儿：杰斯（Jess）和贝拉（Bella），她们总是很顽皮，每当我又胖了，穿不进靴子，她们总爱叫我“吉德罗”。老实说，我的妻子勒娜特（Renata）鼓励了她们，也鼓励了我。我写的每一个字，她都是第一读者，她总会给我诚实而富有洞见的反馈。我不知道她到底是怎么做到的，因为她对科学其实不太感兴趣——她更喜欢烘焙大赛。但不知为何，她确保了我寄给出版商的作品没有任何“露馅”的地方。所以，谢谢你们，为我所做的一切。

我也要感谢我的父母，他们总是在我背后支持着我，还有我的哥哥拉蒙（Ramón）和妹妹苏西（Susie）。谢谢我的姻亲，凯西（Cathy）、格拉汉姆（Graham）、鲍勃（Bob）、温蒂（Wendy）、奥斯汀（Austin）、麦克（Mike），我的老哥们儿尼尔（Neil），还有我的侄子和侄女：我的教女柯尔斯顿（Kirsten）、亚当（Adam）、空军司令埃利奥特（Elliot），利物浦的下一位明星卢卡斯（Lucas）、莱拉（Lyla）、朱蒂（Jude）、杰戈（Jago）和海蒂（Hattie）。希望你们有一天都能读完这本书，因为我会准备一场考试。特别感谢亚当帮我琢磨“零”那章里的哲思。希望他有一天能成为一位哲学家。

我必须深深地感谢我的经纪人威尔·弗朗西斯（Will Francis）、詹克罗和内斯比特（Janklow and Nesbitt），以及其他诸位。他们给了我极大的支持，帮我拼凑出一份有意义的书稿提案，以说服这个世界接受新的交易和机会。威尔总是给我打气。

谢谢我的编辑，企鹅出版社的劳拉·斯蒂克尼（Laura Stickney）和莎拉·戴（Sarah Day），以及FSG的埃里克·钦斯基（Eric Chinski）。我和劳拉的工作来往真的非常密切，她的意见超乎想象地改进了我的草稿。我是个新手，我猜有时候我肯定暴露过自己的青涩。劳拉的经验帮助我完成了这本书，希望它能成为我们共同的骄傲。企鹅和FSG的每一位提供的支持都至关重要。

谢谢读过一部分草稿并告诉我哪些地方不错，哪些地方需要改进的每一位：万事通（Smarty）、贝拉一家（Bellars）、诺瑞（Norrie）、迪安（Deano）和伯勒尔（Burrell）、街对面的伊安（Ian），我的岳父鲍勃，我的同事埃德·柯普兰（Ed Copeland）、皮特·米林顿（Pete Millington）和弗洛里安·尼德曼（Florian Niedermann），以及我的学生罗伯特·史密斯（Robert Smith）。另外，还要特别感谢我的另一位学生塞斯克·康尼勒拉（Cesc Cunillera），这位才华横溢的年轻数学物理学家通读了全书，并检查了每一个实例，完成了每一个验算。他说我的答案是对的——至少大部分时候。

谢谢其他所有关注本书的亲友。令人悲伤的是，其中一位，也就是我在“零”那节的末尾提到过的邻居盖里，已经离开了我们。没有了他，我们这条街少了很多乐趣。

谢谢露丝·格雷高利（Ruth Gregory）和内马尼亚·卡洛普（Nemanja Kaloper）将我塑造成了一位数学家和物理学家。谢谢我在本书写作过程中寻求过建议的每一位，无论那些问题是关于物理学、数学还是古希腊的奇事：奥马尔·阿尔曼尼（Omar Almaini）、塔索斯·阿弗格斯提蒂斯（Tasos Avgoustidis）、斯蒂芬·班福德（Steven Bamford）、克雷尔·柏雷奇（Clare Burrage）、安迪·克拉克（Andy Clarke）、克里斯托·查冒西斯（Christos Charmousis）、弗兰克·克洛斯（Frank Close）、吉尔·德瓦利（Gia Dvali）、佩德罗·费雷拉（Pedro Ferreira）、英格丽德·格内里奇（Ingrid Gnerlich）、安妮·格林（Anne Green）、斯蒂芬·琼斯（Stephen Jones）、赫尔奇·克拉夫（Helge Kragh）、胡安·马尔达西那（Juan Maldacena）、菲尔·莫里亚蒂（Phil Moriarty）、亚当·莫斯（Adam Moss）、鲁伯斯·莫特尔（Lubos Motl）、戴维·比塞斯基（David Pesetsky）、保罗·萨芬（Paul Saffin）、托马斯·索蒂里欧（Thomas Sotiriou）、乔纳森·泰朗特（Jonathan Tallant）和詹姆斯·沃克斯（James Wokes）。还要感谢为我带来灵感的所有精彩书籍、文章和行业的缔造者。

还有布雷迪·哈兰（Brady Haran），是《六十个符号》（*Sixty Symbols*）和《数字狂》（*Numberphile*）这两档节目让我有机会完成这个梦想，对此我毫不怀疑。和布雷迪一起录影总是很开心。他喜欢在你滔滔不绝地描述数学宇宙的精彩之处时抛来一个曲线球。布雷迪给了我一个阐述自己数学理念的平台，直到现在，他仍在教我怎么做好这件事。

我想用另一个数字来结尾。作为一个利物浦球迷，有一个数比其他任何数字都更重要。

97。

愿他们安息，愿他们的家人得到应得的正义。[①]

① 1989年，英格兰谢菲尔德的希尔斯堡球场发生的踩踏事故造成97名利物浦球迷死亡。——译者注